イラストでわかる
電験3種
初心者の疑問に応える

武智 昭博 著

電気書院

―― 読者の皆様へ ――

本書に登場する新人は，電験初心者である．先輩の指導を受けながら，電気主任技術者の修行をしています．電験3種を受けるべく日々学習していますが，学習中やはり疑問が湧きだして先へ進めなくなることしばしばである．身近に先輩がいるので，しばしば質問しますが，その解答を理解するのに一苦労しています．

そこで，先輩はアドバイスを送ります．「あなたはまだ電験の初心者なのよ．そんなに簡単に理解できるはずはないと思ったほうがいいわ．一歩一歩基礎を積み重ねていくのよ．壁にぶつかったときは私に質問しなさい．できる限りわかりやすく解説するわ．まず電験を理解するためには数学力が必要よ．この数学力によって電験理論をきわめていくのよ．」

初心者にとってはどうやって質問したらいいか，それがわからないものです．質問の仕方は，最初は下手でもいいのです．そこまで考えたその過程を説明することが大切なのです．それができれば先輩もどこがおかしいか指摘できるのです．

電験3種は，電気を志す者にとってぜひとも取得したい資格である．しかし，その難しさに志がくじけそうになることもある．特に初心者にとっては，そこで諦めてしまう人も多いと思います．そこで本書では，そのような初心者でも理解できるようにやさしく解説することを心がけています．

電験学習では，奥深く強い探求心をもって臨まなくてはなりません．そこで筆者は，この難しい電験を少しでもわかりやすくひも解くために工夫を加えております．文章だけでは理解しにくいことを，オリジナルなイラストにより補完し，読者の皆さんに伝えるべく努めています．そこで，電験初心者の方々に伝承したいテーマや，経験者の方々でも，何となくやり過ごしてしまっていて，“今さら，知らないとは言えないな”というような事柄について解説します．

本書は，筆者が新人の頃から現在に至るまで，電験を通じて疑問に思ったことを調べてノートにまとめていたものや，その後，新たに取り組んで得た知識・自ら考案したアイデアなどを盛り込んでいます．いわば，筆者の経験の集大成です．

内容については，以下の点に留意してまとめました．

① 「理論」「電力」「機械」「法規」の４本立てとし，１テーマごと，見開きで解説しました．

② すべてのテーマにイラストを入れ，これを見ただけでも，イメージが膨らんできて，概要が理解できるよう工夫しました．

ここでは，“イラストでわかる　電験3種 初心者の疑問に応える”と題し，電験3種を受験する人が知っておきたい基本的な項目を解説します．初めて受験する方は初歩的な学習として，何回か受験しても結果が得られていない方は知識の確認やレベルアップに活用していただきたいと思います．

なお本書は，2021年7月号から2022年11月号まで，電気計算に連載しました“イラスト版　電験3種　初心者の疑問に応える”をもとに加筆・修正を加え再編集したものです．わかりやすく，やさしい解説を心がけました．皆様の電験3種への理解の一助となれば，筆者の喜びとするところです．末尾ながら電気書院編集部はじめ，諸先輩のご指導のおかげで書籍化できたことに感謝し，お礼申し上げます．

2023年4月

武智 昭博

目　次

第1章　理　論

電気回路の疑問に応える

静電気の疑問に応える

電磁気の疑問に応える

電子回路の疑問に応える

その他の疑問に応える

第3章　機　　械

変圧器の疑問に応える

直流機の疑問に応える

誘導機の疑問に応える

同期機の疑問に応える

パワーエレクトロニクスの疑問に応える

第1章　理　論

電気回路の疑問に応える

静電気の疑問に応える

電磁気の疑問に応える

電子回路の疑問に応える

その他の疑問に応える

電気回路の疑問に応える

1

なぜコイルの電流は90°遅れ，コンデンサの電流は90°進むの？

「先輩．コイルのインピーダンスは$\mathrm{j}\omega L$だと，説明していただきました．そこで，jが付いているから，基準ベクトルより90°進むことはわかりましたが，なぜコイルの電流は90°遅れるのですか？」

「そうね．初心者には何となく違和感があるところね．」

「**第1図**において，電圧をE，電流をI_{L}とすると，$\dot{I}_{\mathrm{L}}=\dfrac{\dot{E}}{\mathrm{j}\omega L}$だわね．

ここで，分母，分子にjをかけて，$\mathrm{j}^2=-1$を適用すると，

$$\dot{I}_{\mathrm{L}}=\frac{\mathrm{j}\dot{E}}{\mathrm{j}^2\omega L}=-\mathrm{j}\frac{\dot{E}}{\omega L}$$

となって，jのところにマイナスが付くわ．jがかかっているから，$\dot{I}_{\mathrm{L}}$は$\dot{E}$より90°遅れていることがわかるでしょ．」

「ちなみに，RL並列回路で試してみると，

$$\dot{I}=\dot{I}_{\mathrm{R}}+\dot{I}_{\mathrm{L}}=\frac{\dot{E}}{R}-\mathrm{j}\frac{\dot{E}}{\omega L}$$

ベクトル図を描くと，$\dot{E}/R$によって先の$-90°$より実数軸に近づくことになるわ．」

「コンデンサの場合は，インピーダンスは$\dfrac{1}{\mathrm{j}\omega C}=-\mathrm{j}\dfrac{1}{\omega C}$で，基準ベクトルより90°遅れるけど，電流は$\dot{I}_{\mathrm{C}}=\dfrac{\dot{E}}{1/\mathrm{j}\omega C}=\mathrm{j}\omega C\dot{E}$となって，$E$にjがかかっているから，$\dot{I}_{\mathrm{C}}$は$\dot{E}$より90°進んでいることがわかるわね．ちなみに，$RC$並列回路で試してみると，

$$\dot{I}=\dot{I}_{\mathrm{R}}+\dot{I}_{\mathrm{C}}=(\dot{E}/R)+\mathrm{j}\omega C\dot{E}$$

ベクトル図を描くと，$\dot{E}/R$によって先の90°より実数軸に近づくことになるわ．」

「そうか．複素数をマスターすれば，数学的に証明できるのですね．」

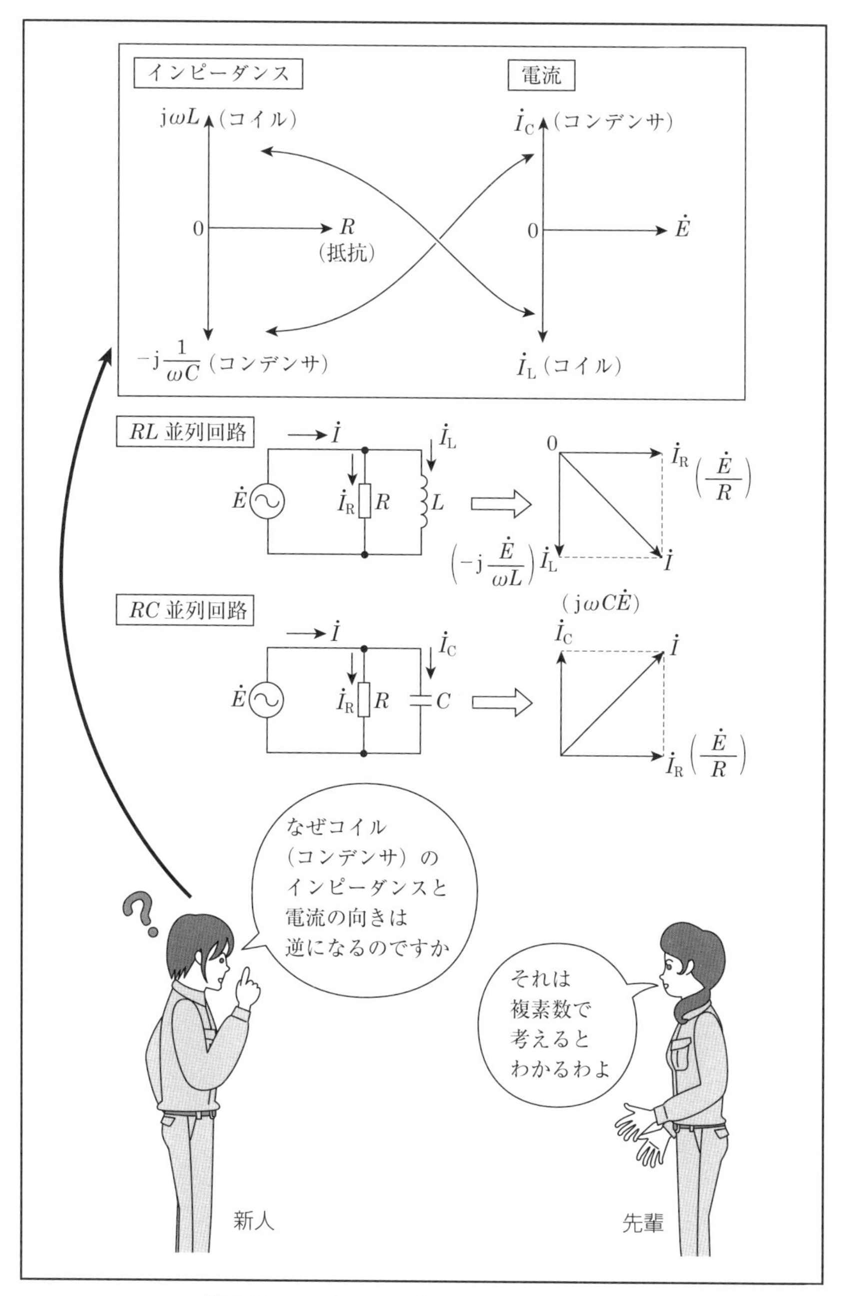

第1図　コイルの電流とコンデンサの電流

2

電気回路の疑問に応える

滑り抵抗器の問題は抵抗を途中で切って変形する！

「先輩．**第2図**の問題はどのように考えたらいいのですか？」

「そうね．まず等価回路を描くことだね．」

「はい．だけど，c点の周辺をどのように扱ったらいいのか，わからないのですが？　滑り抵抗器は分割していいのですか？」

「そうよ．そこがポイントなのよ．図(a)のように，R_{ac}とR_{bc}で切り離すの．R_{ac}とR_{bc}で切り離しても，回路上では銅線で接続されていると考えればいいのよ．そしてR_{bc}を下から上に伸ばして，R_1の隣に接続するの．このように変形すると，図(b)のような等価回路になるわ．これならわかりやすいでしょ．このように，電気回路は柔軟に変形できるのよ．」

「はい．この問題を解くには，そういうテクニックが必要なのですね．ここまでくればわかると思います．やってみます．まず，R_{ac}を流れる電流I_2を求めます．I_2は，$I_2 = 9 - 3 = 6$ Aです．

$R_1 + R_{bc}$の両端の電圧とR_{ac}の両端の電圧は等しいから，次式が成り立ちます．

$$I_1(R_1 + R_{bc}) = I_2 R_{ac} \qquad R_{ac} = 140 - R_{bc}$$

よって，$I_1(R_1 + R_{bc}) = I_2(140 - R_{bc})$

数値を代入すると，

$$3 \times (10 + R_{bc}) = 6 \times (140 - R_{bc})$$

$$10 + R_{bc} = 2 \times (140 - R_{bc}) = 280 - 2R_{bc}$$

$$3R_{bc} = 270 \qquad R_{bc} = 90\ \Omega \qquad R_{ac} = 140 - 90 = 50\ \Omega$$

よって，$R_{ac} : R_{bc} = 50 : 90 = 5 : 9$です．」

「それでいいわ．ここで大切なのは，回路の変形技術なのよ．抵抗の物理的位置にとらわれない変形よ．この技法さえマスターすれば難しくないわ．このような変形は，電気回路の問題では頻出しているわ．頭を柔軟にして考えるのよ．」「はい．そうですね．」

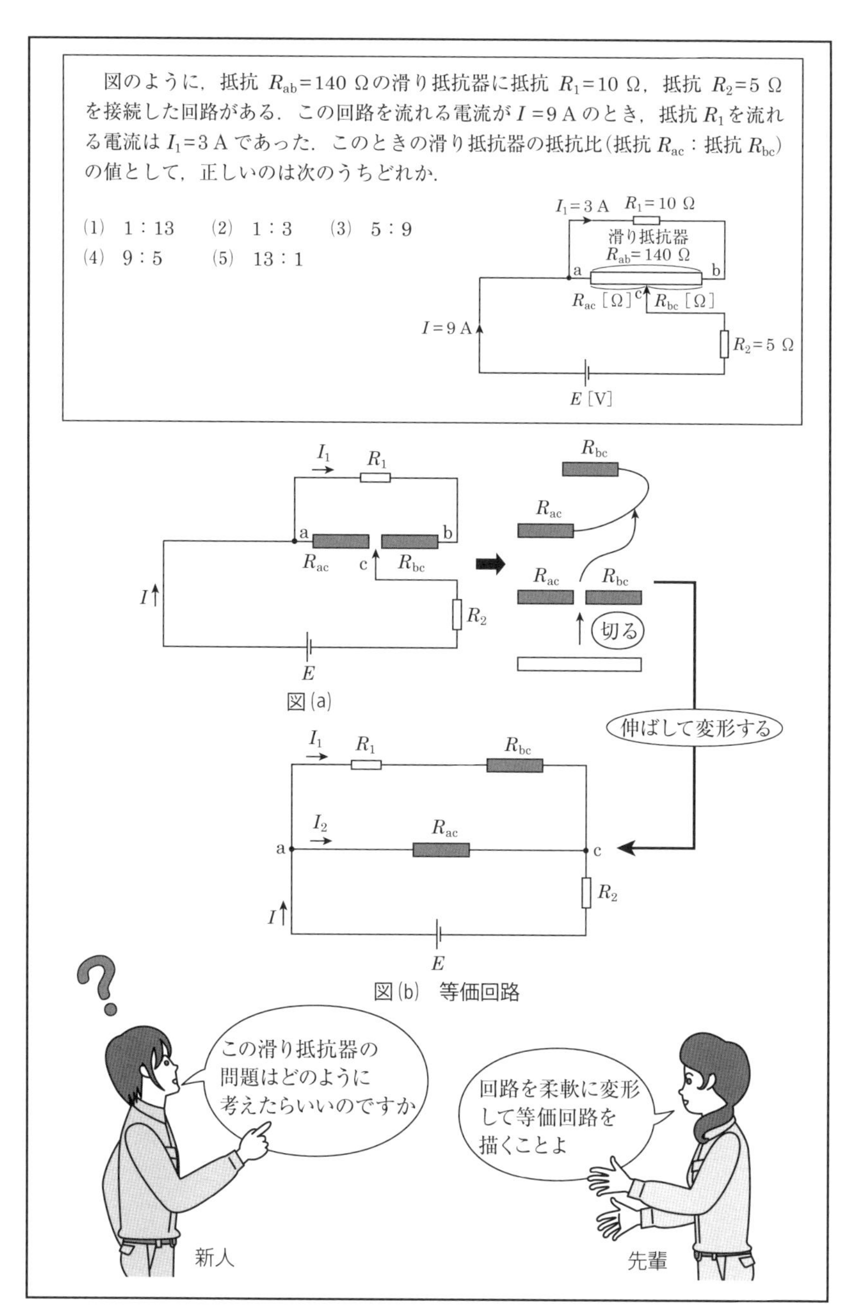

第2図　滑り抵抗器の等価回路

3

電気回路の疑問に応える

抵抗を求める答に電流（文字）が入っている場合は選択肢を見据えて！

「先輩．**第3図**の問題で，I_3までは求まったのですが，その先に進めないのでどうしたらいいのでしょうか？」

「そうね．これは少し変わった問題だね．では順を追って解いてみようね．まず，合成抵抗R_0を求めてみるわね．

$$R_0 = R_1 + \frac{R_2R_3}{R_2 + R_3}$$

そしてR_1を流れる電流I_1は

$$I_1 = \frac{E}{R_0} = \frac{E}{R_1 + \dfrac{R_2R_3}{R_2 + R_3}}$$

I_1がR_2とR_3に分流するから，I_3は抵抗逆比になるわね．

$$I_3 = I_1 \times \frac{R_2}{R_2 + R_3} = \frac{E}{R_1 + \dfrac{R_2R_3}{R_2 + R_3}} \times \frac{R_2}{R_2 + R_3} \qquad ①$$

だね．」「はい．ここまではできたのですが．」

「ここからR_1を求めるのだけど，選択肢にI_3が含まれていることに注意だね．①式をR_1について解けばいいのよ．ただし，選択肢を意識しながらね．そしてかたまりを崩さないように変形していくのよ．

$$\frac{E}{R_1 + \dfrac{R_2R_3}{R_2 + R_3}} = \frac{I_3}{\dfrac{R_2}{R_2 + R_3}} \qquad R_1 + \frac{R_2R_3}{R_2 + R_3} = \frac{E}{I_3} \times \frac{R_2}{R_2 + R_3}$$

$$R_1 = \frac{E}{I_3} \times \frac{R_2}{R_2 + R_3} - \frac{R_2R_3}{R_2 + R_3} = \frac{R_2R_3}{R_2 + R_3}\left(\frac{E}{R_3I_3} - 1\right)$$」

「この問題は，いったんI_3を求めながら，そのI_3（文字）を使ってR_1を求めるのよ．数値ならわかりやすかったけどね．こういう問題も中にはあるから注意してね．」「はい．」

図のように，既知の直流電源 E［V］，未知の抵抗 R_1［Ω］，既知の抵抗 R_2［Ω］および R_3［Ω］からなる直流回路がある．抵抗 R_3［Ω］に流れる電流が I_3［A］であるとき，抵抗 R_1［Ω］を求める式として，正しいのは次のうちどれか．

R_1［Ω］　I_3［A］　E［V］　R_2［Ω］　R_3［Ω］

(1) $R_1 = \dfrac{R_2R_3}{R_2+R_3}\left(\dfrac{E}{R_2I_3} - \dfrac{R_2}{R_3}\right)$　(2) $R_1 = \dfrac{R_2R_3}{R_2+R_3}\left(\dfrac{E}{R_2I_3} - \dfrac{R_3}{R_2}\right)$

(3) $R_1 = \dfrac{R_2R_3}{R_2+R_3}\left(\dfrac{E}{R_2I_3} - 1\right)$　(4) $R_1 = \dfrac{R_2R_3}{R_2+R_3}\left(\dfrac{E}{R_3I_3} - \dfrac{R_3}{R_2}\right)$

(5) $R_1 = \dfrac{R_2R_3}{R_2+R_3}\left(\dfrac{E}{R_3I_3} - 1\right)$

選択肢の式の中に I_3 があることに注意

（手順）

(1) 合成抵抗を求める．

(2) I_3 を求める（分流 → 抵抗逆比）

$$I_3 = \frac{E}{R_1 + \dfrac{R_2R_3}{R_2+R_3}} + \frac{R_2}{R_2+R_3} \quad ①$$

(3) 上式より R_1 について解く ― 選択肢を意識しながら変形

$$R_1 = \frac{R_2R_3}{R_2+R_3}\left(\frac{E}{R_3I_3} - 1\right)$$

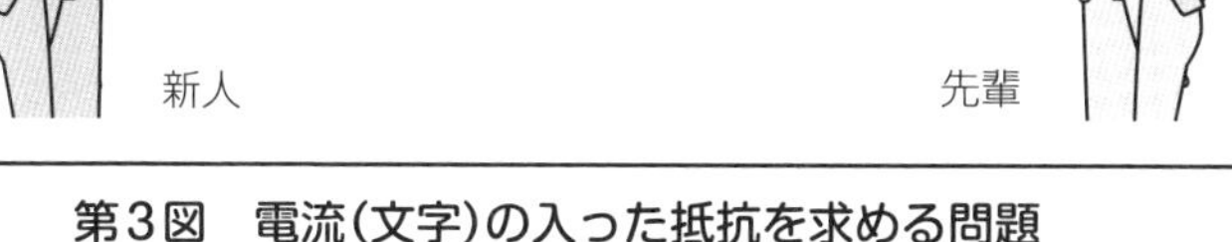

第3図　電流(文字)の入った抵抗を求める問題

電気回路の疑問に応える

4

電流の複素数の計算は，途中で絶対値をとってはならぬ！

「先輩．**第4図**の問題，やってみたのですが，該当する答が見当たらないのですが…」「どんな計算したのかな？」

「はい．

$$I_1 = \frac{100}{25} = 4\ \mathrm{A} \quad ① \qquad I_2 = \frac{100}{\sqrt{3^2+4^2}} = \frac{100}{5} = 20\ \mathrm{A} \quad ②$$

$$I = I_1 + I_2 = 4 + 20 = 24\ \mathrm{A} \quad ③$$ です．」

「②式に誤りがあるわね．I_1とI_2と求めるIも複素数だよね．I_1は抵抗のみだから，虚数部が出てこないで実数部のみだからいいけど，I_2は抵抗とコイルを流れる電流だから，虚数部が出てくるわね．計算の途中で絶対値をとると，すなわちI_2を求めるところで絶対値をとると，求めるIは複素数ではなくなるわね．だから，I_2は複素数の計算をしなければならないのよ．したがって，I_1，I_2ともに複素数計算をしてから，合算してIを求めなければならないのよ．」

「電気工事士の試験では，このような複素数計算は出てこないけど，電験では頻繁に出てくるから習熟しないといけないわよ．電気工事士に受かって，電験に挑戦しようとする初心者にはここのところがはっきりしていない人も結構いるから，注意すべきところよ．」

「はい．ではもう一度やってみます．②式は

$$\dot{I}_2 = \frac{100}{3+\mathrm{j}4} = \frac{100\times(3-\mathrm{j}4)}{25} = 12 - \mathrm{j}16$$

$$\dot{I} = \dot{I}_1 + \dot{I}_2 = 4 + 12 - \mathrm{j}16 = 16 - \mathrm{j}16$$

ここで，絶対値をとります．

$$I = \sqrt{16^2 + 16^2} = 22.6\ \mathrm{A}$$

選択肢の(5)に答がありました．」

「そうだね．ほかの問題でも，選択肢に答がない場合は，計算過程に誤りはないか，よく検算をしてね．」

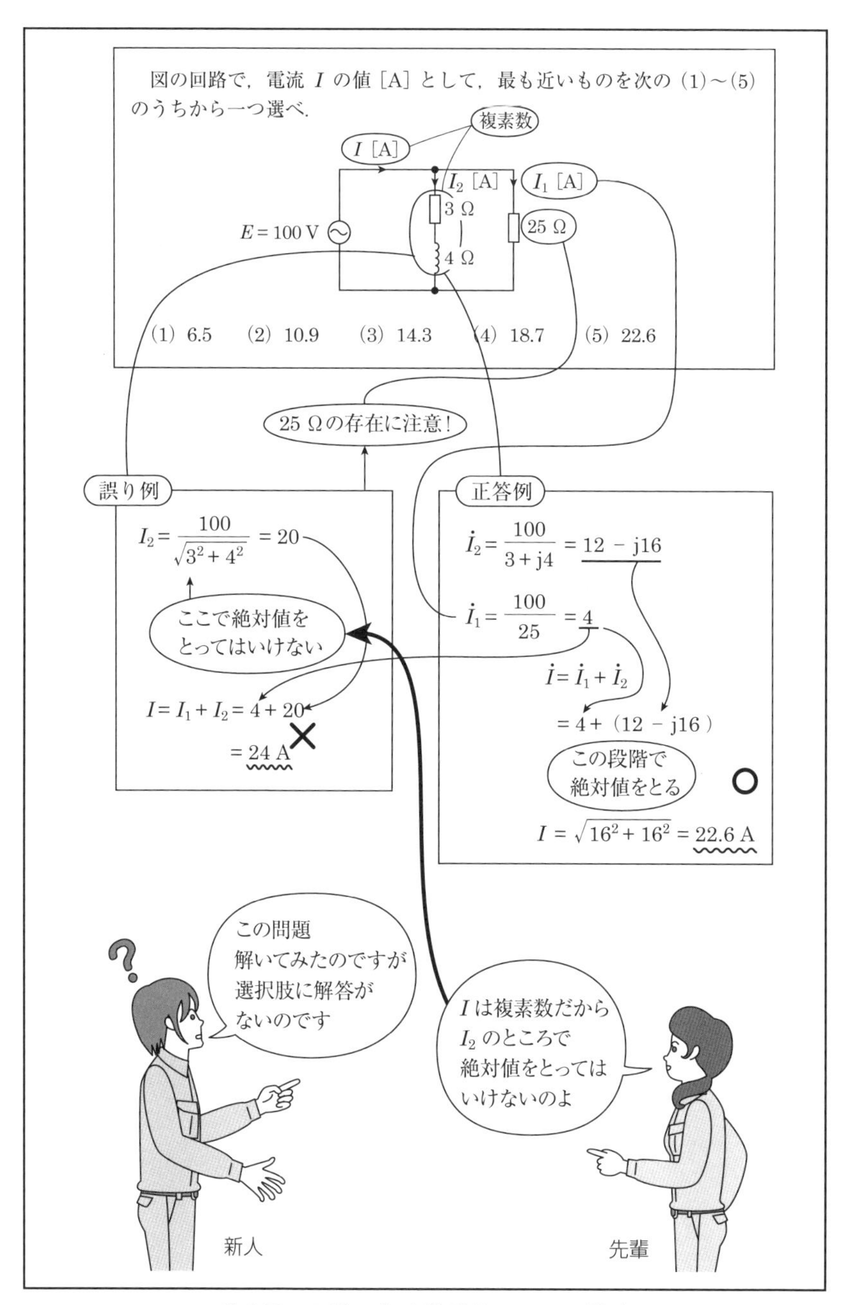

第4図　回路の複素数計算のワナに注意

電気回路の疑問に応える

5

RL並列回路の力率はどのようにして求めるの？

「先輩．**第5図**のようにRL直列回路，RL並列回路の力率を求める問題があったのですが，直列回路の力率はわかるのですが，並列回路の力率はどうやって求めるのですか？　RL直列回路の力率$\cos\theta_1$は

$$\cos\theta_1=\frac{R}{\sqrt{R^2+X^2}}=\frac{3}{\sqrt{3^2+4^2}}=\frac{3}{5}=0.6 \qquad ①$$

でいいですね．」

「そうよ．RL並列回路の力率$\cos\theta_2$の求め方は，直列回路のように単純ではないわ．次のような回路計算をしなければならないのよ．まず，インピーダンスZを求めるわよ．並列回路だから和分の積をとって，

$$\dot{Z}=\frac{\mathrm{j}RX}{R+\mathrm{j}X}=\frac{\mathrm{j}RX(R-\mathrm{j}X)}{(R+\mathrm{j}X)(R-\mathrm{j}X)}=\frac{RX^2+\mathrm{j}R^2X}{R^2+X^2}$$

$$=\frac{RX^2}{R^2+X^2}+\mathrm{j}\frac{R^2X}{R^2+X^2}$$

絶対値をとると，

$$|\dot{Z}|=\left|\frac{\mathrm{j}RX}{R+\mathrm{j}X}\right|=\frac{RX}{\sqrt{R^2+X^2}}$$

$$\cos\theta_2=\frac{Zの実数部}{|\dot{Z}|}=\frac{\dfrac{RX^2}{R^2+X^2}}{\dfrac{RX}{\sqrt{R^2+X^2}}}=\frac{X}{\sqrt{R^2+X^2}} \qquad ②$$

となるわね．①式と②式を比較すると，$\cos\theta_1$と$\cos\theta_2$では分子(RとX)が入れ替わっているでしょ．」

「はい，わかりました．では，②式を使って答を求めてみます．

$$\cos\theta_2=\frac{X}{\sqrt{R^2+X^2}}=\frac{4}{\sqrt{3^2+4^2}}=\frac{4}{5}=0.8$$

となります．」「それでいいわ．」

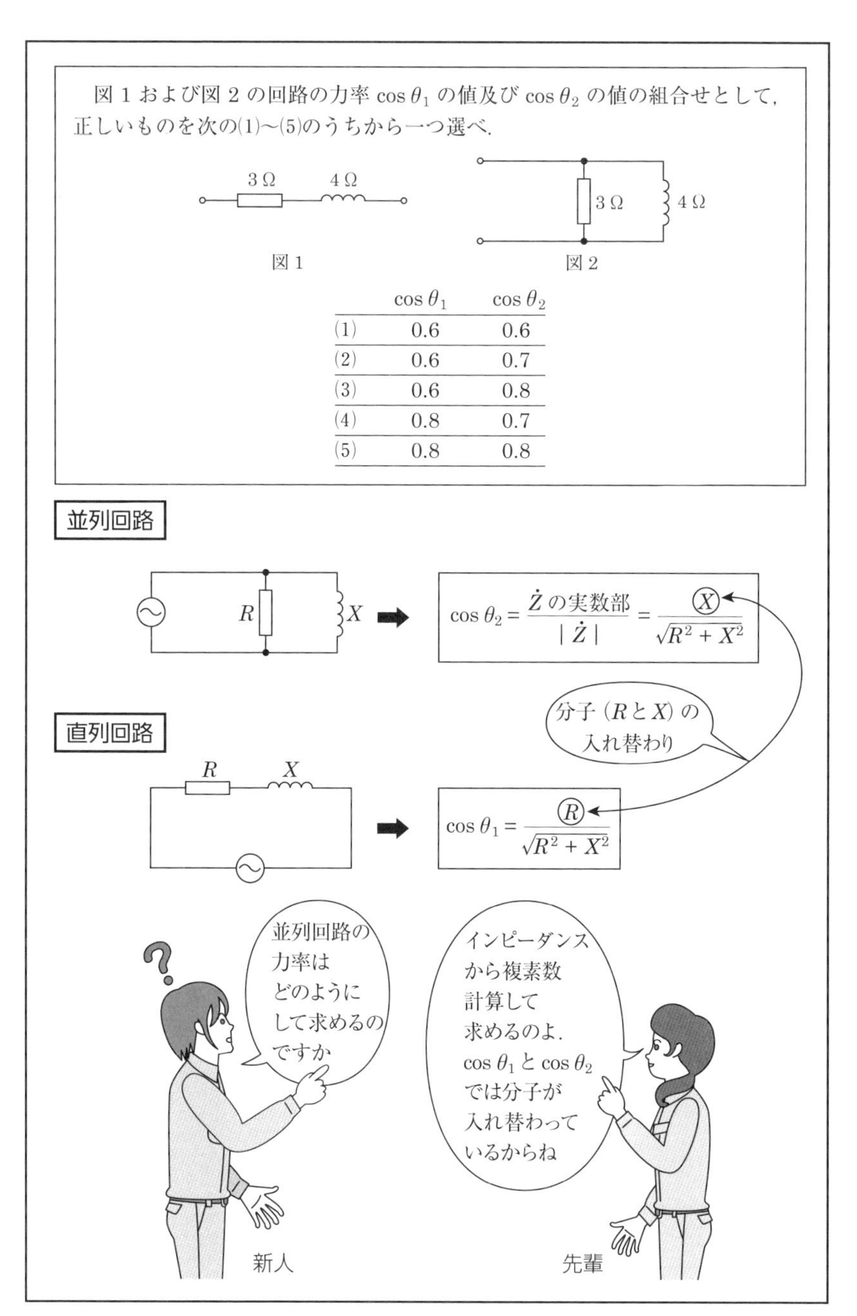

図 1 および図 2 の回路の力率 $\cos\theta_1$ の値及び $\cos\theta_2$ の値の組合せとして，正しいものを次の(1)～(5)のうちから一つ選べ．

	$\cos\theta_1$	$\cos\theta_2$
(1)	0.6	0.6
(2)	0.6	0.7
(3)	0.6	0.8
(4)	0.8	0.7
(5)	0.8	0.8

第5図　直列回路と並列回路の力率の違い

電気回路の疑問に応える　6

RC回路の過渡現象波形は コンデンサCの充放電から考える！

「先輩．第6図の波形問題の考え方を教えてください．」「そうね．これは『電験3種疑問解決道場』理論テーマ5で扱ったものの応用だね．スイッチを①側に閉じたときと，①側から②側へ切り換えたときの二つに分けて考えるのよ．まずスイッチを①側に閉じたときには，図(a)のようなRC回路になって，電流iは電源$2E$ [V]から流れ，コンデンサCは充電されるわね．コンデンサCは，当初は帯電していないので短絡状態なのよ．十分に時間が経過すると，コンデンサCは満充電となって，それ以上電流は流れなくなるわ．コンデンサCは開放状態となるの．そしてこの電荷をQとすると，$Q=2CE$となるわ．」

「次にスイッチを①側から②側に切り換えると，図(b)のようになるわ．$Q=2CE$より，コンデンサCの電圧は$Q/C=2E$となって，電源電圧Eより大きくなるから，今度はコンデンサCから電源の方へ電流は流れるわ．電源電圧とコンデンサ電圧が平衡するまで流れるの．その電圧はE [V]よ．」「なぜ，平衡した電圧がE [V]になるのですか？」

「電荷の移動量をqとすると，

$$0+q=Q-q=2CE-q \qquad \therefore \quad q=CE$$

このときのコンデンサの電荷は，$2CE-CE=CE$．よって，電圧Eで平衡がとれるのよ．次に図(c)より，

$$Ri+E=v_{\mathrm{C}} \qquad i=-\frac{\mathrm{d}q}{\mathrm{d}t} \qquad v_{\mathrm{C}}=\frac{q}{C}$$

$$-R\frac{\mathrm{d}q}{\mathrm{d}t}+E=\frac{q}{C} \quad \rightarrow \quad R\frac{\mathrm{d}q}{\mathrm{d}t}+\frac{q}{C}=E$$

コンデンサに流れる電流iは　$i=\dfrac{E}{R}\mathrm{e}^{-t/CR}$ [A]　①

①式を図に表すと図(d)のようになるわ．その解説は，拙著『電験3種疑問解決道場』にあるから復習しておいてね．」「はい．」

図のように，2種類の直流電源，R［Ω］の抵抗，静電容量 C［F］のコンデンサおよびスイッチ S からなる回路がある．この回路において，スイッチ S を①側に閉じて回路が定常状態に達した後に，時刻 $t = 0$ s でスイッチ S を①側から②側に切り換えた．②側への切り換え以降の，コンデンサから流れ出る電流 i［A］の時間変化を図に示せ．

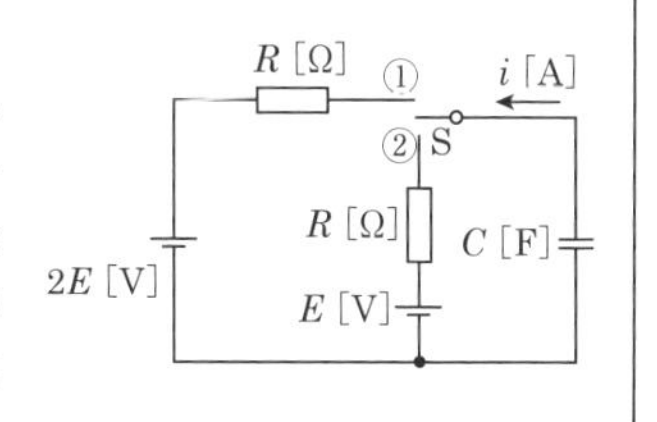

① S を①側に閉じたとき

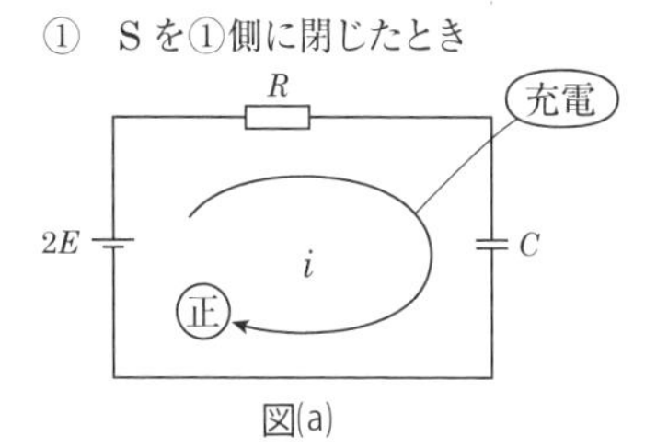

図(a)

② S を①側から②側へ切り換えたとき

Q = 2CE
R
q
C
2E
E

図(b)

電荷の移動

放電

③ 回路方程式

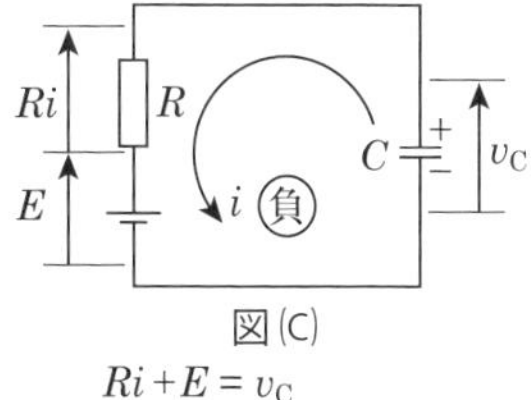

図(C)

$$Ri + E = v_C$$

$$R\frac{dq}{dt} + \frac{q}{C} = E$$

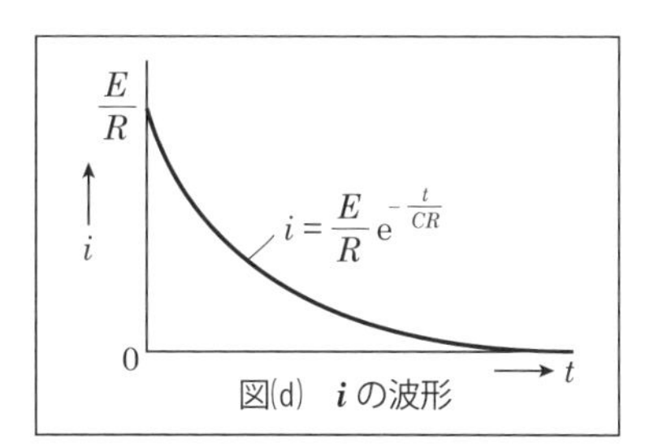

図(d) ***i*** の波形

第6図 *RC* 回路の過渡現象波形

電気回路の疑問に応える **7**

力率100 %の条件では電流の虚数部に着目せよ！

「先輩．**第7図**の設問の条件で力率が100 %になるとありますが，このときどんなことを考えたらよいのですか？」

「そうね．力率100 %のときに考えることは，次の三つがあるわね．

① 電圧と電流が同相であること．つまり，位相差がゼロ($\cos\theta=1$)．

② インピーダンスのリアクタンス部がなく，抵抗分のみとなること．

③ 複素数表示の電流の虚数部がゼロになること．

この場合は③が適用できるわね．並列回路だから電流で考えるのだったわね．Lを流れる電流を$\dot{I}_{\mathrm{L}}$，RCを流れる電流を$\dot{I}_{\mathrm{RC}}$とすると，

$$\dot{I}_{\mathrm{L}}=\frac{E}{\mathrm{j}\omega L}=-\mathrm{j}\frac{E}{\omega L}$$

$$\dot{I}_{\mathrm{RC}}=\frac{E}{R+1/(\mathrm{j}\omega C)}=\frac{\mathrm{j}\omega CE}{1+\mathrm{j}\omega CR}=\frac{\mathrm{j}\omega C(1-\mathrm{j}\omega CR)}{(1+\mathrm{j}\omega CR)(1-\mathrm{j}\omega CR)}E$$

$$=\frac{\omega^2C^2R+\mathrm{j}\omega C}{1+\omega^2C^2R^2}E$$

よって，負荷の全電流$\dot{I}$は

$$\dot{I}=\dot{I}_{\mathrm{L}}+\dot{I}_{\mathrm{RC}}=-\mathrm{j}\frac{E}{\omega L}+\frac{\omega^2C^2R+\mathrm{j}\omega C}{1+\omega^2C^2R^2}E$$

$$=\frac{\omega^2C^2R}{1+\omega^2C^2R^2}E+\mathrm{j}\left(\frac{\omega C}{1+\omega^2C^2R^2}-\frac{1}{\omega L}\right)E$$

ここで，虚数部が0になればよいから

$$\frac{\omega C}{1+\omega^2C^2R^2}-\frac{1}{\omega L}=0 \qquad \omega^2LC=1+\omega^2C^2R^2$$

$$\omega^2C(L-CR^2)=1 \qquad \therefore\ \omega=\frac{1}{\sqrt{(L-CR^2)C}}$$

となるわね．」

「この類の問題は頻出しているわ．つまり，上記①，②，③は同じことを表しているから，問題によって使い分けることが大切よ．」

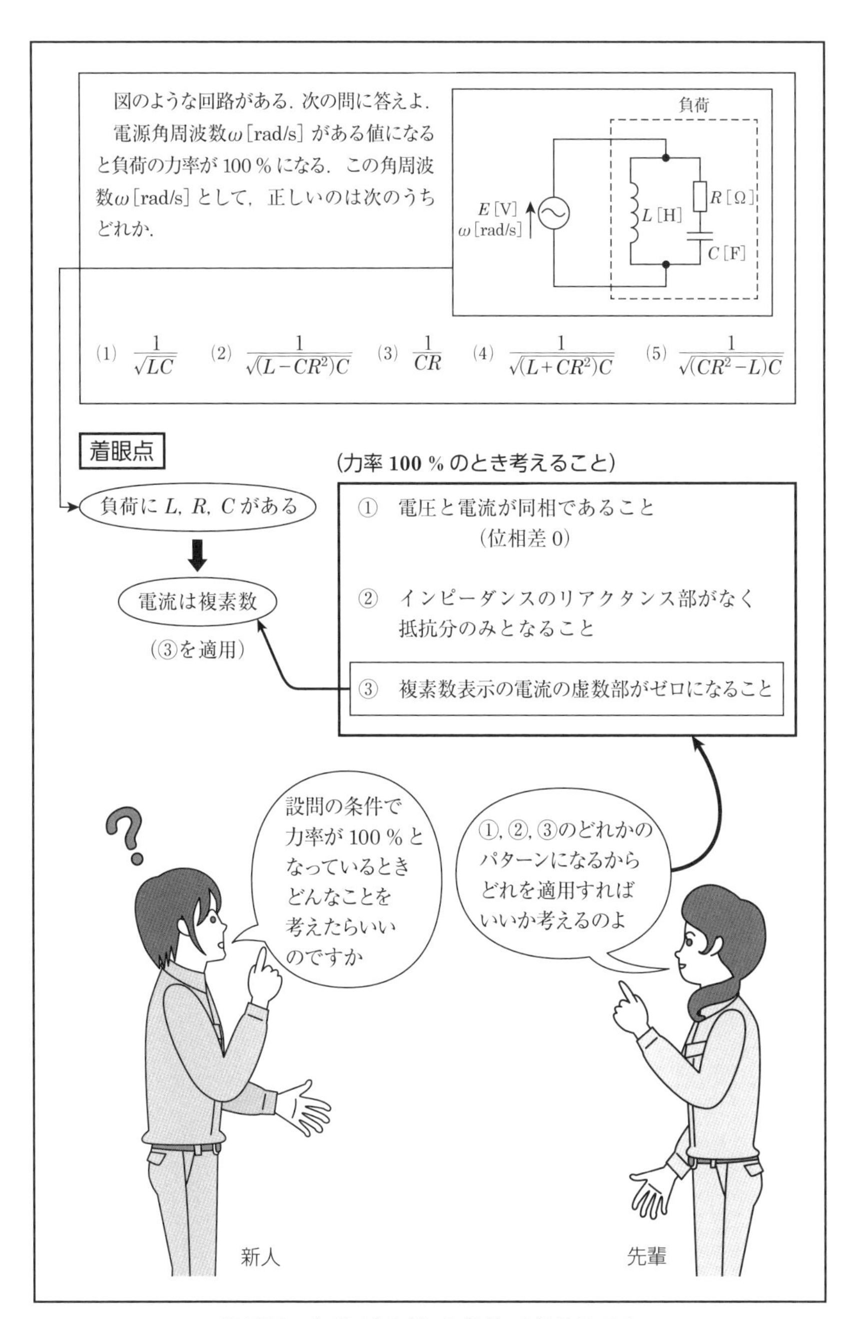

第7図　力率100 % の条件で考えること

電気回路の疑問に応える **8**

力率角が30°，45°，60°以外の場合は分解して考える！

「先輩．第8図の問題で，力率角75°が出てきたのですが，これは関数電卓がないと値が求められないと思いますが…」

「こういう場合は，よく出てくる30°, 45°, 60°のなかでの組合せができないか考えてみるのよ．」「そうか．75°は45°＋30°になります．」「そうよ．」「次にRとX_Cのベクトル図を描くと，図のようになるわね．ベクトル図から

$$\tan 75° = X_C/R \qquad ①$$

となるわね．ここで，75°＝45°＋30°を当てはめると，

$$\tan 75° = \tan(45° + 30°) \qquad ②$$

になるわね．②式に$\tan\theta = \sin\theta/\cos\theta$を使って

$$\tan(45° + 30°) = \frac{\sin(45° + 30°)}{\cos(45° + 30°)} \qquad ③$$

「ここから先はどうなりますか？」

「加法定理は覚えているかな．」「はっきりは覚えていません．」

「加法定理は次のとおりよ．

$$\sin(\alpha + \beta) = \sin\alpha\cos\beta + \cos\alpha\sin\beta$$

$$\cos(\alpha + \beta) = \cos\alpha\cos\beta - \sin\alpha\sin\beta$$

③式にこれを使って

$$\frac{\sin(45° + 30°)}{\cos(45° + 30°)} = \frac{\sin 45°\cos 30° + \cos 45°\sin 30°}{\cos 45°\cos 30° - \sin 45°\sin 30°}$$

$\sin 45° = \cos 45°$だから，上式を簡単にして

$$\frac{\cos 30° + \sin 30°}{\cos 30° - \sin 30°} = \frac{(\sqrt{3}/2) + (1/2)}{(\sqrt{3}/2) - (1/2)} = \frac{\sqrt{3} + 1}{\sqrt{3} - 1} \fallingdotseq 3.732\,1$$

これを①式に代入して，$X_C/R = 3.732\,1 \rightarrow R \fallingdotseq 0.268X_C$となるわね．このように，場合によっては角度を分解して，数式を展開していくこともあるのよ．」「はい．」

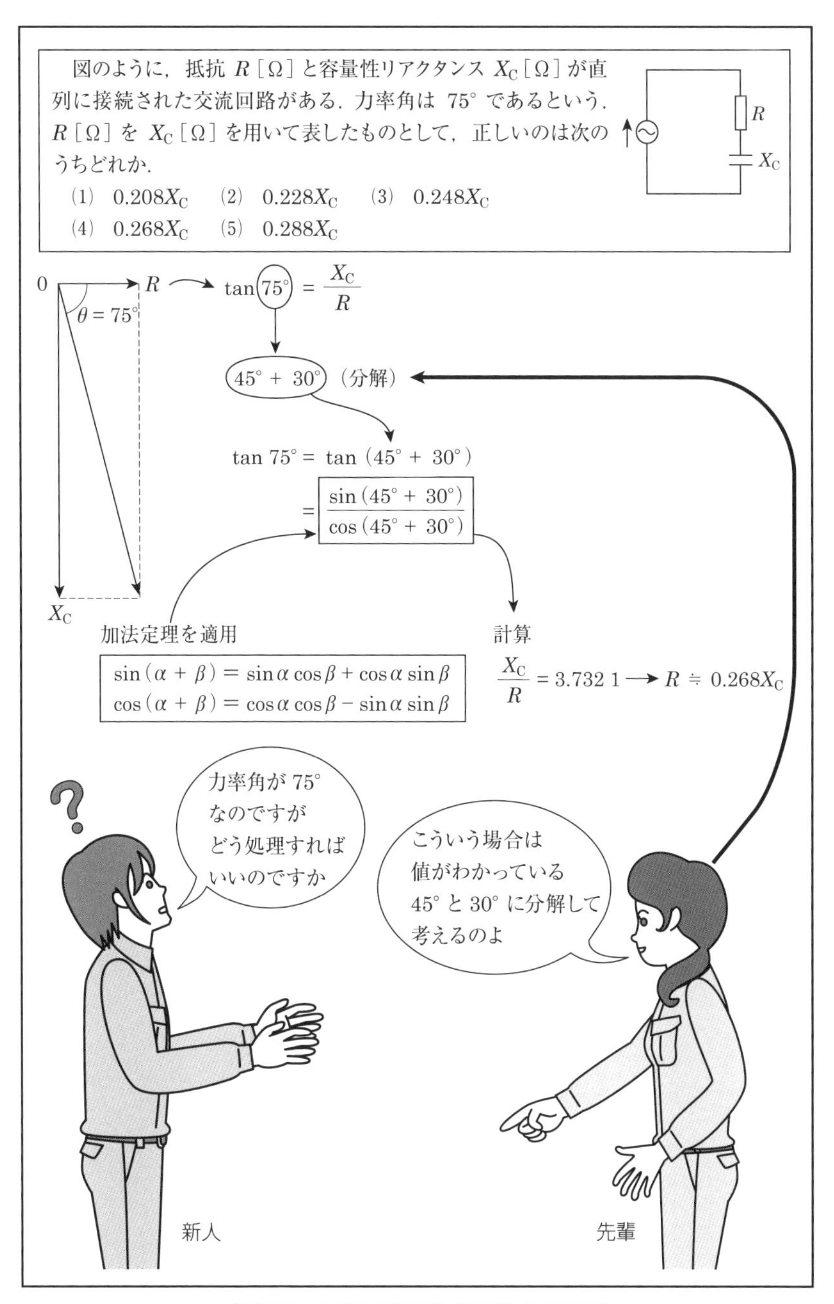

第8図　力率角が75°の場合の処理法

電気回路の疑問に応える　**9**

コンデンサ直列接続の分担電圧はなぜコンデンサの逆比になるの？

「先輩．**第9図**の問題ですが，途中でわからなくなったので，よろしくお願いします.」「そうね．では最初から解説するわね．まず，図を変形して見慣れた直並列回路にするの．上のC直列4個は$C/4$に，下の並列2個は$C+C_0$になるわね．$C=0.1\,\mu\mathrm{F}$，$C_0=0.05\,\mu\mathrm{F}$より

$$C/4=0.025\,\mu\mathrm{F}\qquad C+C_0=0.1+0.05=0.15\,\mu\mathrm{F}$$

ここで，電圧VとV'はコンデンサの逆比に分圧されるの．

$$V=\frac{0.025}{0.15+0.025}E\qquad 12=\frac{0.025}{0.175}E\qquad E=12\times\frac{0.175}{0.025}=84\,\mathrm{V}$$

となるわね.」「その逆比に分圧されるところがわからなかったのです.」

「そこは初心者が戸惑うところなのよ．詳しく解説するわね．図のように，コンデンサC_1とC_2を直列に接続して電圧Vを加えると，C_1，C_2の分担電圧はどうなるか考えてみるわね．各コンデンサにはそれぞれ電荷$+Q$，$-Q$が帯電するわね．そして各端子電圧をV_1，V_2とすると，

$$V=V_1+V_2=\frac{Q}{C_1}+\frac{Q}{C_2}=Q\left(\frac{1}{C_1}+\frac{1}{C_2}\right)$$

$$Q=\frac{V}{\dfrac{1}{C_1}+\dfrac{1}{C_2}}=\frac{V}{\dfrac{C_1+C_2}{C_1C_2}}=\frac{C_1C_2}{C_1+C_2}V$$

$$V_1=\frac{Q}{C_1}=\frac{\dfrac{C_1C_2}{C_1+C_2}V}{C_1}=\frac{C_2}{C_1+C_2}V$$

$$V_2=\frac{Q}{C_2}=\frac{\dfrac{C_1C_2}{C_1+C_2}V}{C_2}=\frac{C_1}{C_1+C_2}V$$

V_1，V_2はC_1，C_2の逆比に分圧されているでしょ.」

「そうか．抵抗の場合の分圧とは違うのですね.」

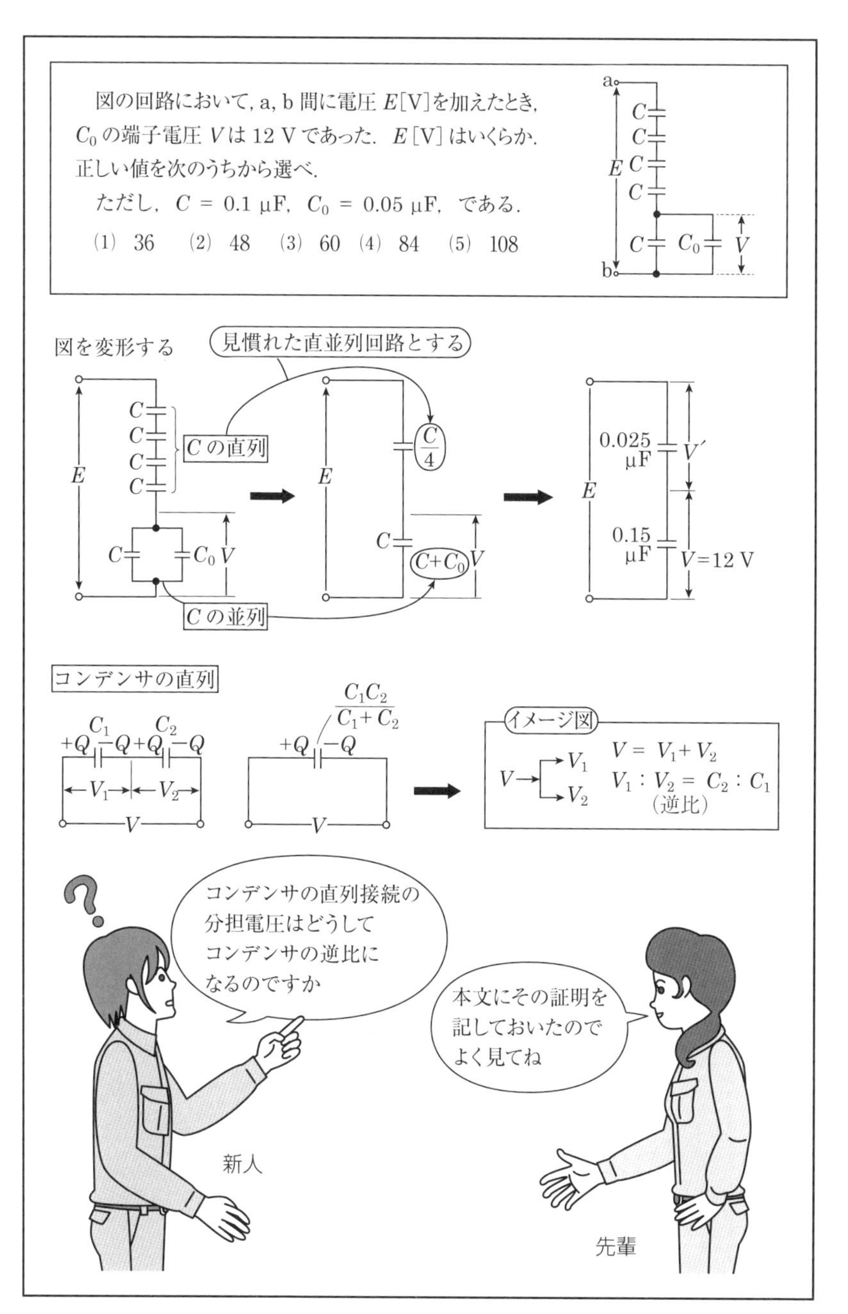

第9図　コンデンサ直列接続の分担電圧

電気回路の疑問に応える　10

この回路素子はコイルなのか？
コンデンサなのか？

「先輩．**第10図**の問題で，回路素子がコイルなのかコンデンサなのか，そして素子の値を求めるのですが，電圧vと電流iがわかっているから，インピーダンスは出てくると思いますが，どう手をつけたらいいのですか？」「そうね．この問題はまず電圧vと電流iの波形を描くことね．図のように電圧vの sin カーブを描く．そして電流iの cos カーブを描くのだけど，cos の前にマイナスが付いているから注意が必要よ．$50\cos(1\,000t)$ を描いて，x軸を境にして反転させなければならないのよ．」「はい．」

「そうすると，vとiの位相差がわかるでしょ．iはvより$\pi/2$遅れ位相になっているでしょ．」「なるほど．」

「iがvより遅れる素子は何だったかな．」「インダクタンスつまりコイルです．」「そうね．次にそのリアクタンスX_Lを求めると，

$$X_L = \frac{500/\sqrt{2}}{50/\sqrt{2}} = 10\,\Omega$$ 　になるわね．

$\sqrt{2}$ で割っているのは，実効値を出すためよ．」

「では，インダクタンスの値はどうやって求めるのですか？」

「インダクタンスはωL [Ω] だったわね．ここで，vの式の$1\,000t$に目をつけるの．$v = 500\sin(1\,000t)$ の一般式は $v = A\sin\omega t$ だね．」

「はい．」「このωLとωtのωを結びつけるのよ．つまり，$\omega L = X_L$より，

$$L = X_L/\omega = 10/1\,000 = 0.01\,\text{H} = 10\,\text{mH}$$

となるわね．この問題は数学力を試す問題といえるわね．地道な数学の勉強が必要だね．」「はい．」

「ちなみに，iにマイナスがなかったら，iはvより$\pi/2$進むので，コンデンサになって，$1/\omega C = X_C$より，

$$C = \frac{1}{\omega X_C} = \frac{1}{1\,000 \times 10} = 0.000\,1\,\text{F} = 100\,\mu\text{F}$$ 　となるわ．」

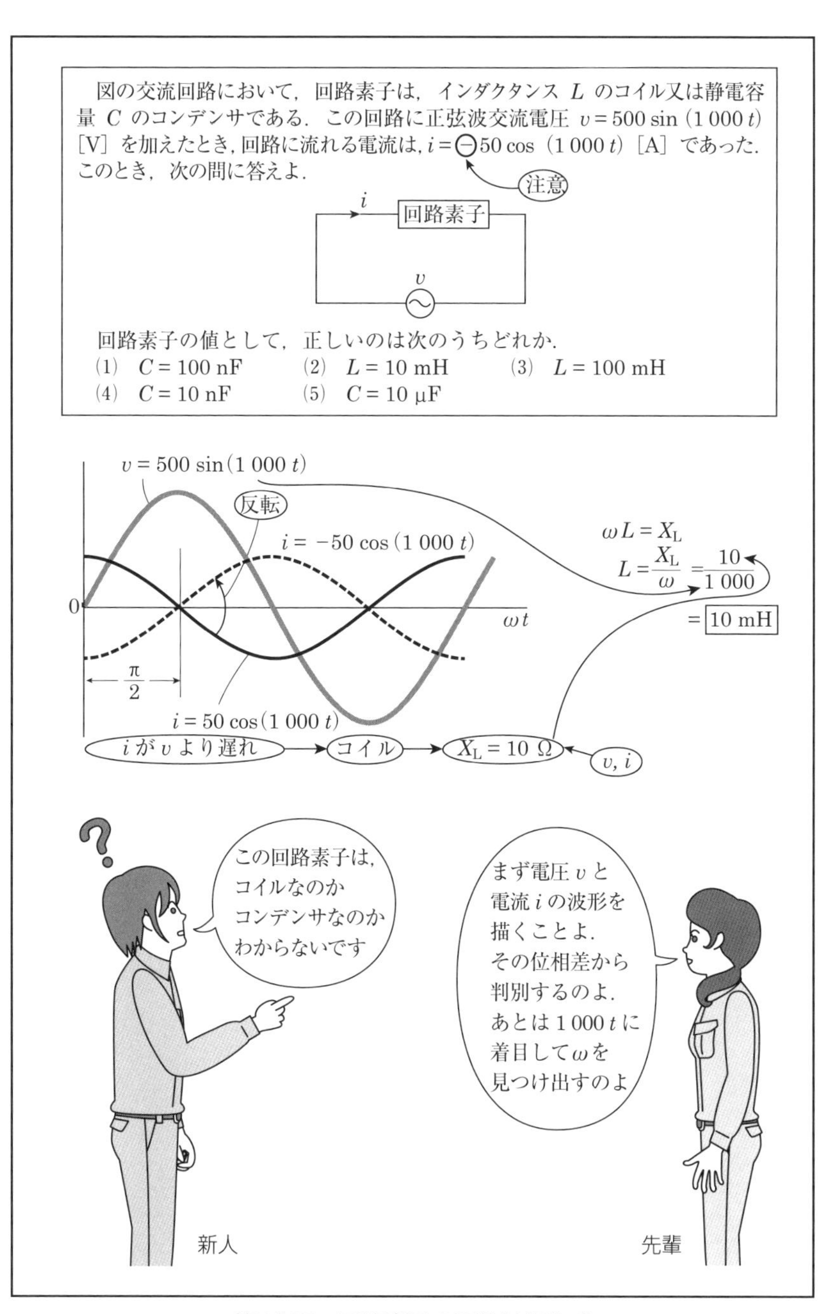

第10図　回路素子の正体は何か？

電気回路の疑問に応える　**11**

電源が二つ以上ある場合は重ね合わせの理を使う！

「先輩．**第11図**の問題には，電圧源と電流源があって，どうやって解いたらいいのかわからないのですが…」

「そうね．見慣れないと難しく感じるかもしれないわね．この問題のように二つの電源がある場合は，“重ね合わせの理”を使うのが常識なのよ．」「重ね合わせの理ってどういうものですか？」

「重ね合わせの理とは“多数の起電力を含む電気回路網の中の電流分布は，各起電力が単独にその位置で働くときに流れる電流分布の総和に等しい”という定理なのよ．」

「問題のように，電圧源と電流源が混在しているときは，それぞれ単独に存在するときの電流分布を算出して，その代数和をとればいいのよ．そのときの注意点があるの．図のように，電圧源は除去して短絡するの．」「なぜ電圧源は短絡するのですか？」

「電圧源は内部抵抗がゼロだから，つまり短絡したのと同じなのよ．」「はい．」「電流源は開放するのよ．」「それはなぜですか？」

「電流源とは内部抵抗が無限大だから，開放したのと同じになるからよ．」「はい．」「これを踏まえて問題を解いてみようね．①のように電圧源だけとすると，電流 I_{11} はオームの法則より

$$I_{11}=\frac{4}{3+5}=\frac{4}{8}=0.50\ \mathrm{A}$$

②のように電流源だけとすると，3 Ωと5 Ωの並列回路になるから，I_{21} は抵抗逆比をとって，

$$I_{21}=\frac{5}{3+5}\times 2=\frac{10}{8}=1.25\ \mathrm{A}$$

重ね合わせの理によって，①，②を合成すると，電流の向きに注意して　　$I=I_{21}-I_{11}=1.25-0.50=0.75\ \mathrm{A}$　　となるわ．」

「この手の問題が出たら，この定理を思い出すのですね．」「そうよ．」

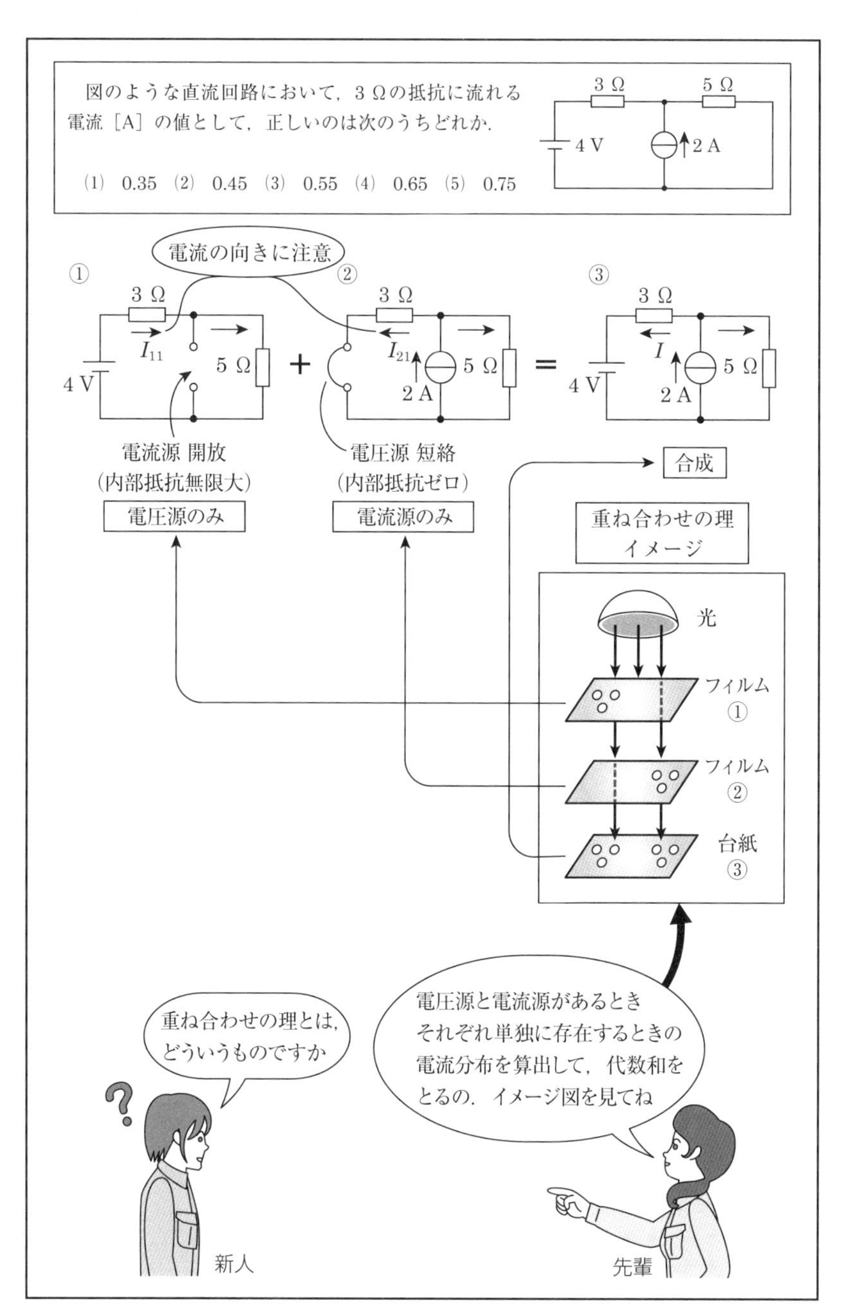

第11図　重ね合わせの理の説明

電気回路の疑問に応える **12**

電圧源と電流源とはどういうものなの？

「先輩．理論科目で電圧源，電流源というのが出てきたのですが，一体どういうものなのですか？」

「そうね．どちらも理想的な電源で，身近にはないものだから，ちょっとイメージがわきにくいわね．」「そうなのです．」

「まず電圧源だけど，この定義は“流れる電流とは無関係に，指定した一定端子間電圧を発生する素子が理想電圧源または略して電圧源”なのよ．この場合，内部抵抗$r=0\,\Omega$として計算できるわ．イメージとしては，新品の電池を思い浮かべるといいわ．使用当初は電圧源に近い特性があるからね．」

「次に電流源だけど，“端子電圧とは無関係に，指定した一定電流を流し続ける素子を理想電流源または略して電流源”というわ．計算上は，電流源自体の内部抵抗$r=\infty$（無限大）とするの．イメージとしては，泉から湧き出てくる水のようだね．」「少しわかってきました．」

「電圧源と電流源が存在する場合は，電圧源はすべて除去して，端子間は短絡して計算するのよ．また，電流源はすべて除去して，その端子間は開放して計算するわ．そして両者を重ね合わせの理を使って合成するのよ．では，**第12図**の問題で説明するわね．図(a)では，電圧源のみのときだから，電流源は開放して，　$I_1=\dfrac{13}{1+2}=\dfrac{13}{3}$

図(b)では，電流源のみのときだから，電圧源は短絡する．1 Ωと2 Ωの並列回路だから，　$I_2=5\times\dfrac{2}{1+2}=\dfrac{10}{3}$

図(c)で，重ね合わせの理により，

$$I=I_1-I_2=\frac{13}{3}-\frac{10}{3}=1\,\text{A}$$

P点の電位は$V=I\,[\text{A}]\times 1\,\Omega=1\,\text{V}$だね．」

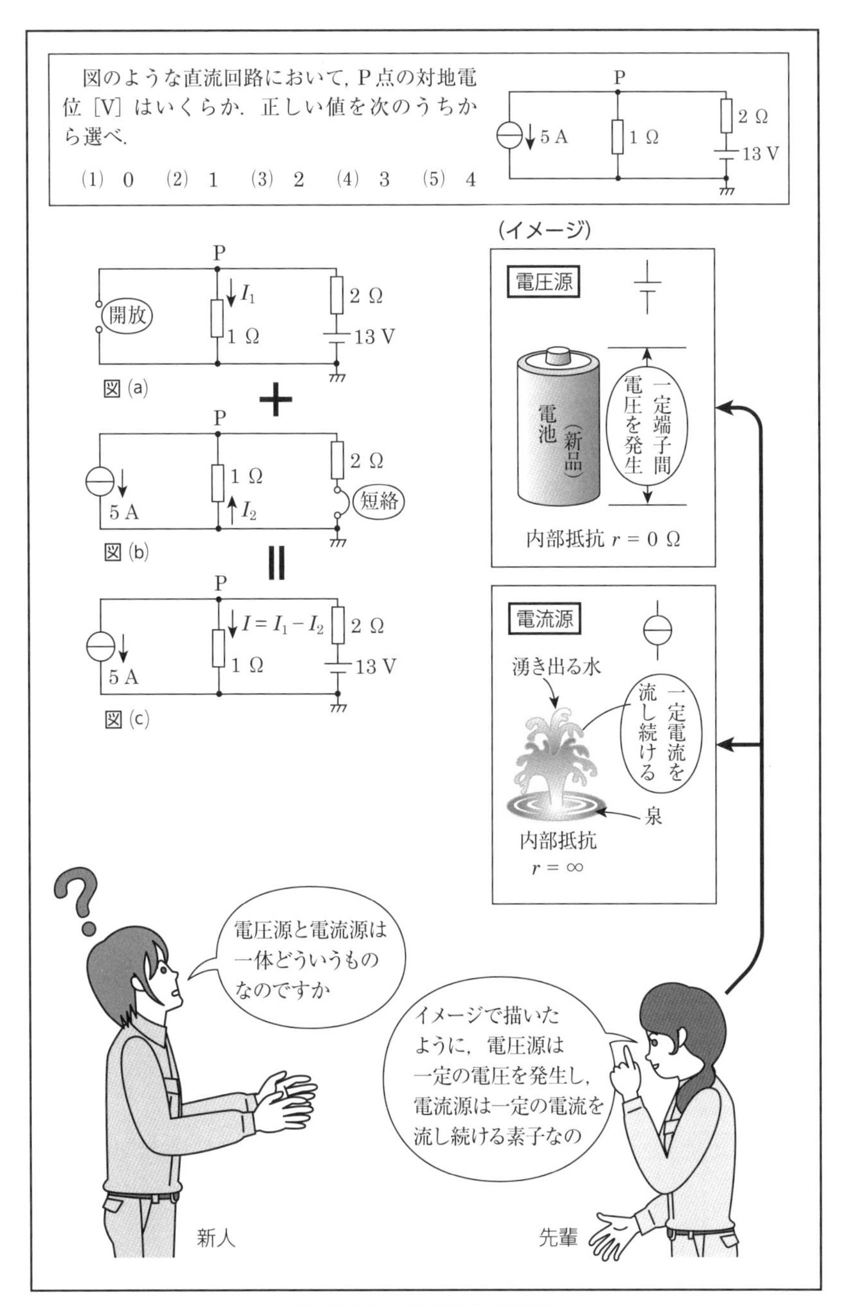

第12図　電圧源と電流源

電気回路の疑問に応える　**13**

異種電源による電流の合成はひずみ波実効値を求めるのと同様に！

「先輩．**第13図**の回路には電源が二つあるから，重ね合わせの理を使うと思うのですが，何となくいつもと違うように感じるのですけど…？」

「そうね．たしかに重ね合わせの理を使うわよ．とりあえず最初からやってみようね．直流電源E_{d}について考えると，図(a)のように，コンデンサは直流に対しては開放状態になるわね．だから直流分電流I_{d}は

$$I_{\mathrm{d}}=\frac{E_{\mathrm{d}}}{R}=\frac{100}{10}=10\ \mathrm{A} \qquad ①$$

となるわね．次に交流電源E_{a}について考えると，図(b)より，回路のアドミタンス$\dot{Y}$と電流I_{a}は

$$\dot{Y}=\frac{1}{R}+\frac{1}{-\mathrm{j}X_{\mathrm{C}}}$$

$$I_{\mathrm{a}}=E_{\mathrm{a}}\left|\dot{Y}\right|=E_{\mathrm{a}}\left|\frac{1}{R}+\frac{1}{-\mathrm{j}X_{\mathrm{C}}}\right|=E_{\mathrm{a}}\sqrt{\left(\frac{1}{R}\right)^2+\left(\frac{1}{X_{\mathrm{C}}}\right)^2}$$

$$=100\times\sqrt{\left(\frac{1}{10}\right)^2+\left(\frac{1}{10}\right)^2}=100\times\frac{\sqrt{2}}{10}=10\sqrt{2}\ \mathrm{A} \qquad ②$$

ここまではいいかな.」「はい．ここで，①式と②式の値を足してはいけないのですか？」

「そうなの．ここが今までとは違うところなのよ．電源の種類が違うから，そのまま足してはいけないの．ひずみ波の実効値を求める方法と同じように扱わなければならないのよ．ひずみ波の実効値の求め方は，

ひずみ波の実効値

$$=\sqrt{(直流分)^2+(基本波の実効値)^2+\cdots+(第3調波の実効値)^2+\cdots+(第n調波の実効値)^2}$$

この式を使うと，求める実効値は①，②式より，

$$I=\sqrt{10^2+(10\sqrt{2})^2}=\sqrt{300}=10\sqrt{3}=17.3\ \mathrm{A}$$ となるわ.」

「そうか．これは重ね合わせの理を使う特殊な問題なのですね.」

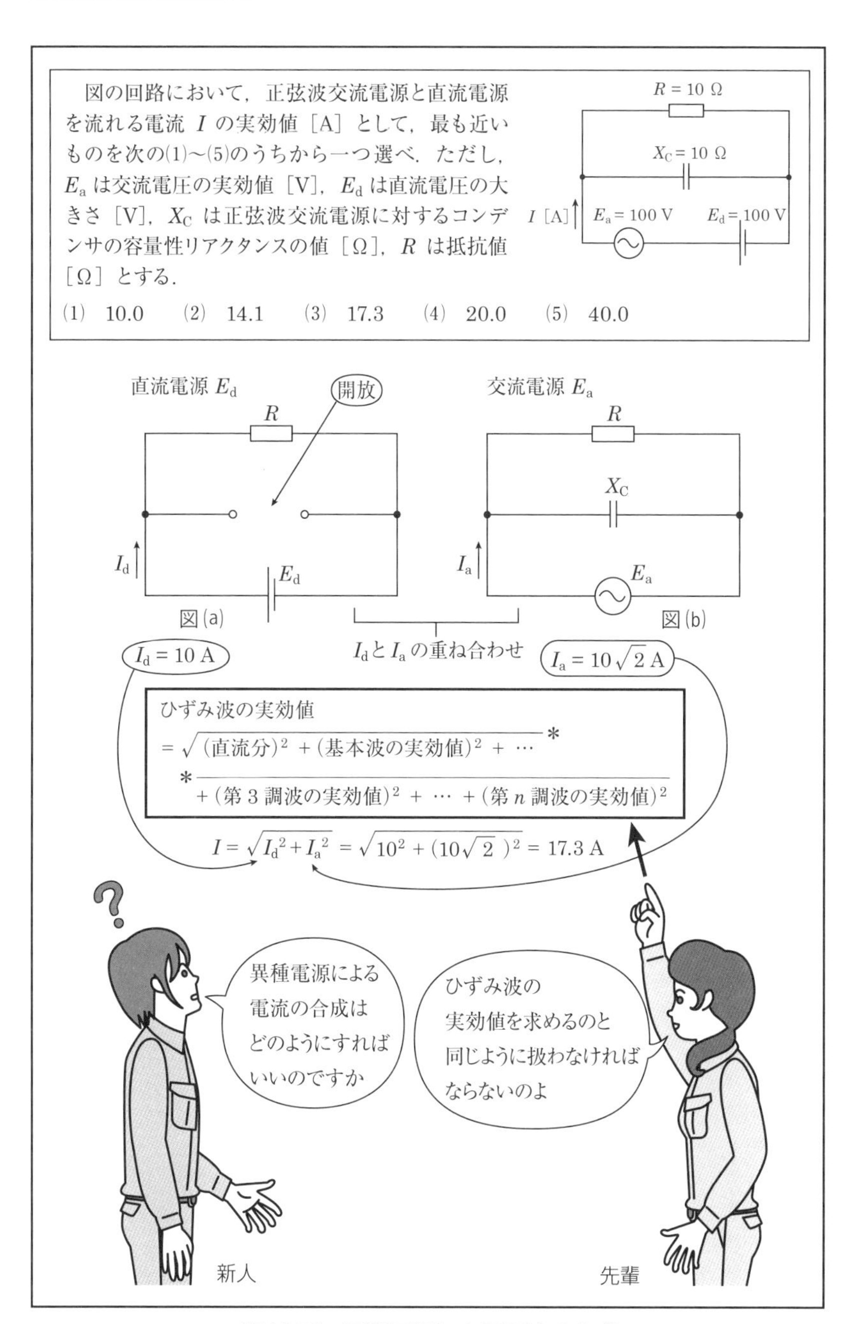

第13図　異種電源による電流の合成

電気回路の疑問に応える

14

ひずみ波の電圧・電流は基本波と各調波に分解して計算する！

「先輩．**第14図**の問題は，複雑そうですが，どうやって計算すればいいのですか？」「そうね．まず，ひずみ波の知識が必要なのだけど，勉強したかな．」「はい．大体ですが…」

「ではひずみ波の基本からいくわね．ひずみ波とは，電圧，電流の波形が一つの周波数成分だけでなく，多くの周波数の成分の和で表されるような波形をいうわ．これらのうち，最も低い周波数の成分が基本波，基本波の整数倍の成分が高調波だね．」

「この問題では，基本波と第3調波について扱うことになるわ．第3調波は図のように基本波の3倍の周波数をもっているわね．」

「ひずみ波の電力Pは，同じ調波の電圧をE，電流をI，位相差をθとすると，$P=\sum EI\cos\theta$で表されるわ．ポイントは，基本波と第3調波に分けて考えることなのよ．もう一つ，電圧，電流は実効値であることね．だから，電圧は$E/\sqrt{2}$，電流は$I/\sqrt{2}$になるわ．」

「これを踏まえて計算するわね．基本波では

$$P_1=E_1I_1\cos\theta_1=\frac{100}{\sqrt{2}}\cdot\frac{20}{\sqrt{2}}\cos\left\{\omega t-\left(\omega t-\frac{\pi}{6}\right)\right\}$$

$$=1\,000\cos\pi/6=1\,000\times\sqrt{3}/2=500\sqrt{3} \quad ①$$

「ωtと$(\omega t-\pi/6)$の間にマイナスが付いているのはどうしてですか？」「それは，$\cos\theta_1$は力率で，θ_1は電圧と電流の位相差だからよ．」

「第3調波では

$$P_3=E_3I_3\cos\theta_3=\frac{50}{\sqrt{2}}\cdot\frac{10\sqrt{3}}{\sqrt{2}}\cos\left\{\left(3\omega t-\frac{\pi}{6}\right)-\left(3\omega t+\frac{\pi}{6}\right)\right\}$$

$$=250\sqrt{3}\cos(-\pi/3)=250\sqrt{3}\times1/2=125\sqrt{3} \quad ②$$」

①，②式より

$$P=P_1+P_3=500\sqrt{3}+125\sqrt{3}=625\sqrt{3}=1\,082\ \mathrm{W}\fallingdotseq1.08\ \mathrm{kW}$$

となるわ．」

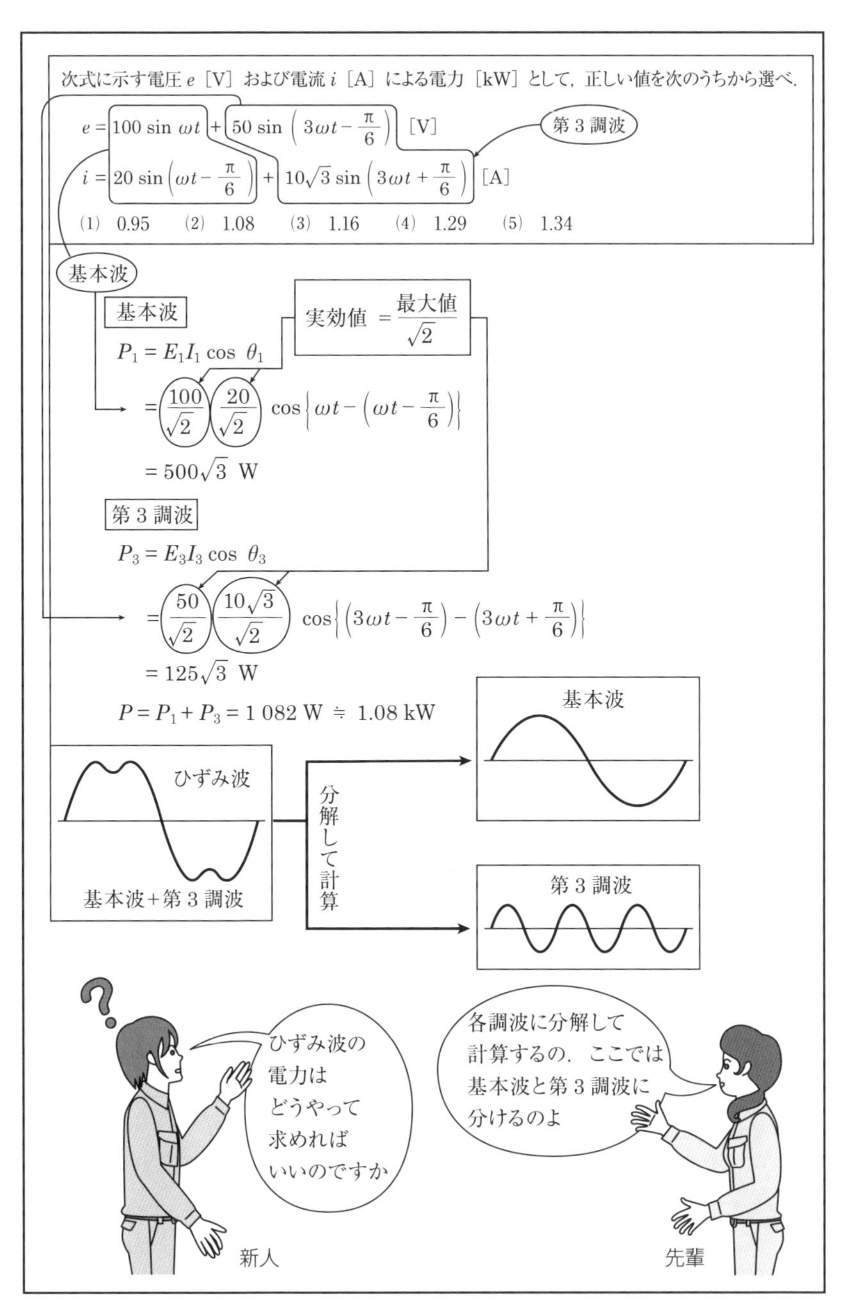

第14図　ひずみ波の電力

電気回路の疑問に応える　**15**

いつもと形の違う交流ブリッジは視点を変えてみる！

「先輩．**第15図**の交流ブリッジは，交流検出器Dと電源の位置関係がいつもと違うようなのですが，平衡条件はどのように求めればいいのですか？」「そうね．変わった形に見えるわね．でも見方を変えれば簡単よ．その手順を言うわよ．」

「①として，電源Eの側からブリッジを見る．②として，A点を上に，B点を下に引っ張って，ブリッジを変形する．③として，全体を反時計回りに90°回転させるのよ．」

「あっ．わかりました．これは，いつもの見慣れたブリッジと同じですね．」「そう．このように回路は柔軟に変形していいのよ．」

「ここまでわかったら，次に問題の中身に入っていくわね．

(a)　R_1とC_1が並列になっているから，アドミタンスY_1で考えると，そのインピーダンスZ_1は，

$$Y_1=\frac{1}{Z_1}=\frac{1}{R_1}+\mathrm{j}\omega C_1=\frac{1+\mathrm{j}\omega C_1R_1}{R_1}\qquad Z_1=\frac{R_1}{1+\mathrm{j}\omega C_1R_1}$$

平衡条件は，$Z_1Z=R_2R_3$より，　$\left(\dfrac{R_1}{1+\mathrm{j}\omega C_1R_1}\right)Z=R_2R_3$

(b)　次に$Z=R+\mathrm{j}X$としたとき，

$$\frac{R_1(R+\mathrm{j}X)}{1+\mathrm{j}\omega C_1R_1}=R_2R_3\qquad R_1R+\mathrm{j}R_1X=R_2R_3+\mathrm{j}\omega C_1R_1R_2R_3$$

$$R_1R=R_2R_3\qquad\therefore\quad R=\frac{R_2R_3}{R_1}$$

R_1，R_2，$R_3>0$より，　　$R>0$

$$R_1X=\omega C_1R_1R_2R_3\qquad\therefore\quad X=\omega C_1R_2R_3$$

ω，C_1，R_2，$R_3>0$より，$X>0$となるわよ．」

「そうですね．最初の時点で気がつかなかったのは，まだまだ力不足です．」

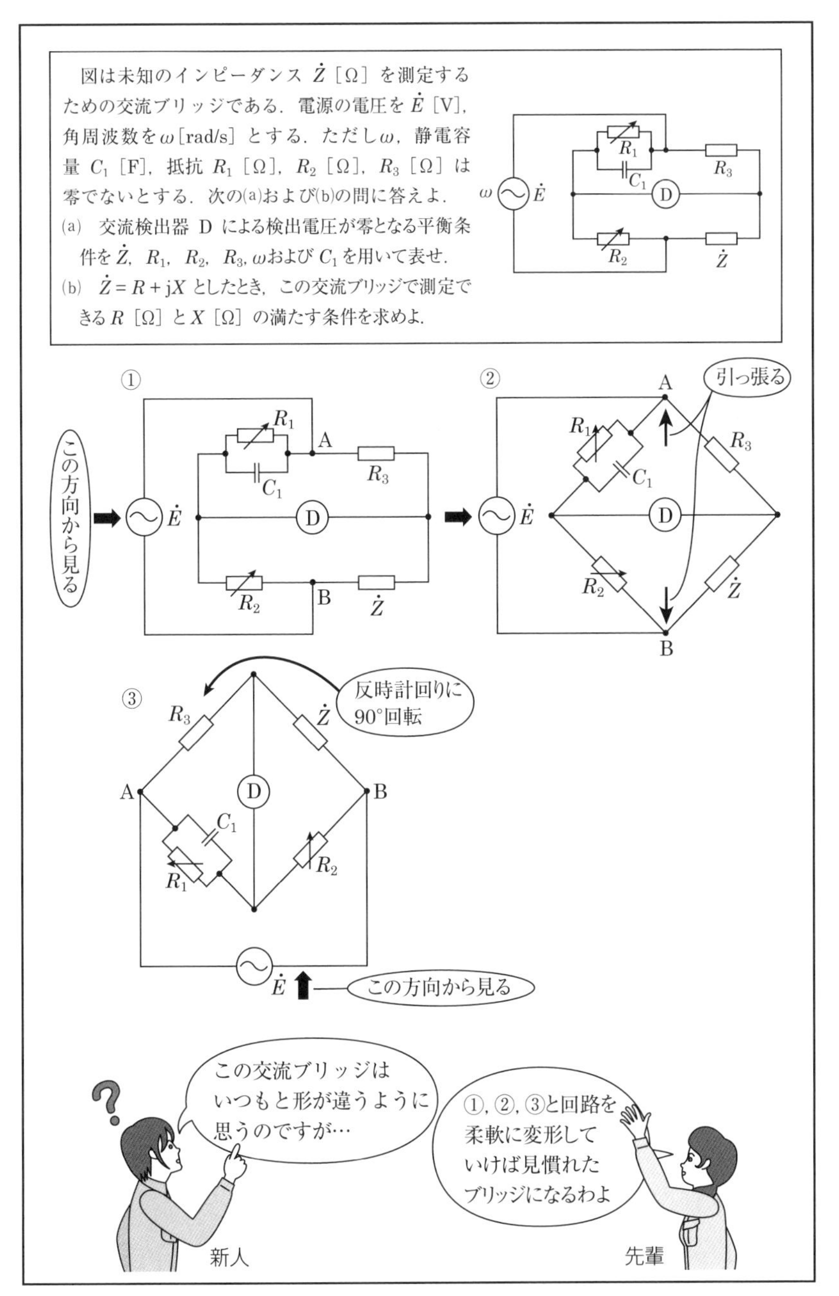

第15図　いつもと形の違うブリッジへの視点

電気回路の疑問に応える **16**

一風変わった三相回路もいつもの手順で！

「先輩．**第16図**の問題はあまり見慣れない回路ですが，どんなふうに考えればいいのですか？」

「そうね．負荷にRLC並列回路が三つも出てきたから驚いたのね．でも何ということはないのよ．冷静にいつもの手順を踏めばいいのよ．まず考え方は，三相回路の1相分を取り出すの．すると図のようになるでしょ．ここで，並列回路は電流で考えることが大切よ．

図において，線間電圧V[V]とすると，相電圧E[V]は，$E=V/\sqrt{3}$．Eを基準ベクトル，各電流を$\dot{I}_{\mathrm{R}}$，$\dot{I}_{\mathrm{L}}$，$\dot{I}_{\mathrm{C}}$とすると，

$$\dot{I}=\dot{I}_{\mathrm{R}}+\dot{I}_{\mathrm{L}}+\dot{I}_{\mathrm{C}}=\frac{E}{R}+\frac{E}{\mathrm{j}\omega L}+\mathrm{j}\omega CE=\left(\frac{1}{R}-\mathrm{j}\frac{1}{\omega L}+\mathrm{j}\omega C\right)E$$

$$=\left\{\frac{1}{R}+\mathrm{j}\left(\omega C-\frac{1}{\omega L}\right)\right\}E$$

ここで，アドミタンス$\dot{Y}$を使って

$$\dot{I}=\dot{Y}E \qquad ①$$

$\dot{Y}$の絶対値をとって数値を代入すると

$$Y=\sqrt{\left(\frac{1}{R}\right)^2+\left(\omega C-\frac{1}{\omega L}\right)^2}=\sqrt{\left(\frac{1}{10}\right)^2+\left(\frac{1}{20}-\frac{1}{10}\right)^2}=\sqrt{\frac{5}{400}}=\frac{\sqrt{5}}{20}$$

$$\fallingdotseq 0.112$$

①式より，

$$I=\left|\dot{I}\right|=0.112\times\frac{200}{\sqrt{3}}\fallingdotseq 12.9\fallingdotseq 13\ \mathrm{A}$$

負荷の有効電力Pはどこで発生するのかな．」「抵抗Rで発生します．」「そうよ．」

「$$P=3\times\frac{(V/\sqrt{3})^2}{R}=3\times\frac{(200/\sqrt{3})^2}{10}=4\,000\ \mathrm{W}=4.0\ \mathrm{kW}$$

これでいいですか．」「いいわよ．」

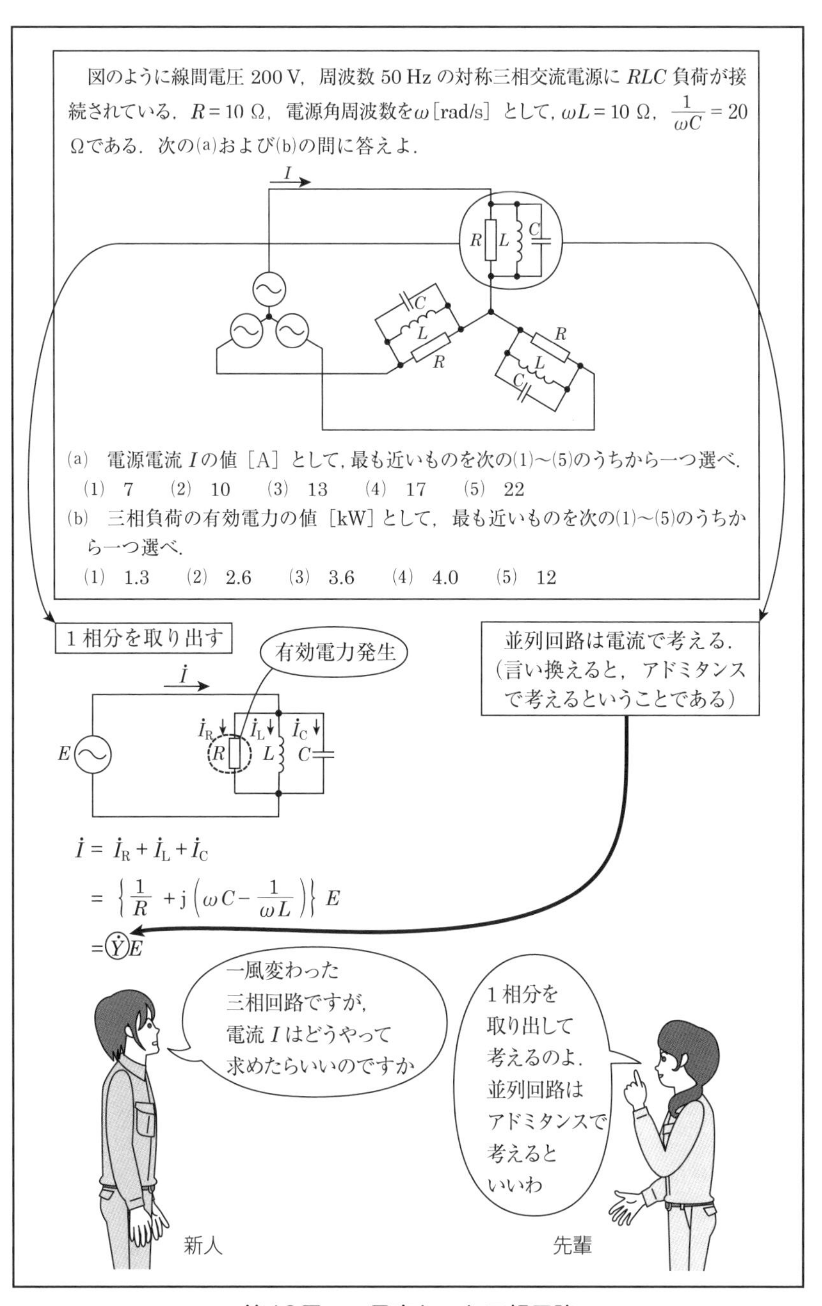

第16図　一風変わった三相回路

電気回路の疑問に応える　**17**

2端子がある（2端子がつくれる）回路はテブナンの定理を適用してみよ！

「先輩．**第17図**の問題はテブナンの定理を使うようですが，その手順をお願いします.」「ではまずテブナンの定理をおさらいしておこうね.」

「図(a)，図(b)のように，回路網の中の任意の2端子a，bに現れる開放端電圧をV_{ab}，その端子から見た回路網内部の抵抗をR_0とすると，端子に抵抗RをつないだときRに流れる電流Iは，次のようになるわ．

$$I=\frac{V_{ab}}{R_0+R}\,[\mathrm{A}] \qquad ①$$

内部抵抗R_0は，回路内の起電力を短絡して求めるの．これを踏まえて問題を解いてみようね.」

「でも図には2端子がないですが，こんなときはどうすればいいのですか？」「R_5に流れる電流を求めるのだから，その両端を2端子とすればいいのよ．図(c)のようにR_5の両端を切り開いてa，bとするの．R_1（1Ω）とR_4（4Ω）に流れる電流をI_1，I_2とすると，

$$I_1=\frac{255}{1+3}=\frac{255}{4}\,\mathrm{A} \qquad I_2=\frac{255}{4+2}=\frac{255}{6}\,\mathrm{A}$$

図(d)において，C点を0電位としたときのa，bの電圧V_a，V_bは

$$V_a=\frac{255\times 3}{4}\,\mathrm{V} \qquad V_b=\frac{255\times 4}{6}\,\mathrm{V}$$

開放端電圧V_{ab}は，　$V_{ab}=V_a-V_b=\dfrac{255}{12}\,\mathrm{V}$　②

電圧源を2個短絡して，内部抵抗R_0を求めると，図(e)のように

$$R_0=\frac{1\times 3}{1+3}+\frac{4\times 2}{4+2}=\frac{25}{12}\,\Omega \qquad ③$$

R_5を流れる電流Iは，①，②，③式より

$$I=\frac{255/12}{(25/12)+5}=\frac{255}{85}=3\,\mathrm{A}$$」

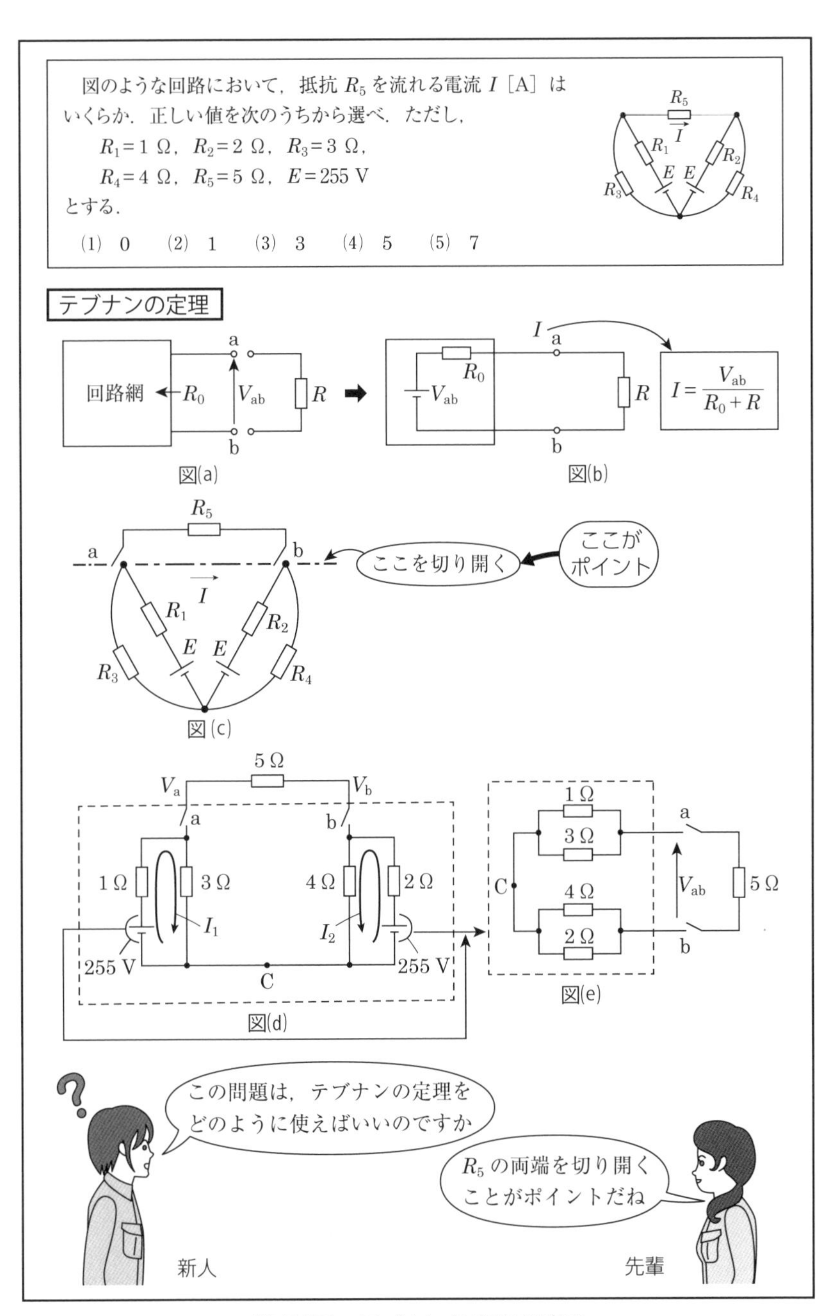

第17図　テブナンの定理の適用

静電気の疑問に応える

18

二つのコンデンサ間の電荷は電圧が平衡するまで移動する！

「先輩．第18図の問題で，スイッチS_1，S_2を閉じたときの現象について教えてください．」

「まず，スイッチを閉じると電荷の移動が起こるわね．その電荷量を仮定するのよ．具体的には，図(a)において，S_1，S_2を閉じたとき，C_1からC_2への電荷の移動量をq_1と仮定して，平衡した電圧（C_1とC_2の電位差がなくなること）をV_1とすると次の式が成り立つわね．

$$V_1=\frac{Q_1-q_1}{C_1}=\frac{Q_2+q_1}{C_2}=\frac{2-q_1}{4}=\frac{4+q_1}{2} \quad ①$$

$$q_1=-2\,\mu\mathrm{C} \quad ②$$」

「q_1にマイナスが付いていますが？」「これは，電荷の移動が仮定した方向と逆になっていることを表しているのよ．②式を①式に代入して，

$$V_1=\frac{2-(-2)}{4}=\frac{4}{4}=1\,\mathrm{V} \quad ③$$

次に図(b)において，C_1からC_2への電荷の移動量をq_2と仮定して，平衡した電圧をV_2とすると，　$V_2=\frac{Q_1-q_2}{C_1}=\frac{-Q_2+q_2}{C_2}$

「なぜQ_2がマイナスになるのですか？」

「電荷の帯電方向が逆になっているからよ．」

$$V_2=\frac{2-q_2}{4}=\frac{-4+q_2}{2} \quad ④ \qquad q_2=10/3\,\mu\mathrm{C} \quad ⑤$$

⑤式を④式に代入して，　$V_2=\frac{2-10/3}{4}=\frac{-4/3}{4}=\frac{-1}{3}\,\mathrm{V} \quad ⑥$

③式，⑥式より，　$\frac{|V_1|}{|V_2|}=\frac{1}{1/3}=3$となるわ．」

「この問題で大切なことは，電荷の移動は電位差がなくなるまで続くということよ．」

図1および図2のように，静電容量がそれぞれ 4 μF と 2 μF のコンデンサ C_1 および C_2，スイッチ S_1 および S_2 からなる回路がある．コンデンサ C_1 と C_2 には，それぞれ 2 μC と 4 μC の電荷が図のような極性で蓄えられている．この状態から両図ともスイッチ S_1 および S_2 を閉じたとき，図1のコンデンサ C_1 の端子電圧を V_1 [V]，図2のコンデンサ C_1 の端子電圧を V_2 [V] とすると，電圧比 $\left|\frac{V_1}{V_2}\right|$ の値として，正しいものを次の(1)～(5)のうちから一つ選べ．

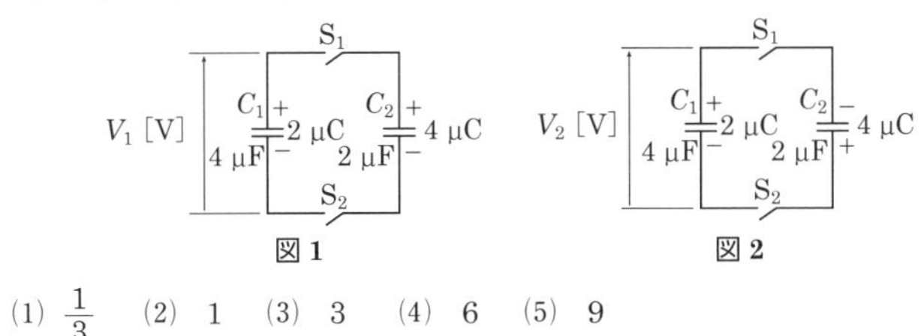

(1) $\frac{1}{3}$　(2) 1　(3) 3　(4) 6　(5) 9

第18図　二つのコンデンサ間の電荷の移動

静電気の疑問に応える **19**

二つの電荷による等電位線は任意の点Pの動きのグラフ化で！

「先輩．**第19図**の問題は，とりかかりが難しいです．どのように切り込めばいいですか？」「そうね．このようなグラフ化問題では，xy 平面に任意の点P (x, y) を設定するのがセオリーなのよ．電位の式 $V = Q/(4\pi\varepsilon_0 r)$ を使うためには，AP，BPの距離が必要だね．

$$\overline{\mathrm{AP}} = \sqrt{(2d - x)^2 + y^2} \qquad \overline{\mathrm{BP}} = \sqrt{(d + x)^2 + y^2}$$

点Aの電荷 $2Q$ による点Pの電位は　$V_{\mathrm{PA}} = \dfrac{1}{4\pi\varepsilon_0} \cdot \dfrac{2Q}{\overline{\mathrm{AP}}}$

点Bの電荷 $-Q$ による点Pの電位は　$V_{\mathrm{PB}} = \dfrac{1}{4\pi\varepsilon_0} \cdot \dfrac{-Q}{\overline{\mathrm{BP}}}$

$$V_{\mathrm{P}} = V_{\mathrm{PA}} + V_{\mathrm{PB}} = \frac{1}{4\pi\varepsilon_0}\left(\frac{2Q}{\overline{\mathrm{AP}}} - \frac{Q}{\overline{\mathrm{BP}}}\right)$$

$$= \frac{Q}{4\pi\varepsilon_0}\left(\frac{2}{\sqrt{(2d - x)^2 + y^2}} - \frac{1}{\sqrt{(d + x)^2 + y^2}}\right)$$

題意より，$V_{\mathrm{P}} = 0$ となるためには

$$\frac{2}{\sqrt{(2d - x)^2 + y^2}} = \frac{1}{\sqrt{(d + x)^2 + y^2}} \qquad ①$$

この式がグラフ化の出発点よ．」

「でも，こんな式をどうやってグラフ化するのですか？」「地道に式を変形して，x と y の関係を探っていくのよ．①式の両辺を2乗して

$$\frac{4}{(2d - x)^2 + y^2} = \frac{1}{(d + x)^2 + y^2}$$

$$4 \times \{(d + x)^2 + y^2\} = (2d - x)^2 + y^2$$

$$4 \times (d^2 + 2dx + x^2 + y^2) = 4d^2 - 4dx + x^2 + y^2$$

$$3 \times (x^2 + 4dx + y^2) = 0 \qquad x^2 + 4dx + (2d)^2 - (2d)^2 + y^2 = 0$$

$(x + 2d)^2 + y^2 = (2d)^2$ 」「あっ．これは円の方程式ですね．」

「そうよ．これは，中心 $(-2d, 0)$，半径 $2d$ の円なのよ．」

真空中において，図のように x 軸上で距離 $3d$ [m] 隔てた点 A $(2d,\ 0)$，点 B $(-d,\ 0)$ にそれぞれ $2Q$ [C]，$-Q$ [C] の点電荷が置かれている．xy 平面上で電位が 0 V となる等電位線を表す図を示せ．

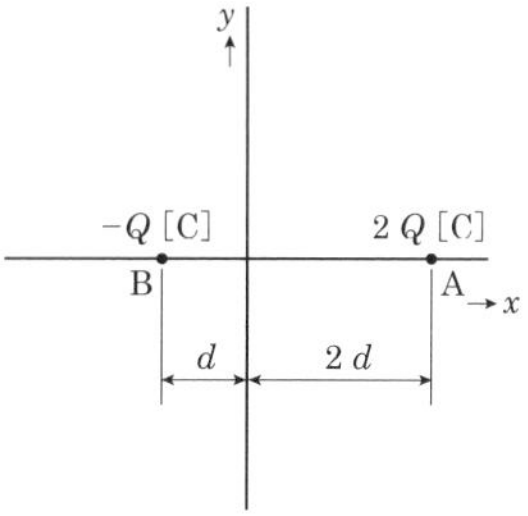

（グラフ化の手順）

① P $(x,\ y)$ の設定

② AP，BP の距離を求める

③ 点 A による点 P の電位 (V_{PA})，点 B による点 P の電位 (V_{PB}) を求める

④ $V_P = V_{PA} + V_{PB}$

⑤ $V_P = 0$ より

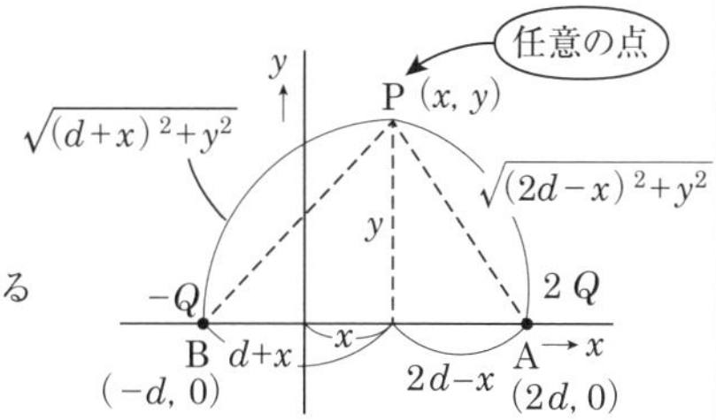

$$\frac{2}{\sqrt{(2d-x)^2+y^2}} = \frac{1}{\sqrt{(d+x)^2+y^2}}$$

$$(x+2d)^2+y^2=(2d)^2$$

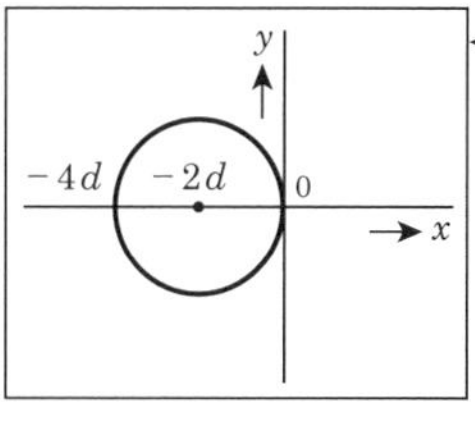

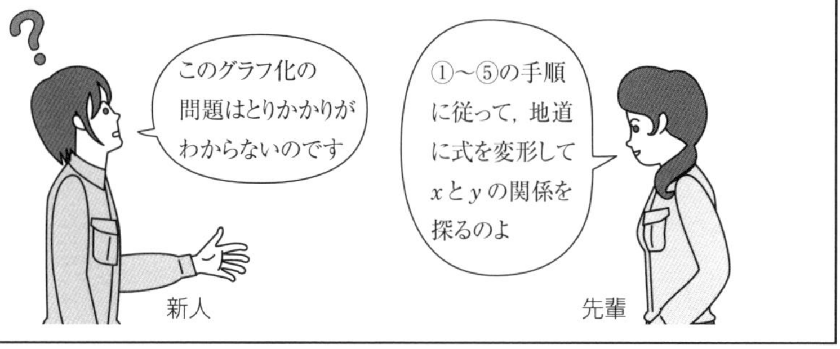

第19図　等電位線のグラフ化

電磁気の疑問に応える **20**

2本の直線導体による磁界は図を描いて考える!

「先輩. **第20図**の問題では, アンペアの右ねじの法則とアンペアの周回積分の法則を使うと思うのですが, その適用の仕方がわからないので教えてください.」

「そうね. 基本的な考え方からいくわね. 直線導体Aによる磁界H_Aは, 電流をI_Aとすると, アンペアの右ねじの法則より, 図のように右回りだね. 点Pでは, H_Aの向きは手前方向になるわね. 次に導体Bには, 導体Aと反対方向に電流I_Bが流れるね. アンペアの右ねじの法則より, 磁界H_Bは右回りで, 導体Aによる磁界H_Aとは反対方向になるわね. 点Pでは, 図のようにH_AとH_Bは反対向きになるわ.」

「これを基にして本問を解いてみようね. 導体Aと点Pとの距離をr_A, 導体Bと点Pとの距離をr_Bとすると, アンペアの周回積分の法則より,

$$H_A = \frac{I_A}{2\pi r_A} \qquad H_B = \frac{I_B}{2\pi r_B}$$

合成磁界Hは,

$$H = H_A - H_B = \frac{I_A}{2\pi r_A} - \frac{I_B}{2\pi r_B} = \frac{1.2}{2\pi \times 0.3} - \frac{3}{2\pi \times (0.3 + l)}$$

$$= \frac{1}{2\pi}\left(\frac{1.2}{0.3} - \frac{3}{0.3 + l}\right) = \frac{1}{2\pi}\left(4 - \frac{3}{0.3 + l}\right) \qquad ①$$

となるわ. H_AとH_Bの間にマイナスが付いているのは, H_AとH_Bが反対方向になっているからよ.」

「題意より, $H = 0$になるためには, ①式より,

$$4 - \frac{3}{0.3 + l} = 0 \qquad 4 = \frac{3}{0.3 + l}$$

$4 \times (0.3 + l) = 3 \qquad 0.3 + l = 0.75 \qquad l = 0.45\ \mathrm{m}$ になるわ.」

「このような問題では, 図を描いて考えるとわかりやすいわね.」「わかりました.」

図のようにA，B2本の平行な直線導体があり，導体Aには1.2Aの，導体Bにはそれと反対方向に3Aの電流が流れている．導体AとBの間隔がl［m］のとき，導体Aより0.3m離れた点Pにおける合成磁界が零になった．l［m］の値として，正しいのは次のうちどれか．

ただし，導体A，Bは無限長とし，点Pは導体A，Bを含む平面上にあるものとする．

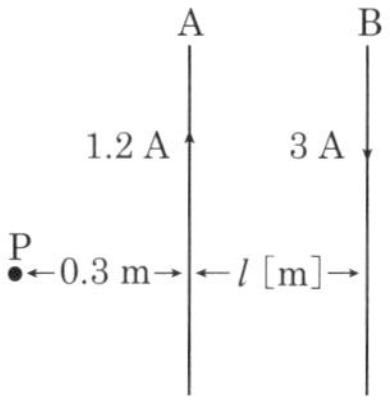

A　B　1.2A　3A　P　←0.3m→　←l［m］→

(1)　0.24　(2)　0.45　(3)　0.54　(4)　0.75　(5)　1.05

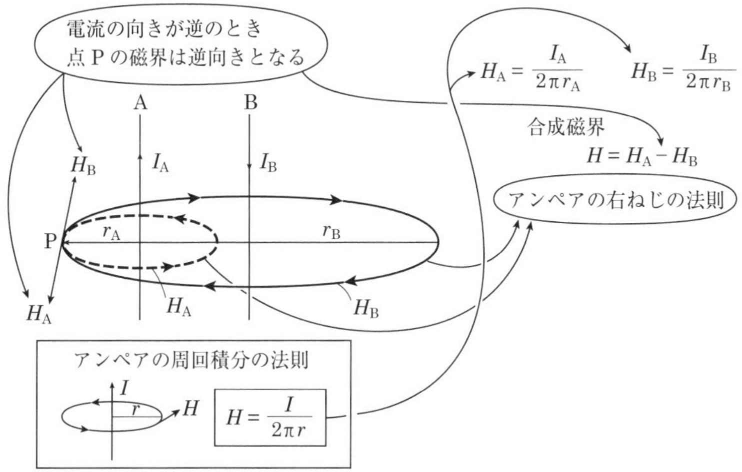

電流の向きが逆のとき
点Pの磁界は逆向きとなる

$H_A = \dfrac{I_A}{2\pi r_A}$　$H_B = \dfrac{I_B}{2\pi r_B}$

合成磁界
$H = H_A - H_B$

アンペアの右ねじの法則

A　B　I_A　I_B　H_B　P　r_A　r_B　H_A　H_A　H_B

アンペアの周回積分の法則

I　r　H　$H = \dfrac{I}{2\pi r}$

アンペアの右ねじの法則とアンペアの周回積分の法則の使い方を教えてください

問題文に沿って図を描いてみるとわかるわよ

新人　先輩

第20図　2本の直線導体による磁界

電磁気の疑問に応える　21

直交する二つの直線状導体による磁界が零の条件式は一次関数になる！

「先輩．**第21図**の問題では，アンペアの右ねじの法則を使うことはわかるのですが，その先がわからないのですが…？」

「そうね．これはアンペアの右ねじの法則を導体A，Bに適用して，その磁力線を図(a)のように描いてみるとわかってくるわ．大切なことは，その磁界が紙面の表から裏へ（⊗）向かっているか，裏から表へ（◉）出てくるのかに注目して，第1象限から第4象限まで印を付けていくの．」「なるほど．」

「そうすると，⊗⊗，⊗◉，◉◉に分かれるでしょ．問題では，磁界0になる点を探さなければならないのね．磁界が0になるのは，どんなパターンだと思う？」「えー．⊗◉だと思います．」

「それはどうしてだと思う？」「⊗と◉で打ち消せるからだと思います．⊗⊗，◉◉では，その可能性がないからです．」

「そうよ．つまり，図より第1象限と第3象限で0になるわ．」

「導体A，Bによる磁界は，アンペアの周回積分の法則から

$$H_x = \frac{I_x}{2\pi y} \qquad H_y = \frac{I_y}{2\pi x}$$

H_xとH_yが打ち消し合って0になる条件は　　$H_x = H_y$

よって，　$\dfrac{I_x}{2\pi y} = \dfrac{I_y}{2\pi x}$

$$\frac{y}{x} = \frac{I_x}{I_y} \qquad y = \frac{I_x}{I_y}x \qquad ①$$

①式は，傾きI_x/I_yの一次関数を表しているのよ．$I_x > 0$，$I_y > 0$だから，傾きは正で，この関数は図(b)のような第1象限と第3象限を通る直線（原点を除く）になるのよ．この問題では，このような思考ができるかを問うているのよ．」

「なるほど．この問題も最後は数学力が必要なのですね．」

図のように，十分に長い直線状導体 A , B があり，A と B はそれぞれ直角座標系の x 軸と y 軸に沿って置かれている．A には $+x$ 方向の電流 I_x [A] が，B には $+y$ 方向の電流 I_y [A] が，それぞれ流れている．$I_x > 0$, $I_y > 0$ とする．このとき，xy 平面上で I_x と I_y のつくる磁界が零となる点（x [m]，y [m]）の満たす条件を示せ．

ただし，$x \neq 0$, $y \neq 0$ とする．

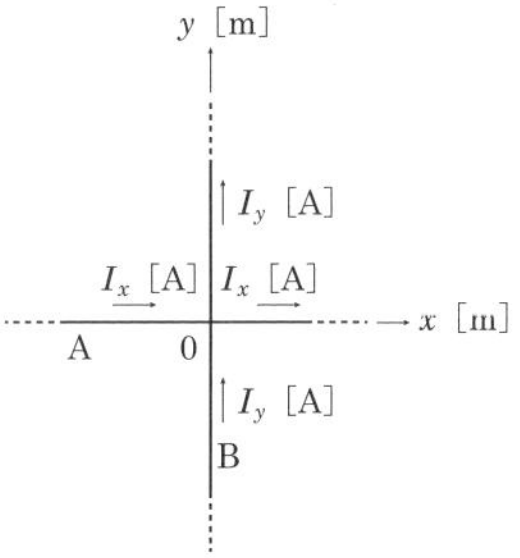

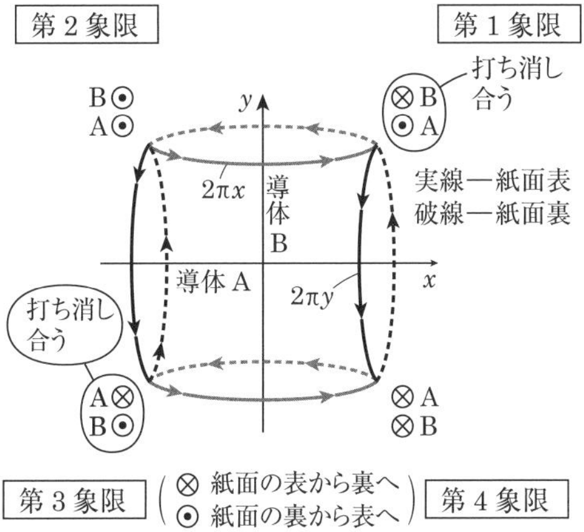

図(a)　導体 A , B のつくる磁界

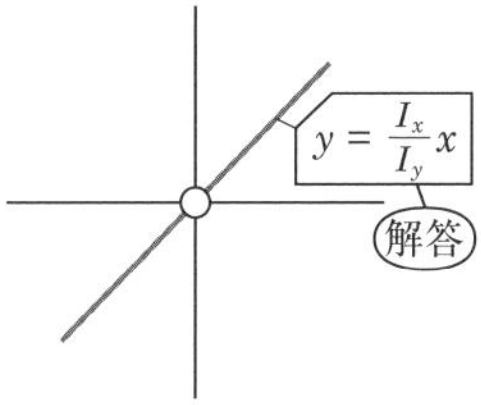

図(b)　条件式の図

第21図　二つの直線状導体(直交)による磁界が零の条件式

電子回路の疑問に応える **22**

トランジスタ増幅器では動作点の作図が必要である！

「先輩．**第22図**の電子回路の問題はあまり得意ではないので，解説をお願いします．」

「そうね．この問題では，ソース接地のFET増幅器を取りあげているけど，トランジスタのエミッタ接地増幅器と比較すると，ゲート（G）がベース（B）に，ドレーン（D）がコレクタ（C）に，ソース（S）がエミッタ（E）に相当するわ．」

「まず図1から，出力側の関係式を立てるの．V_{DS}とI_Dを使うわよ．

$E_2 = RI_D + V_{DS}$だから

$$V_{DS} = E_2 - RI_D = 12 - 1.2I_D \qquad 1.2I_D = -V_{DS} + 12$$

$$I_D = -\frac{1}{1.2}V_{DS} + 10 \qquad ①$$

となるわね．この式は，どんな関数だかわかるかな．」

「はい．$y = I_D$，$x = V_{DS}$とすると，$y = ax + b$の一次関数でしょうか．」

「そうよ．傾きがマイナスの一次関数だから，右下がりの直線になるわね．これを図2上で作図するのよ．作図に当たって，二つのポイントがあるわよ．①式より，

$V_{DS} = 0$のとき　$I_D = 10$

$I_D = 0$のとき　$V_{DS} = 12$

となるので，この2点をプロットして直線で結ぶのよ．この線は，直流負荷線と呼ばれているわ．」

「設問では，$V_{GS} = -0.1\ \mathrm{V}$のときとあるから，これと負荷線との交点を求めると，$V_{DS} \fallingdotseq 4.8$，$I_D \fallingdotseq 6$となるわ．この交点を動作点というのよ．」「この問題は，図1から関係式を立てて，図2へ反映して解答を得る力を求めているのよ．慣れてくれば難しくはないわよ．」

「そうか．もう少し電子回路も勉強しなくてはいけないな．」

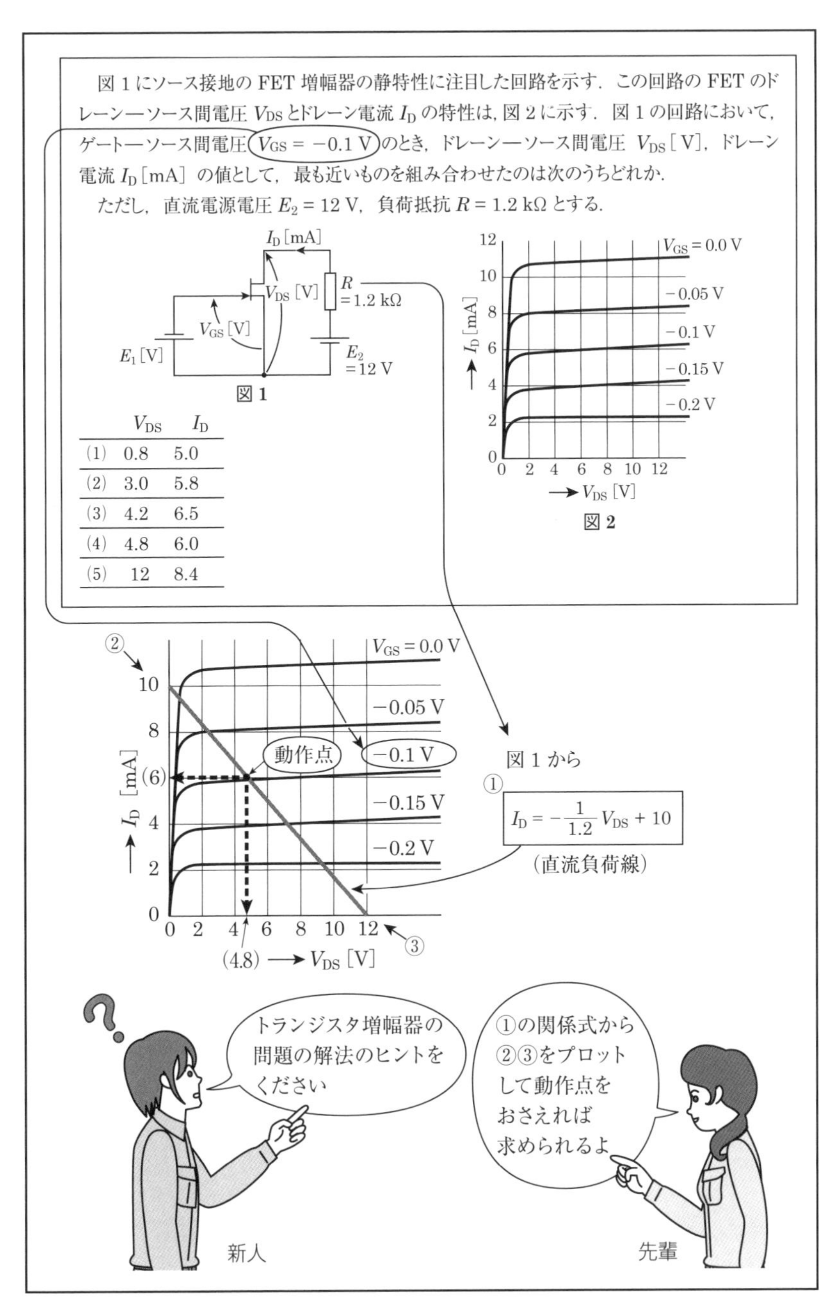

図 1 にソース接地の FET 増幅器の静特性に注目した回路を示す．この回路の FET のドレーン－ソース間電圧 V_{DS} とドレーン電流 I_D の特性は，図 2 に示す．図 1 の回路において，ゲート－ソース間電圧 $V_{GS} = -0.1$ V のとき，ドレーン－ソース間電圧 V_{DS} [V]，ドレーン電流 I_D [mA] の値として，最も近いものを組み合わせたのは次のうちどれか．

ただし，直流電源電圧 $E_2 = 12$ V，負荷抵抗 $R = 1.2$ kΩ とする．

	V_{DS}	I_D
(1)	0.8	5.0
(2)	3.0	5.8
(3)	4.2	6.5
(4)	4.8	6.0
(5)	12	8.4

第22図　トランジスタ増幅器動作点の作図

電子回路の疑問に応える

23

クリッパ回路の電圧・電流グラフは数式から導く！

「先輩．**第23図**のクリッパ回路で，ダイオードの動作はわかるのですが，入力直流電圧 V，R_1 に流れる電流 I の関係とグラフが結びつきそうもないのですが…？」

「そうね．これは回路図から数式を立ててそれをグラフ化すればいいのよ．まず V が正のときは，図のようにダイオードはONするから，図のように電流が流れるわね．その電流を I [A] とすると，$V = R_1 I$ が成り立つわね．これを変形して

$$I = \frac{V}{R_1} = \frac{1}{R_1} V \qquad ①$$

V と I が数式になったでしょ．①式は一次関数だから直線になるわね．その傾きは $1/R_1$ になるわよ．この段階では，まだグラフの半分しかわからないわね．」「傾きに R_1 が含まれているのには，何だか違和感があるのですが．」「R_1 は抵抗だから，数値があるからいいのよ．これは，オームの法則のグラフ化だね．次に V が反転して負になると，ダイオードはOFFになるわね．電流 I [A] は，先ほどとは逆向きに R_1，R_2 を流れるわ．よって，数式は

$$V = (R_1 + R_2) I \qquad I = \frac{1}{R_1 + R_2} V$$

題意より，$R_2 = 2R_1$ だから，

$$I = \frac{1}{R_1 + 2R_1} V = \frac{1}{3R_1} V \qquad ②$$

②式も一次関数で，傾きは $1/3R_1$ になって，①式の直線に対して傾きが1/3だから，緩やかになるわね．よって，残り半分をグラフ化すると，V-I 関係図のようになるわ．」

「そうか．計算結果の式をグラフにすればいいのですね．」

「そうよ．ここでは直線の傾きに R を使っていることが一つのポイントだね．」

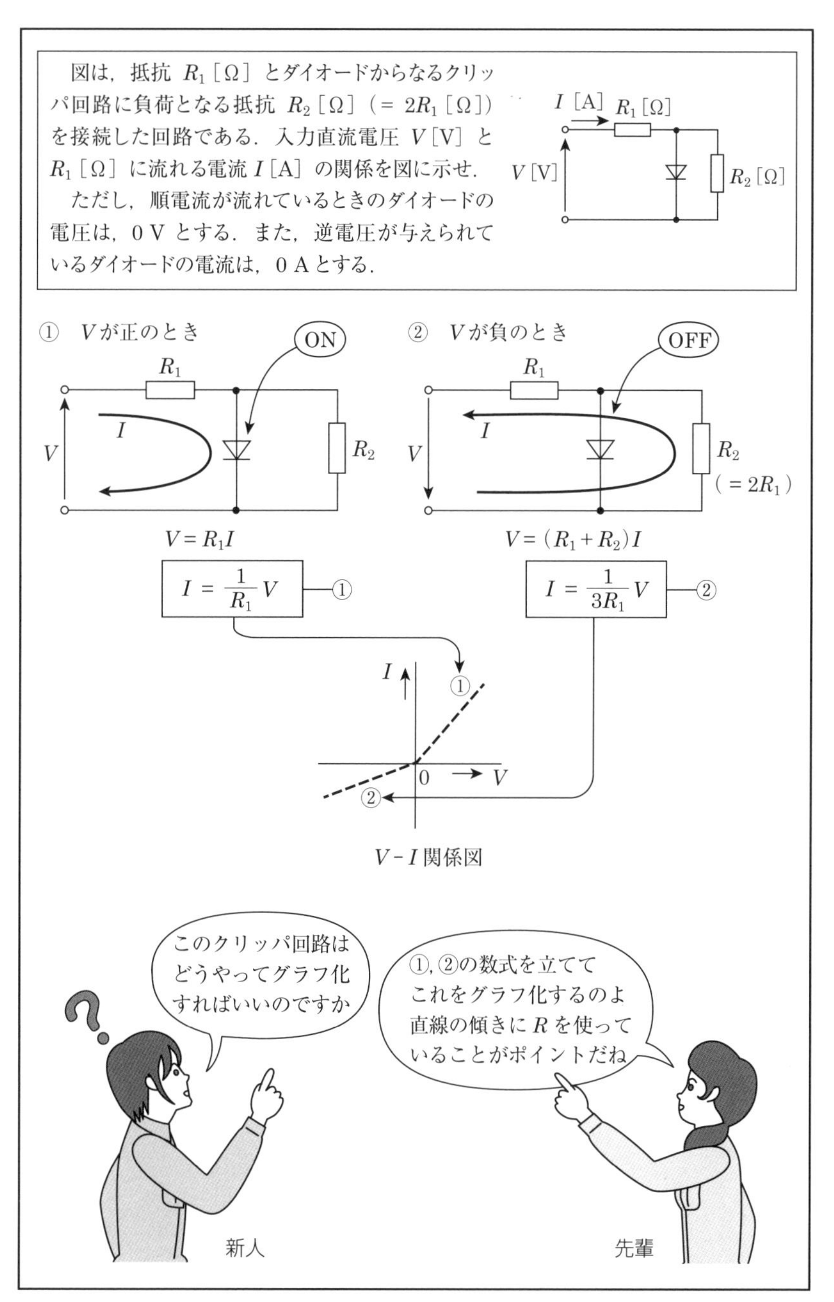

第23図　クリッパ回路の電圧・電流グラフ

その他の疑問に応える　24

なぜコイル・コンデンサのインピーダンスは $\mathrm{j}\omega L$，$1/\mathrm{j}\omega C$になるの？

「先輩．以前から疑問に思っていたのですが，コイルとコンデンサのインピーダンスは$\mathrm{j}\omega L$，$1/\mathrm{j}\omega C$ですが，その根拠を教えてください．」

「そうね．それを解説している書籍はあまりないわね．じゃ，ここでじっくり解明するわね．まずコイルはインダクタンスで表されるわ．コイルに交流電圧を加えると逆起電力が発生するのだったわね．交流電圧をe，電流をiとすると，$e = L(\mathrm{d}i/\mathrm{d}t)$となるわね．

ここで，$i = I\sin\omega t$とすると，　$e = L\dfrac{\mathrm{d}I\sin\omega t}{\mathrm{d}t} = \omega LI\cos\omega t$

$$\omega LI\cos\omega t = \omega LI\sin(\omega t + \pi/2)$$

この$\pi/2$は位相を90°進めることだから，複素数ではjとなるわね．

よって，$\dot{e} = \mathrm{j}\omega LI\sin\omega t = \mathrm{j}\omega Li$，インピーダンス$\dot{Z}_{\mathrm{L}} = \dot{e}/i = \mathrm{j}\omega L$となるわけなの．次にコンデンサ$C$は，電荷を$q$として，電流は電荷の時間的変化だから，$i = \dfrac{\mathrm{d}q}{\mathrm{d}t} = C\dfrac{\mathrm{d}v}{\mathrm{d}t}$より，

$$q = \int i\,\mathrm{d}t$$

$$v = \frac{1}{C}\int i\,\mathrm{d}t = \frac{1}{C}\int I\sin\omega t\,\mathrm{d}t = -\frac{1}{\omega C}I\cos\omega t$$

$$= -\frac{1}{\omega C}I\sin\left(\omega t + \frac{\pi}{2}\right)$$

複素数jを使って，　$\dot{v} = -\mathrm{j}\dfrac{1}{\omega C}I\sin\omega t = \dfrac{1}{\mathrm{j}\omega C}i$

インピーダンス$\dot{Z}_{\mathrm{C}} = \dfrac{\dot{v}}{i} = \dfrac{1}{\mathrm{j}\omega C}$となるわ．

このように，この解明には，微分，積分，三角関数，複素数の知識が必要よ．」「そうか．コイルとコンデンサのインピーダンスを考えるのには，電気理論と数学が必要なのですね（**第24図参照**）．」

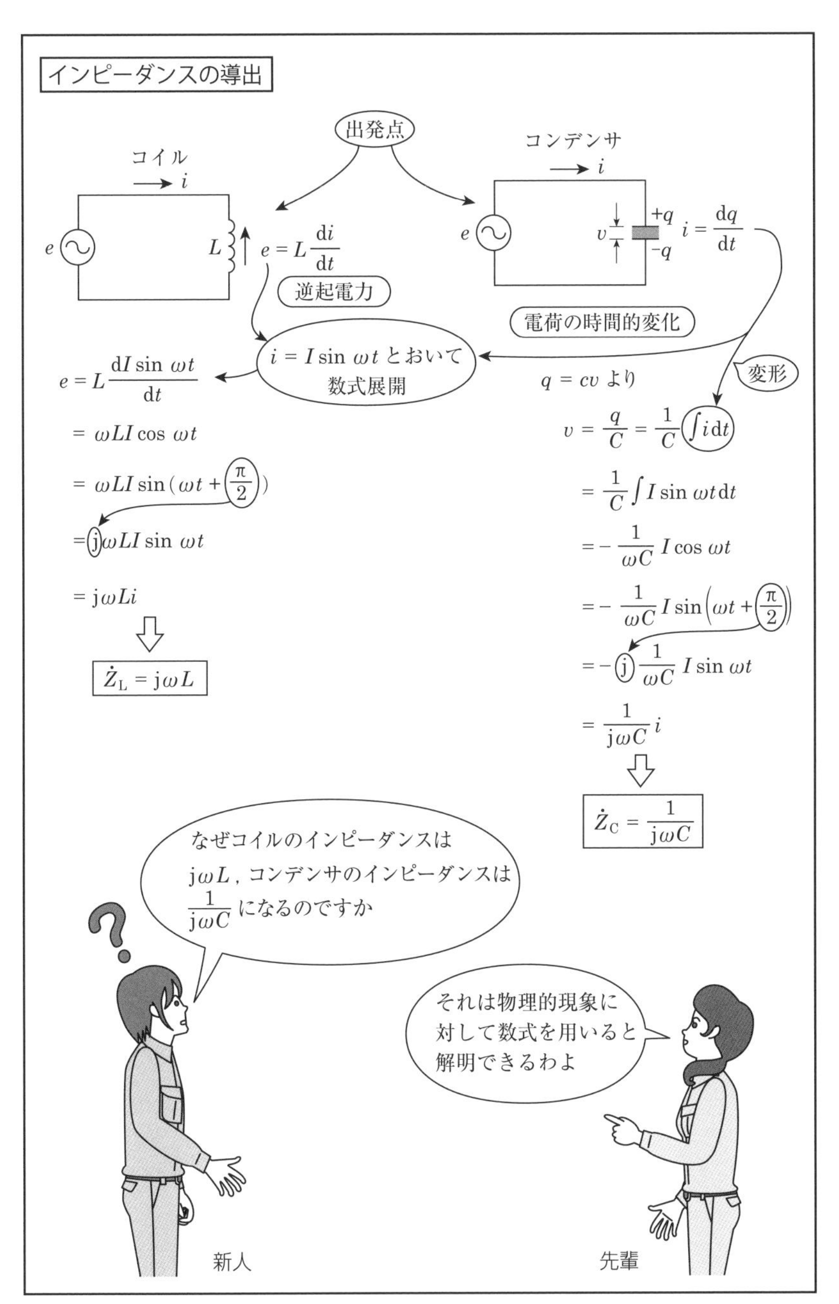

第24図　コイル・コンデンサのインピーダンス

その他の疑問に応える

25

コイルに蓄えられるエネルギーはなぜ $(1/2)LI^2$ になるの？

「先輩．電磁気の勉強をしていたら，コイルに蓄えられるエネルギーは $W=(1/2)LI^2$ とあったのですが，なぜこうなるのか教えてください．」

「そうね．これを証明するには微分・積分の知識が必要だから，電験3種のテキストではあまり触れられていないわね．でもどうやって導かれるかは知っておいたほうがいいわね．」「はい．」

「まず，図(a)のように，RL 直列回路に交流電源を加えると，電流 i が流れ，インダクタンス L には逆起電力 v が働いて，次式で表されるわね．

$$v=L\frac{\mathrm{d}i}{\mathrm{d}t}\ [\mathrm{V}] \qquad ①$$

このとき，$\mathrm{d}t$ 秒間に電流 $\mathrm{d}i$ [A] 変化したとすれば，その間に L が電源から受け取る電力 P は

$$P=vi\ [\mathrm{W}] \qquad ②$$

①式を②式に代入すると

$$P=L\frac{\mathrm{d}i}{\mathrm{d}t}i\ [\mathrm{W}] \qquad ③$$

L が $\mathrm{d}t$ 秒間に電源から受け取るエネルギー $\mathrm{d}W$ は

$$\mathrm{d}W=P\mathrm{d}t=L\frac{\mathrm{d}i}{\mathrm{d}t}i\mathrm{d}t=Li\mathrm{d}i\ [\mathrm{J}]$$

となるわね．I [A] が流れているとき，L [H] が電源から受け取るエネルギー W は，図(b)より

$$W=\int_{i=0}^{I}\mathrm{d}W=\int_{i=0}^{I}Li\mathrm{d}i=L\int_{i=0}^{I}i\mathrm{d}i=L\left[\frac{i^2}{2}\right]_0^I=\frac{1}{2}LI^2\ [\mathrm{J}] \qquad ④$$

「これで $W=(1/2)LI^2$ になったでしょ．」「はい．」

「このエネルギーは L がつくる周囲の媒質中に磁界という形で保有されるの．このようなエネルギーのことを磁気エネルギーというわ．」

「はい．少し難しかったです（**第25図参照**）．

第25図　コイルに蓄えられるエネルギーの説明

第2章　電　力

発電の疑問に応える

変電の疑問に応える

送電の疑問に応える

配電の疑問に応える

その他の疑問に応える

発電の疑問に応える　**1**

大容量タービン発電機の冷却には なぜ水素を使うのだろうか？

「先輩．電力科目にタービン発電機の冷却方式に関する問題があったのですが，なぜ冷却に水素を使うのですか？　水素は空気と混合した場合，爆発する危険性があるのではないかと思うのですが？」

「そうね．水素はたしかに，危険性はあるのだけれど，冷却効果が優れているの．その比熱が空気の14倍あって，熱伝導率が空気の7倍と大きいからね．タービン発電機は大容量になると，その発熱量が大きいから空気冷却よりも適しているのよ．」

「ただ爆発の危険性はあるので，電気設備の技術基準の解釈第41条で，その件に関して規定しているわ．水素の純度は5〜70％が爆発の範囲だから，85％以下に純度が下がる場合には，警報を発するよう義務づけられているわ．一般には90％以上で運転されるの．」

「水素の爆発は，ガスの入れ替えの場合に発生することが多いから，水素を安全に導入して，かつ外部に出す装置が義務づけられているわ．水素を入れる場合は，発電機の中の空気をCO_2に置換してからさらにこれを水素に置き換えているの．また，水素の漏れを防ぐため，軸受の内側に密封油装置を設けているわ．」

「また，水素の圧力変化は冷却効果に影響を及ぼすから，運転中これを監視するための水素圧力の計測装置，その圧力が著しく変動した場合，これを警報する装置が設けられているわ．」

「水素の冷却効果以外のメリットとしては次のものがあるわ．

①　水素の密度は空気の約7％と軽いので，風損が減少する．

②　全閉形なので，運転中の騒音が少ない．

③　水素は不活性で，空気よりもコロナ発生電圧が高いので，絶縁物の劣化が少なく寿命が長い．」

「そうか．水素は危険性があるけれど，メリットが大きいのだな（第1図参照）．」

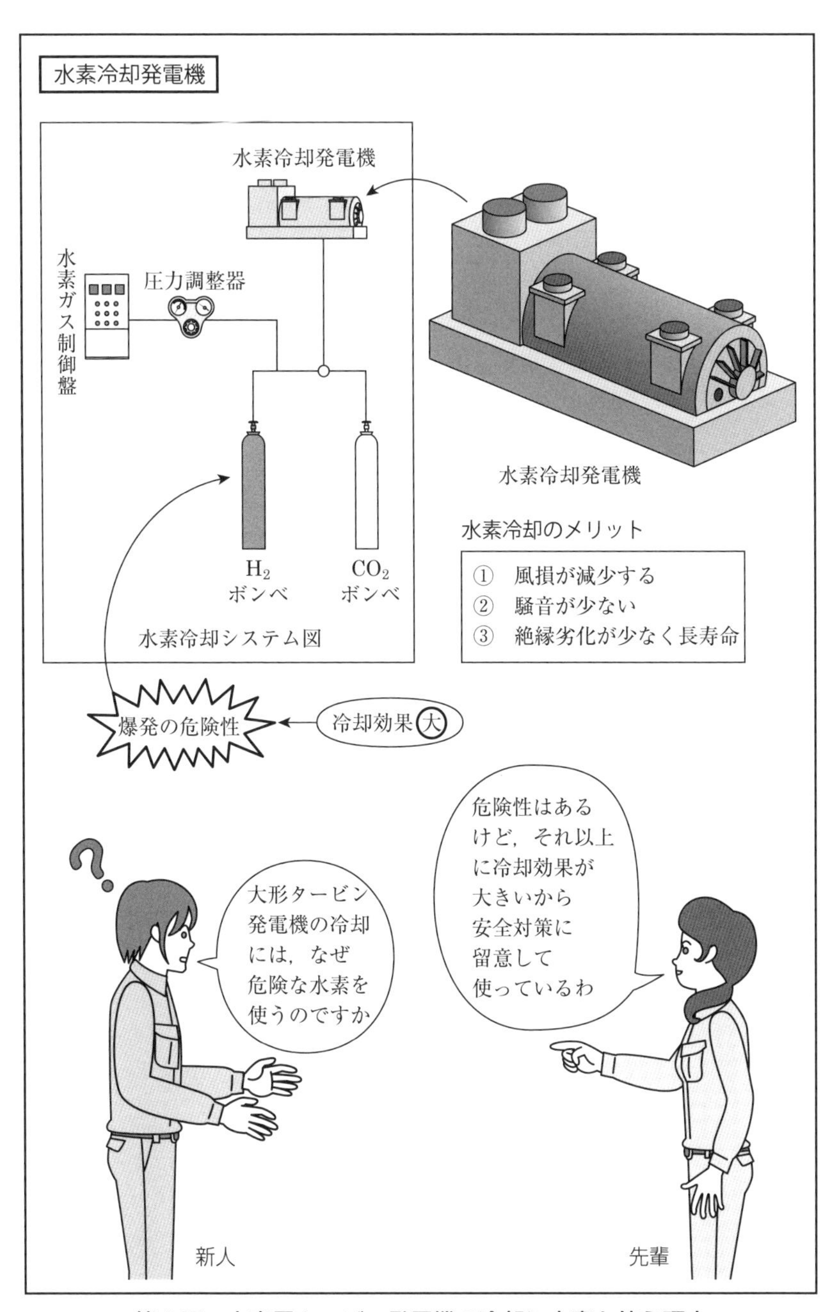

第1図　大容量タービン発電機の冷却に水素を使う理由

2

発電の疑問に応える

水車はキャビテーションによって ランナ羽根に壊食が起こる！

「先輩．電力科目に水力発電所のキャビテーションに関する問題があったのですが，どのような現象なのですか？」

「そうね．キャビテーション(cavitation)は和訳すると“空洞現象”なのよ．水力発電所の水車のランナには，**第2図**のように羽根が多数付いているわ．この羽根の間を水が流れるときに，部分的に圧力が低下することがあるの．その水温の飽和水蒸気圧以下になると，水は蒸発して水蒸気になって，気泡が生じる現象をキャビテーションというのよ．」

「飽和水蒸気圧とはどういうものですか？」「空気が含むことのできる水蒸気量には限りがあって，その限界まで含まれたときの水蒸気の圧力のことよ．」「キャビテーションが起こると，水車はどうなるのですか？」

「発生した気泡が，圧力の高いところに達すると，つぶされるの．その衝撃によって，金属材料に壊食（エロージョン）が生じるわ．壊食とは金属がえぐられるという意味よ．水車のランナ羽根が壊食によって，長年の間に穴が開くようになるわ．そして水車の効率が低下して，振動や騒音が発生するわ．」「キャビテーションの防止対策はあるのですか？」「それには次のようなものがあるわ．

①　水車の比速度をあまり大きくしない．

②　吸出し管をなるべく低くする．

③　吸出し管内に適量の空気を入れる．

④　壊食に強い金属材料を使用する．

⑤　過度の軽負荷または過負荷運転を避ける．」

「吸出し管とはどういうものですか？」「図のようにランナから放水面までの部分よ．吸出し管がないと，ランナを出た水が飛び散って，ランナから放水面までの高さが利用できなくなるの．高さを利用しながら，ランナを放水面に近づけて吸出し管を短くすることが大切なのよ．」「水力発電所にも工夫が凝らされているのですね．」「そうよ．」

第2図　キャビテーションによる水車の壊食

発電の疑問に応える

3

汽力発電所の復水器は真空度を高めて熱効率を向上させている！

「先輩．電力科目に汽力発電所の復水器に関する問題があったのですが，まず汽力発電所について教えてください．」

「そうね．汽力発電所といわれてもピンとこないかもしれないわね．火力発電所の一種なのよ．火力発電のなかには，汽力発電，内燃力発電，ガスタービン発電があるわ．火力発電として代表的なものが汽力発電なの．汽力発電は図(a)のような基本サイクル（ランキンサイクル）で成り立っているわ．」「ランキンサイクルは少し勉強しましたが，そのなかの復水器の解説をお願いします．」

「復水器は，蒸気タービンで仕事をした排気蒸気を取り込んで，冷却凝縮させて水に戻して，この水を回収して再度ボイラの給水として利用するの．一般的には図(b)のような“表面復水器”が使われるわ．冷却水には通常，海水が使われるの．」「なぜ海水を使うのですか？」

「冷却するためには大量の水が必要だけど，これに海水を利用すれば効率的だからよ．そういうわけで汽力発電所は，海に近い場所に建設されているのよ．」

「汽力発電所で最も大きい損失は，復水器で冷却水に持ち去られる熱量なの．全熱量の約50％を占めているわ．蒸気を水に戻すために，こんなに大きな熱量を捨てているの．この損失を減らして熱効率を高めることが最大の課題なのよ．それには，復水器の圧力を低くして，真空度を高めることが必要なの．」「それはなぜですか？」

「復水器の真空度を高く保って，タービン出口の排気圧力を低くすると，タービン入口と出口の蒸気圧力の差が大きくなって，熱落差も大きくなるため，タービン出力が大きくなって熱効率が向上するというわけなの．」

「そうか．復水器にはいろいろな工夫が凝らされているのだな（第3図参照）．」

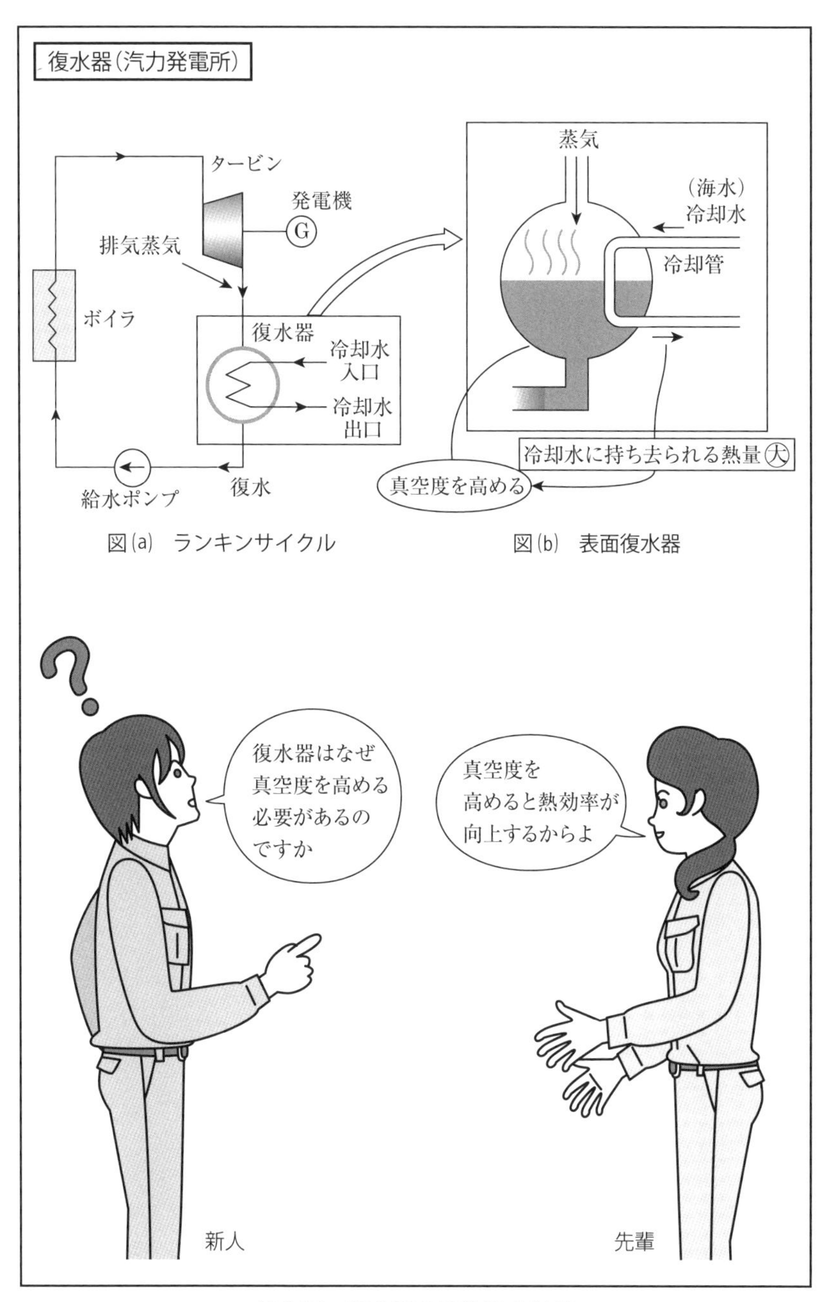

第3図　復水器の損失防止対策

発電の疑問に応える

4

汽力発電所のタービン発電機と水車発電機はこのように違う！

「先輩．電力科目で汽力発電所のタービン発電機の特徴に関する問題があったのですが，水車発電機とはどのような違いがあるのですか？」

「そうね．これに関しては以前，小規模だけど水力発電所を見学したでしょ．あのとき，“ゴローン，ゴローン”という音がして，発電機がゆっくりと回っていたのを覚えているかな？」

「はい．水車発電機の回転は，なぜあのように遅いのですか？」

「水車発電機は，駆動力として水力を使っているから，高速回転はできないのよ．極数が多くて，6極から48極くらいなの．回転数については機械科目で習ったでしょ．周波数をf [Hz]，極数をp，回転数をn [min^{-1}] とすると，$n = 120f/p$だったわね．50 Hzで6極のとき，$n = 120 \times 50/6 = 1\,000\ \mathrm{min}^{-1}$だね．これより極数の多いものがあるから，回転は遅くなって，150～1 000 min^{-1}というところだね．回転子は立軸形としているわ．」

「これに対して，タービン発電機の回転数は高いわ．極数は2極や4極で，50 Hzでは3 000 min^{-1}や1 500 min^{-1}が多いわ．」

「なぜ，タービン発電機の回転は速いのですか？」

「それは，原動機の駆動力となる蒸気が高温高圧なので，回転数を高くしたほうが効率が良いからなのよ．構造的にも機械的強度の高いことが要求されるから，回転子を円筒形にして直径を小さくしているの．水車発電機と同出力を得るためには，直径の小さい分だけ軸方向に長くしなくてはならないの．それで横軸形となっているわ．

身近にある，非常用のガスタービン発電機が参考になるから，それをイメージしてね．“キーン，キーン”という金属音がするわ．回転が速いから，そのような音になるのよ．」

「タービン発電機と水車発電機は，構造的に大きな違いがあるのですね（第4図参照）．」

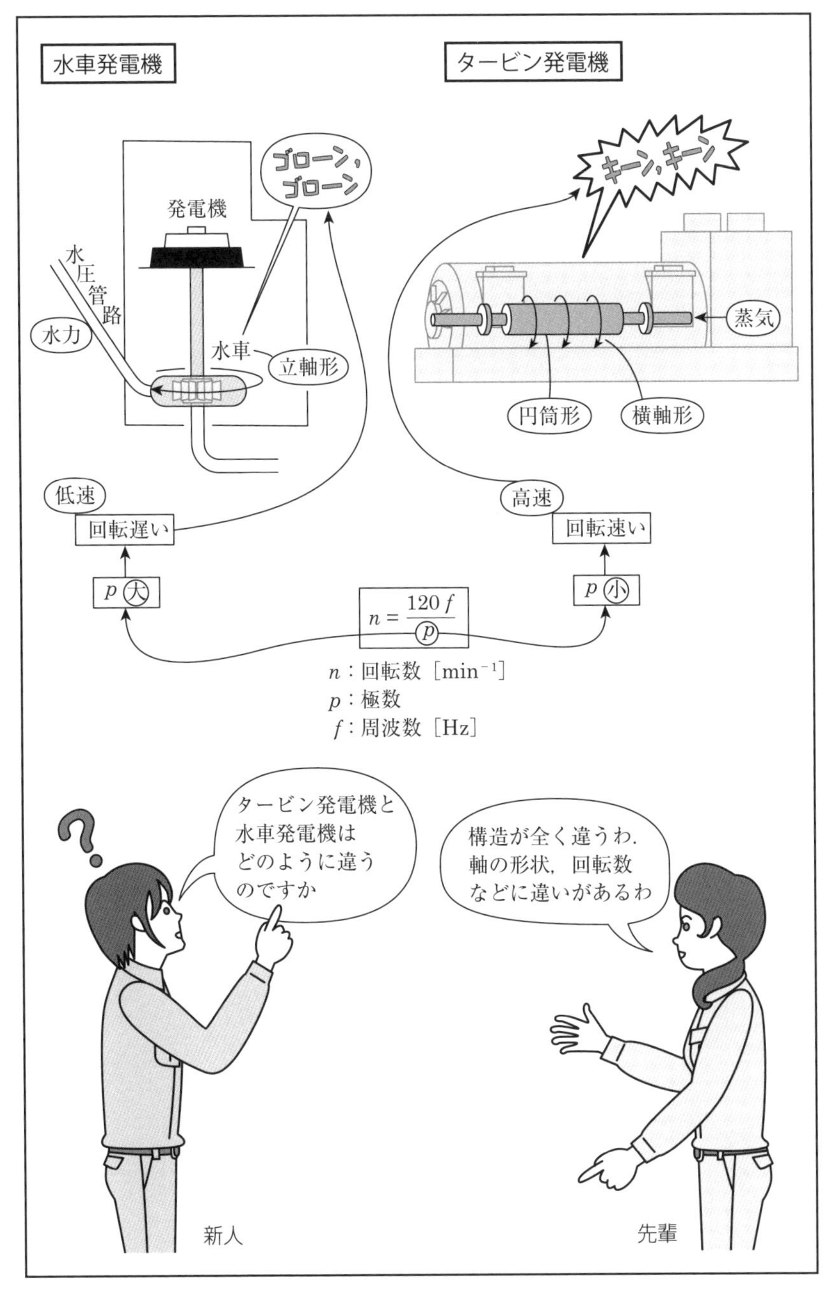

第4図　タービン発電機と水車発電機の違い

発電の疑問に応える　**5**

コンバインドサイクル発電の効率計算は二段構えで！

「先輩．**第5図**のコンバインドサイクル発電の熱効率の計算は，どのように考えたらいいのですか？」

「そうね．まずコンバインドサイクル発電のシステムを理解しなければならないわね．ガスタービンで発電するとともに，その排気を排熱回収ボイラへ導いて，給水を加熱して蒸気タービンで発電して，総合熱効率を高めるものだね．ガスタービンと蒸気タービンの二段構えになっているから，その熱の出入りを図にして考えるのよ．」「ガスタービンに入る熱量を Q_g，その排熱を Q_{hg}，発電量を P_g，蒸気タービンの発電量を P_s とすると，コンバインドサイクル全体の熱効率 η_C は

$$\eta_C = \frac{P_g + P_s}{Q_g} = \frac{P_g}{Q_g} + \frac{P_s}{Q_g} = \frac{P_g}{Q_g} + \frac{Q_{hg} P_s}{Q_g Q_{hg}} \qquad ①$$

$$Q_{hg} = Q_g - P_g \qquad ②$$

②式を①式に代入すると，

$$\eta_C = \frac{P_g}{Q_g} + \frac{(Q_g - P_g) P_s}{Q_g Q_{hg}} = \frac{P_g}{Q_g} + \left(1 - \frac{P_g}{Q_g}\right) \frac{P_s}{Q_{hg}} \qquad ③$$

ガスタービン，蒸気タービンの熱効率をそれぞれ，η_g，η_s とすると，

$$\eta_g = \frac{P_g}{Q_g}, \quad \eta_s = \frac{P_s}{Q_{hg}} \qquad ④$$

④式を③式に代入すると

$$\eta_C = \eta_g + (1 - \eta_g)\eta_s = \eta_g + \eta_s - \eta_g \eta_s = \eta_g(1 - \eta_s) + \eta_s$$

$$\eta_g = \frac{\eta_C - \eta_s}{1 - \eta_s} = \frac{0.48 - 0.2}{1 - 0.2} = 0.35 = 35\ \%$$」

「従来の火力発電の熱効率は40 %弱だけど，これが問題文で48 %となっているように，高くなっているわよね．現在積極的に取り入れられているわ．排熱の利用がポイントだわね．」

「コンバインドサイクル発電は優れた省エネの技術なのですね．」

排熱回収方式のコンバインドサイクル発電所において，コンバインドサイクル発電の熱効率が48％，ガスタービン発電の排気が保有する熱量に対する蒸気タービン発電の熱効率が 20％であった．

ガスタービン発電の熱効率［％］の値として，最も近いものを次の(1)～(5)のうちから一つ選べ．

ただし，ガスタービン発電の排気はすべて蒸気タービン発電に供給されるものとする．

(1) 23　(2) 27　(3) 28　(4) 35　(5) 38

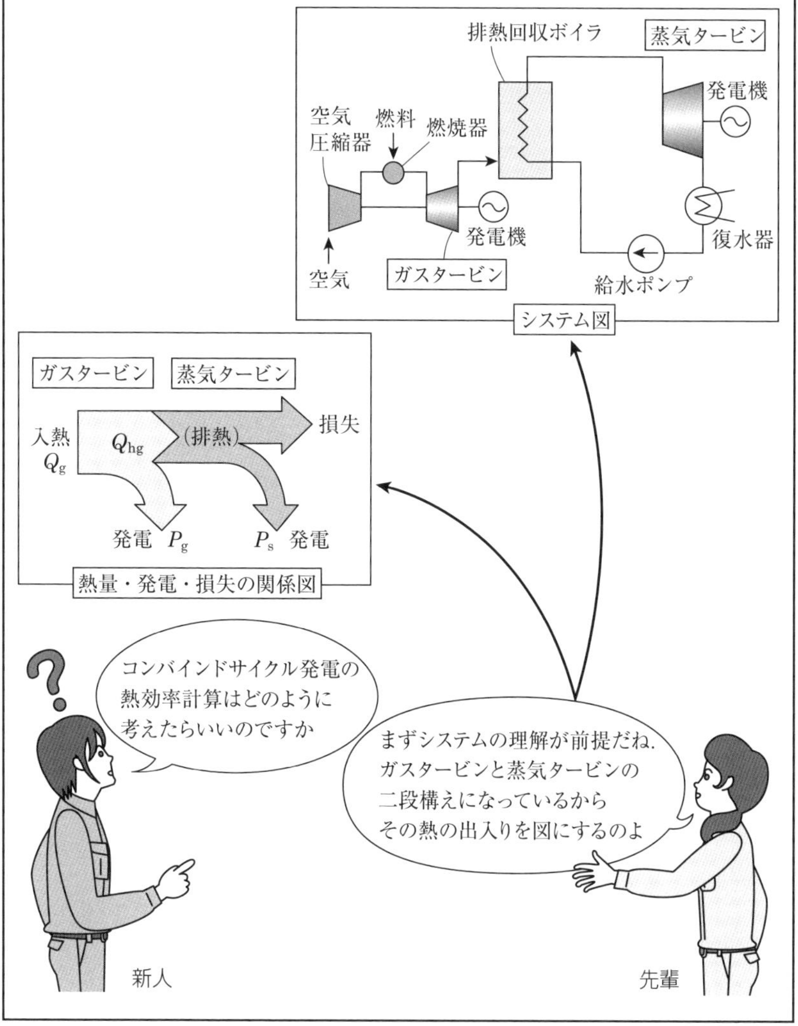

第5図　コンバインドサイクル発電の効率

発電の疑問に応える　6

コージェネレーションシステムの導入時には熱需要を見極める！

「先輩．コージェネレーションシステムとは，どのようなシステムなのですか？」

「コージェネレーションシステム（略して，コージェネ）は，熱併給発電とも呼ばれるわ．**第6図**のように，発電機で電気を供給するとともに，付随して発生する排熱を回収して得られる蒸気または温水を利用するものなのよ．排熱回収利用の推進に関しては，省エネ法（エネルギーの使用の合理化等に関する法律）が施行されてから力を注いでいる分野なのよ．」「発電機はどんな機種を使うのですか？」

「主として，ガスタービン発電機やディーゼル発電機が使われるわ．そのほかに燃料電池を使って，その排熱を利用するシステムもあるわ．これは燃料電池コージェネとも呼ばれているわ．」「はい．」

「大切なことは，適用しようとする施設に十分な熱需要があるかどうかということなの．例えばオフィスでは，一般的に冷暖房設備はあるけど，給湯設備は小規模で熱需要はあまりないから不向きだわ．成功事例としては，ホテル，病院などに導入して，廃熱を冷暖房や風呂などの給湯の熱源に使っているわよ．負荷として冷暖房設備，大規模な給湯設備があるからね．年間を通じて安定した熱需要があるということがポイントなのよ．適用に当たっては，電気と熱の負荷状況を調査・分析の後，シミュレーションを実施して，その利用率が最大となるよう，経済性の評価を充分に行うことが大切なの．」

「コージェネは，上手に運用すれば省エネになるわ．最大電力の抑制が可能になって，契約電力を下げることもできるからね．したがって，省コスト面からも検討して判断することが必須事項となるのよ．この判断が，導入の正否を分けるといっても過言ではないわね．」

「コージェネレーションシステムは優れた設備だけど，導入の判断が難しいのだな．」

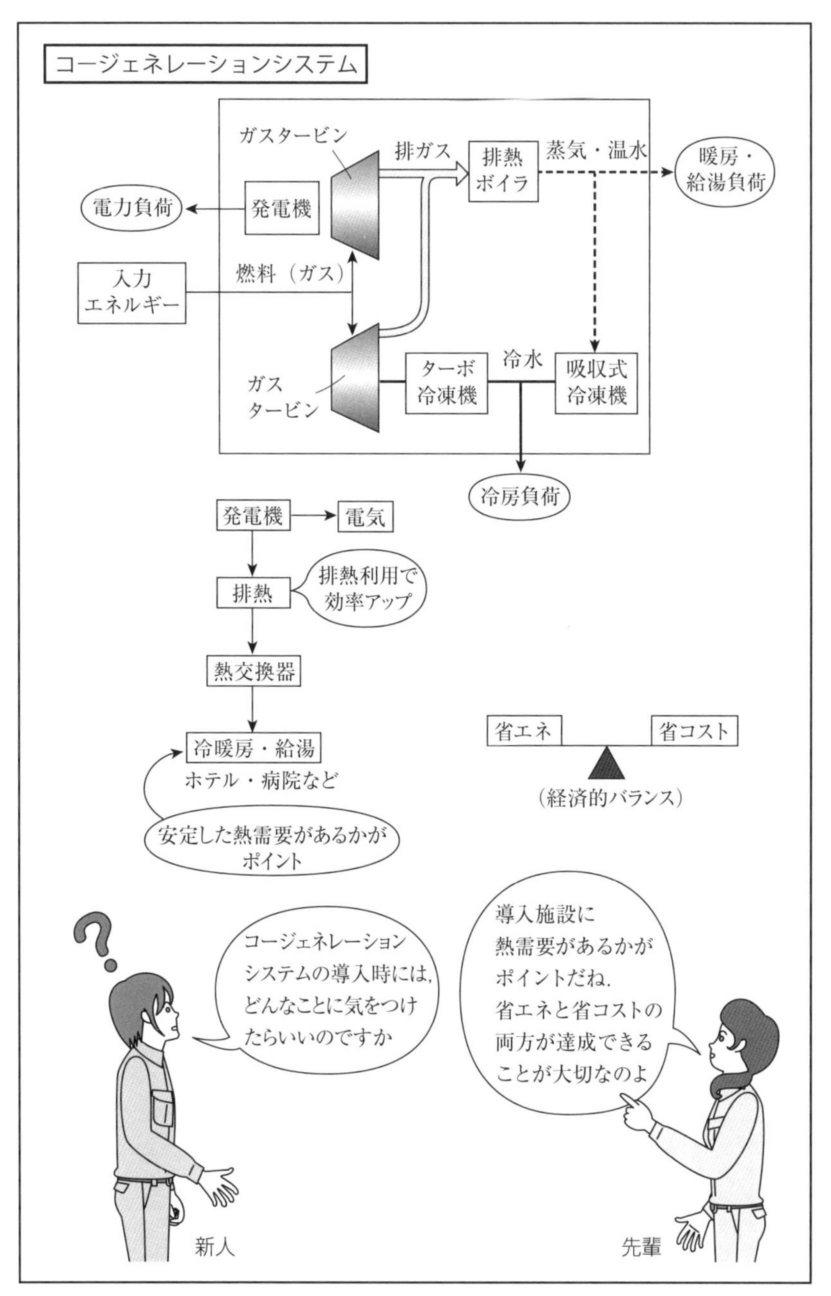

第6図　コージェネレーションシステム導入の留意点

変電の疑問に応える **7**

変圧器の許容最高温度に注意すべし！

新人が夏季の暑い日の夕刻，防災センターにいたとき，警報が鳴った.

「何だろう？」監視モニタのディスプレイを見ると，変圧器のシンボルが赤くフラッシュして，変圧器温度異常が出ていた.

「先輩．どうすればいいのですか？」

「警報が出ているのは，何に使われている変圧器かな.」「空調用動力です.」「まず，現場へ行ってみましょう.」

二人で該当するキュービクルへ行き，温度異常の油入変圧器の温度を調べた．変圧器の温度計は80 ℃を示しており，警報設定値80 ℃に達していた.

「こういうわけで，警報が出たのよ．ここは屋外キュービクルで西日が強いわね．それに今日は猛暑で，負荷は空調でフル稼動していたから温度が異常に上がったと思われるわ．これから夜間になるから気温も下がって，警報も消えると思うわ.」

「ところで，この油入変圧器の耐熱クラスはわかるかな.」「いえ.」

「油入変圧器は，耐熱クラスAで設計されているわ．耐熱クラスAの許容温度は105 °Cだったわね．だから，警報設定値は余裕をみて80 °Cにしていたのよ．耐熱クラスは覚えているかな.」

「いえ．一度は勉強しましたが.」

「JIS C 4003では，Y：90 °C，A：105 °C，E：120 °C，B：130 °C，F：155 °C，H：180 °C，N：200 °C，R：220 °Cというように，耐熱クラス別に許容最高温度が定められているの.」

「そうか．こういうところに耐熱クラスが出てくるのか．何となく覚えていましたが，実態と結びつきませんでした.」

「電験でも，絶縁材料の問題の選択肢に出てくるわ．せっかく覚えても実務で生かさなければね．主任技術者になったら，こういうことも大切になってくるわ（**第7図**参照).」

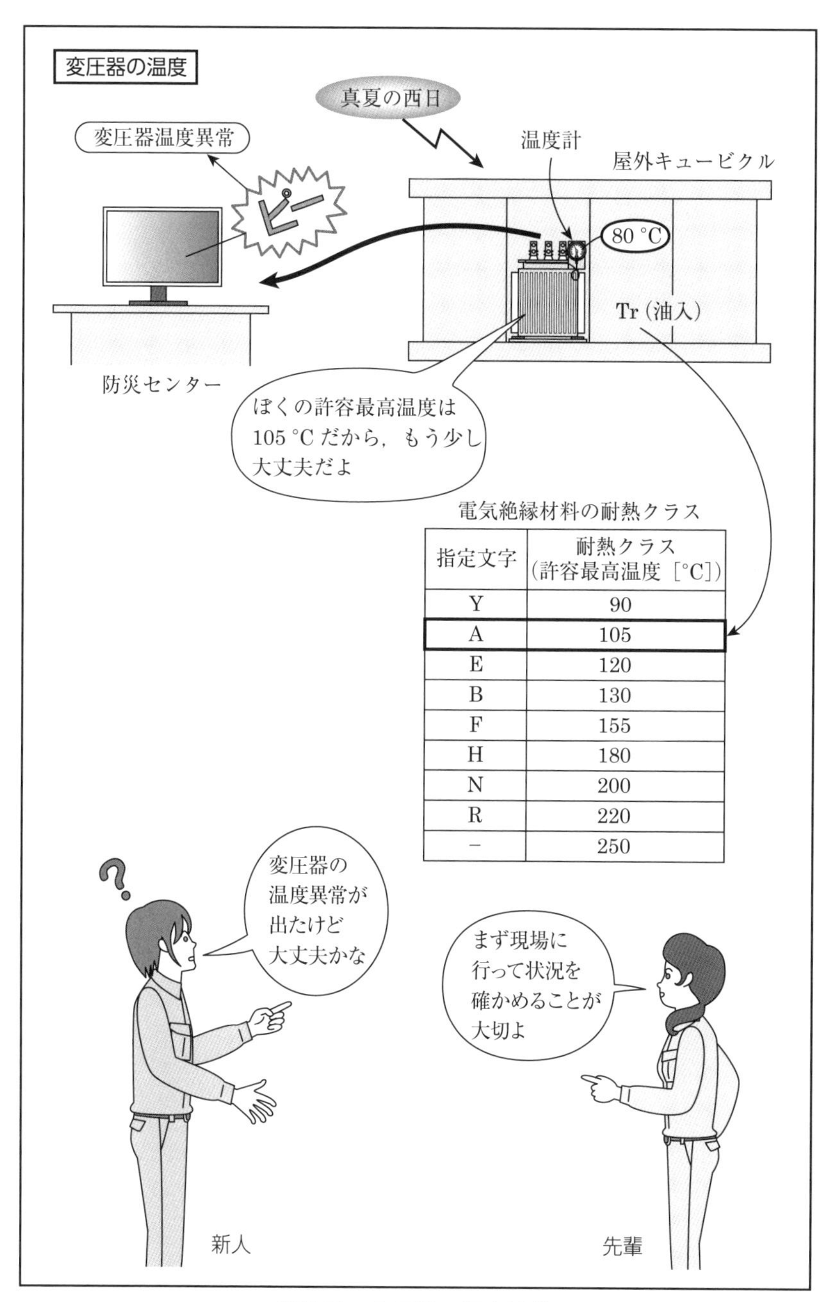

指定文字	耐熱クラス（許容最高温度［°C］）
Y	90
A	105
E	120
B	130
F	155
H	180
N	200
R	220
−	250

第7図　変圧器の温度異常

8

変電の疑問に応える

変電所の変圧器故障時の問題は与条件から図を描いて考える！

「先輩．第8図の問題は何だか複雑で，どこから手をつけたらいいのかわからないのですが…？」

「そうね．この手の問題は与条件がいくつもあるから，頭の中を整理するために図を描いて，一つひとつ条件に関する式を立てていくといいわね．」「ではまず，1バンク故障したのだから，2バンクで運転することになるわね．その容量は，$25 \times 2 = 50$ MV·A　だね．」

「変圧器故障時には，残りの健全な変圧器（50 MV·A）は定格容量の125 %まで過負荷とすることができるから，その容量はいくらになるかな？」「はい．$50 \times 125/100 = 62.5$ MV·Aです．」

「そうよ．次に変圧器故障時には，他の変電所に故障発生前の負荷の10 %を直ちに切り換えることができるのね．つまり，変圧器1バンクが故障したとき，健全な変圧器2バンクで，故障前の負荷の90 %（100 %－10 %）を賄わなければならないわ．ここがポイントだね．」

「はい．」

「故障発生前に供給できる容量をS [MV·A]，変圧器故障時に変圧器2バンクで賄う容量をS' [MV·A]とすると，

$$S \times 0.9 = S'$$

$$S = \frac{S'}{0.9} = \frac{62.5}{0.9} \fallingdotseq 69.4 \text{ MV·A}$$

「力率は常に95 %（遅れ）で，求めるものは故障発生前の変電所の最大総負荷だから，この値をP [MW]とすると，どうなるかな？」

「はい．

$$P = S\cos\theta = 69.4 \times 0.95 \fallingdotseq 65.9 \text{ MW}$$

です．それにしても，随分たくさんの条件があるのですね．」

「だから，一つひとつ順を追って計算を進めていくのよ．」「うーん．先輩の描いた図は，とてもわかりやすいです．」

1バンクの定格容量25 MV·Aの三相変圧器を3バンク有する配電用変電所がある．変圧器 1 バンクが故障したときに長時間の停電なしに故障発生前と同じ電力を供給したい．

この検討に当たっては，変圧器故障時には，他の変電所に故障発生前の負荷の 10 % を直ちに切り換えることができるとともに，残りの健全な変圧器は，定格容量の125 % まで過負荷することができるものとする．

力率は常に 95 %（遅れ）で変化しないものとしたとき，故障発生前の変電所の最大総負荷の値［MW］として，最も近いものを次の(1)～(5)のうちから一つ選べ．

(1)　32.9　　(2)　53.4　　(3)　65.9　　(4)　80.1　　(5)　98.9

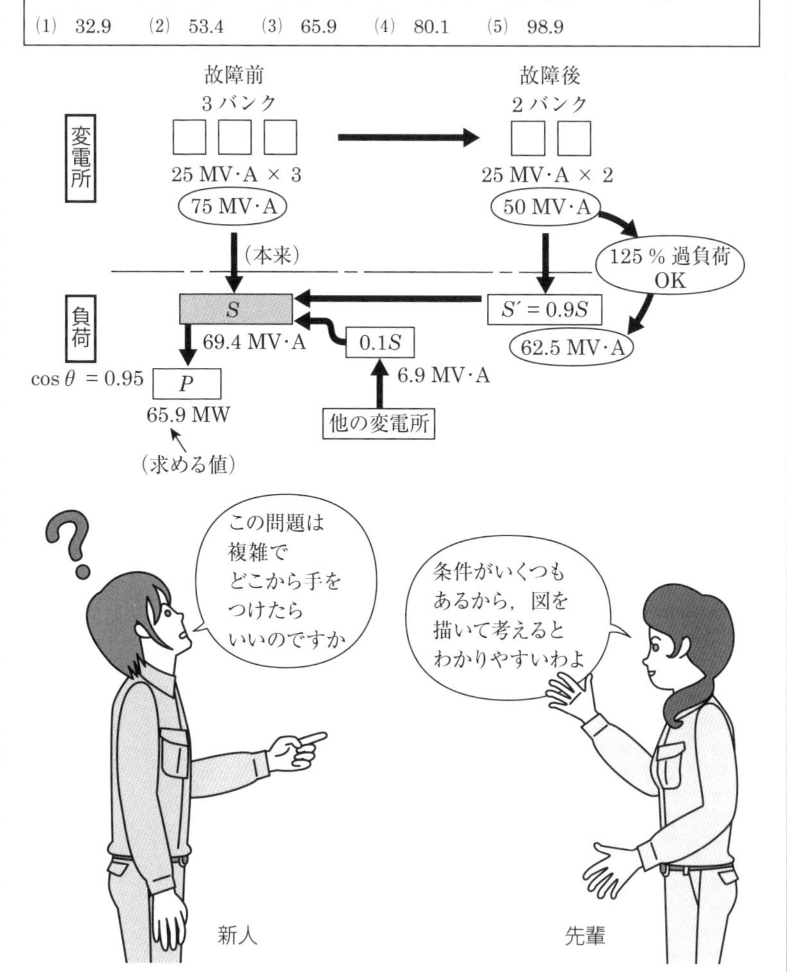

第8図　変電所の変圧器故障時の問題

送電の疑問に応える　**9**

架空送電線路は一過性事故，地中送電線路は永久事故が多い！

「先輩．電力科目に架空送電線路と地中送電線路の比較に関する問題があったのですが，事故の面からはどのように違うのですか？」

「そうね．架空送電線路で発生する事故の多くは，雷などが原因で起こる1線地絡故障なのよ．事故点を選択遮断すると，アークは自然消滅して送電線の損傷の拡大を防ぐことができるの．そして再度遮断器を投入すると，そのまま送電を継続できる場合が多いわ．この一連の動作を保護継電装置によって，システム的に行う方法を再閉路方式といっているの．このように架空送電線路の事故は，一過性のものが多いわ．再閉路方式には，単相再閉路といって1線地絡時に地絡相のみを遮断して再閉路するもの，三相再閉路といって三相とも同時遮断して再閉路するものなどがあるわ．」

「事故時に遮断器で遮断して，すぐ投入しても大丈夫なのですか？」

「雷による事故は一過性のものなので，その原因がなくなれば，投入しても問題ないわ．近年では，高速再閉路を使って信頼度を向上させているわ．この再閉路の成功率は90％以上と非常に高くて，停電時間短縮に寄与しているわ．瞬停（瞬間的に送電が停止すること）で収まることが多いわ．」

「地中送電線路の場合はどうですか？」

「地中送電線路は，天候の影響を受けることはまずないから，雷による事故に遭遇することはほとんどないわ．」

「事故の原因はどんなものですか？」

「ケーブルの絶縁層自体の劣化が多いわ．この場合，ケーブルの引替えなどが発生するから，復旧には時間がかかるわね．すなわち，地中送電線路の事故は，永久事故といってもいいわ．」「そうか．架空送電線路と地中送電線路では事故原因が違うのですね．」

「そうよ（**第9図**参照）．」

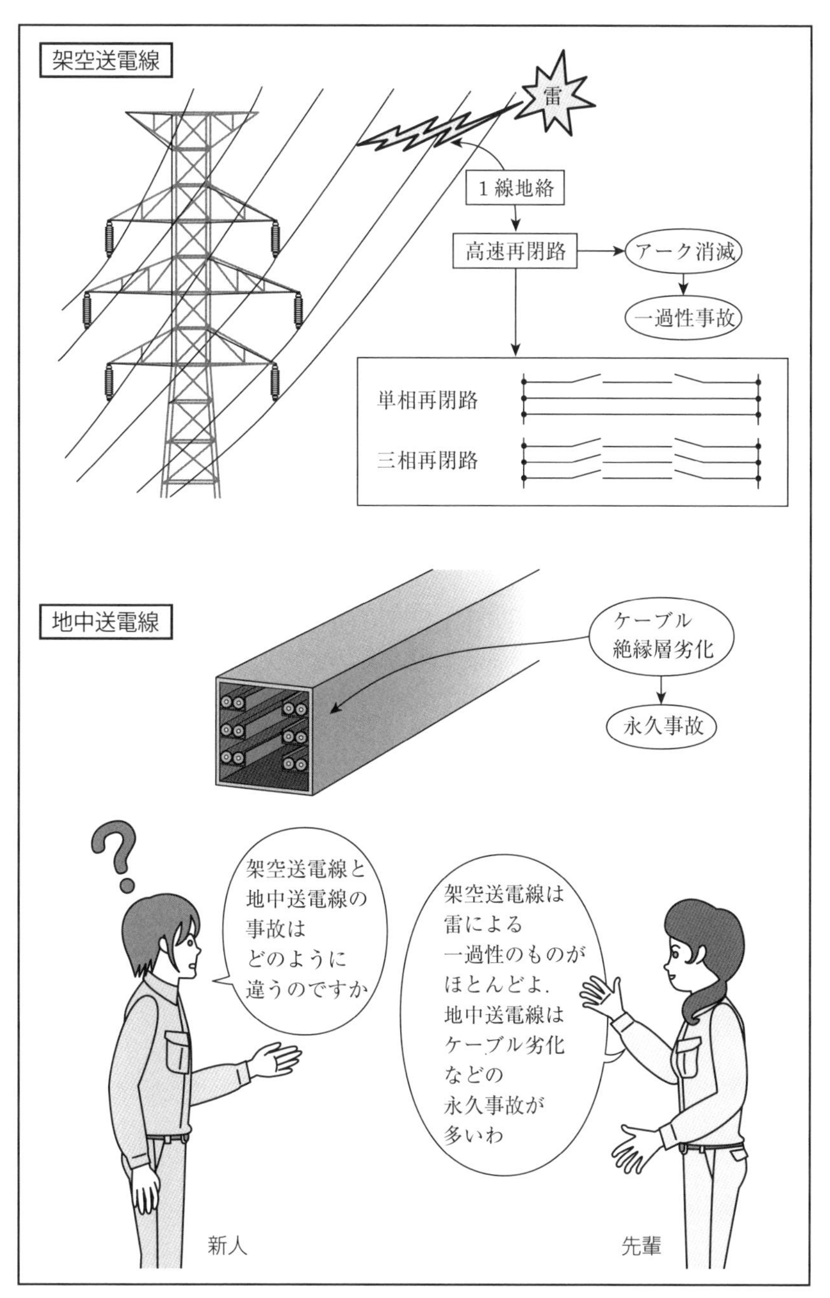

第9図　架空送電線と地中送電線の事故

送電の疑問に応える　**10**

送電線のたるみと実長の公式は暗記すべし！

「先輩．第10図の問題は送電線の実長の公式を覚えていないと解けないのですか？」

「そうよ．この公式の導出には，微分や積分を使うから電験2種のレベルなのよ．だから3種では，次の2式は暗記しておかなければならないわね．公式を知っていることを前提にした問題が出題されるからね．水平張力をT [N]，電線1 m当たりの荷重をW [N/m]，径間をS [m]，電線のたるみをD [m]，電線の実長をL [m]とすると，

①　電線のたるみ：$D=\dfrac{WS^2}{8T}$ [m]

②　電線の実長：$L=S+\dfrac{8D^2}{3S}$ [m]

ここでは②式を使うわ．」「はい．やってみます．AM間の実長をL_1，MB間の実長をL_2とすると，

$$L_1=S+\frac{8{D_1}^2}{3S}\,[\mathrm{m}],\quad L_2=S+\frac{8{D_2}^2}{3S}\,[\mathrm{m}]$$

そして中間点Mで電線の支持が外れたときのたるみをD_3，外れたときの実長をL_3とします．」「径間は2倍になるから$2S$だね．」

「はい．$L_3=2S+\dfrac{8{D_3}^2}{3\times 2S}$ [m]　になりますが，ここからどうすればいいのですか？」「M点で支持が外れる前後では電線長さは変わらないからね．」「そうか．わかりました．」

「$L_3=L_1+L_2$ですね．

$$S+\frac{8{D_1}^2}{3S}\,[\mathrm{m}]+S+\frac{8{D_2}^2}{3S}\,[\mathrm{m}]=2S+\frac{8{D_3}^2}{3\times 2S}\,[\mathrm{m}]$$

$$2\times({D_1}^2+{D_2}^2)={D_3}^2\qquad D_3=\sqrt{2\times({D_1}^2+{D_2}^2)}$$

となります．」「それでいいわ．」

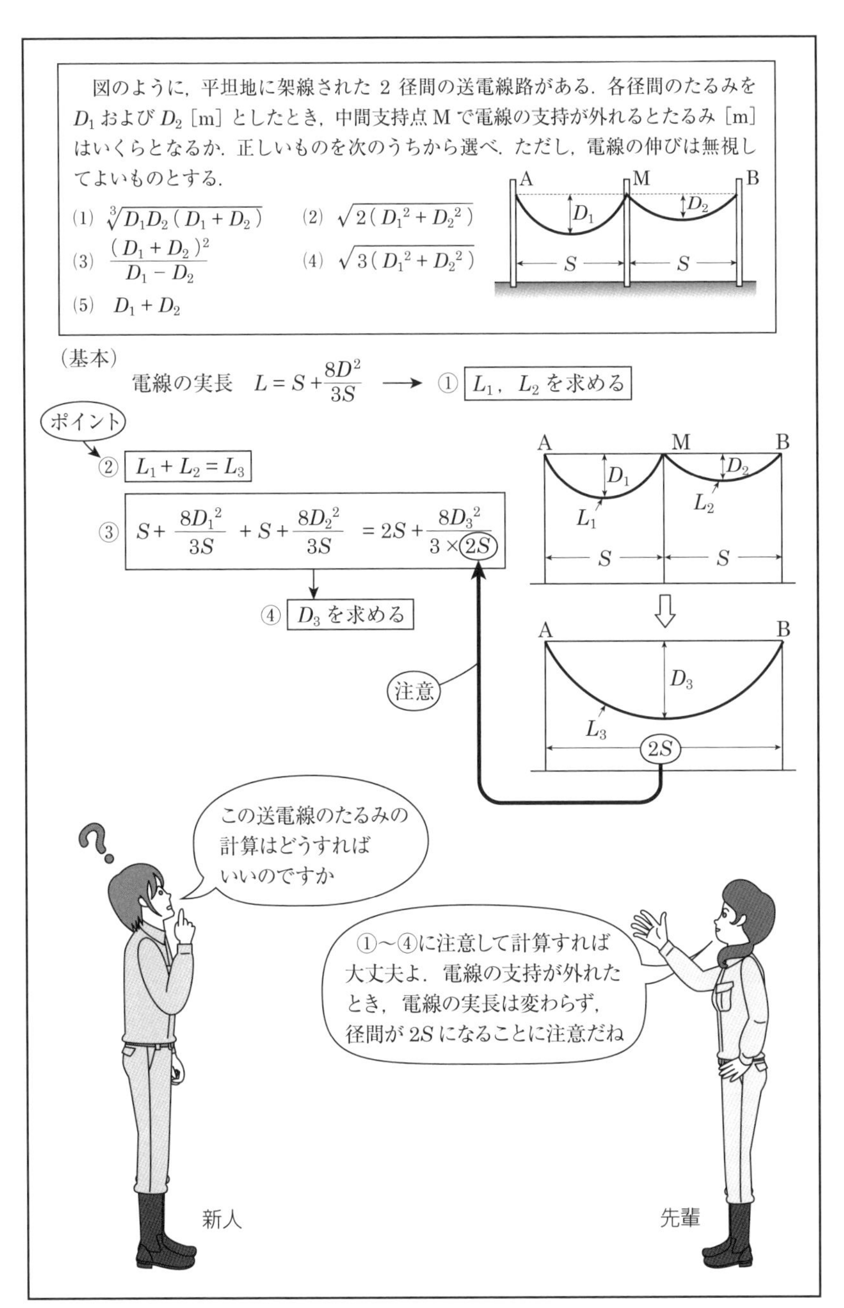

第10図　電線のたるみと実長の計算

送電の疑問に応える **11**

送電線路にコロナ放電が発生すると さまざまな障害が発生する！

「先輩．送電線路にはコロナ放電が発生することがあると聞きましたが，どのような現象なのですか？」

「そうね．送電線路の表面から外に向かっての電位の傾きは，電線の表面において最大になるわ．そして表面から離れるほど減少していくの．その値が“コロナ臨界電圧”以上になると，周囲の空気層の絶縁が破壊してイオン化するのよ．このとき“ジージー”という音や薄白い光を発するようになるわ．この現象をコロナ放電と呼んでいるの．電線に突起状のものがあると，この傾向が強くなるわ．」

「コロナ臨界電圧は標準の条件では，波高値で約30 kV/cmなの．気象条件としては，気圧が高くなるほど上昇して，絶対湿度が高くなるほど低下するの．コロナ放電は雨天時に発生しやすいわ．コロナが発生すると，電線の振動（コロナ振動）が発生することもあるわ．また，電力損失（コロナ損）が生じて電線の腐食が進行するわ．」「その腐食は，どのようにして起こるのですか？」

「放電箇所は局部的に温度が上昇して，空気中の窒素によって硝酸が発生するからよ．」

「そのほかにコロナ電流には，高調波が含まれているから，電波障害の原因にもなるわ．ラジオの雑音やテレビの映像障害になるのよ．」

「そんな害を及ぼすコロナの防止対策は，どうなっているのですか？」

「代表的な対策を挙げると次のようになるわ．

① 多導体を採用して電線表面の電位傾度を低くする．

② 鋼心アルミより線（ACSR）などの太い電線を使用する．

③ 架線工事の際，電線表面を傷つけないようにする．

④ 架線金具は丸みをもった形状として，電界の集中を避ける．

⑤ がいしにシールドリングを施設する．」

「そうか．コロナ放電の現象は複雑なのですね（**第11図参照**）．」

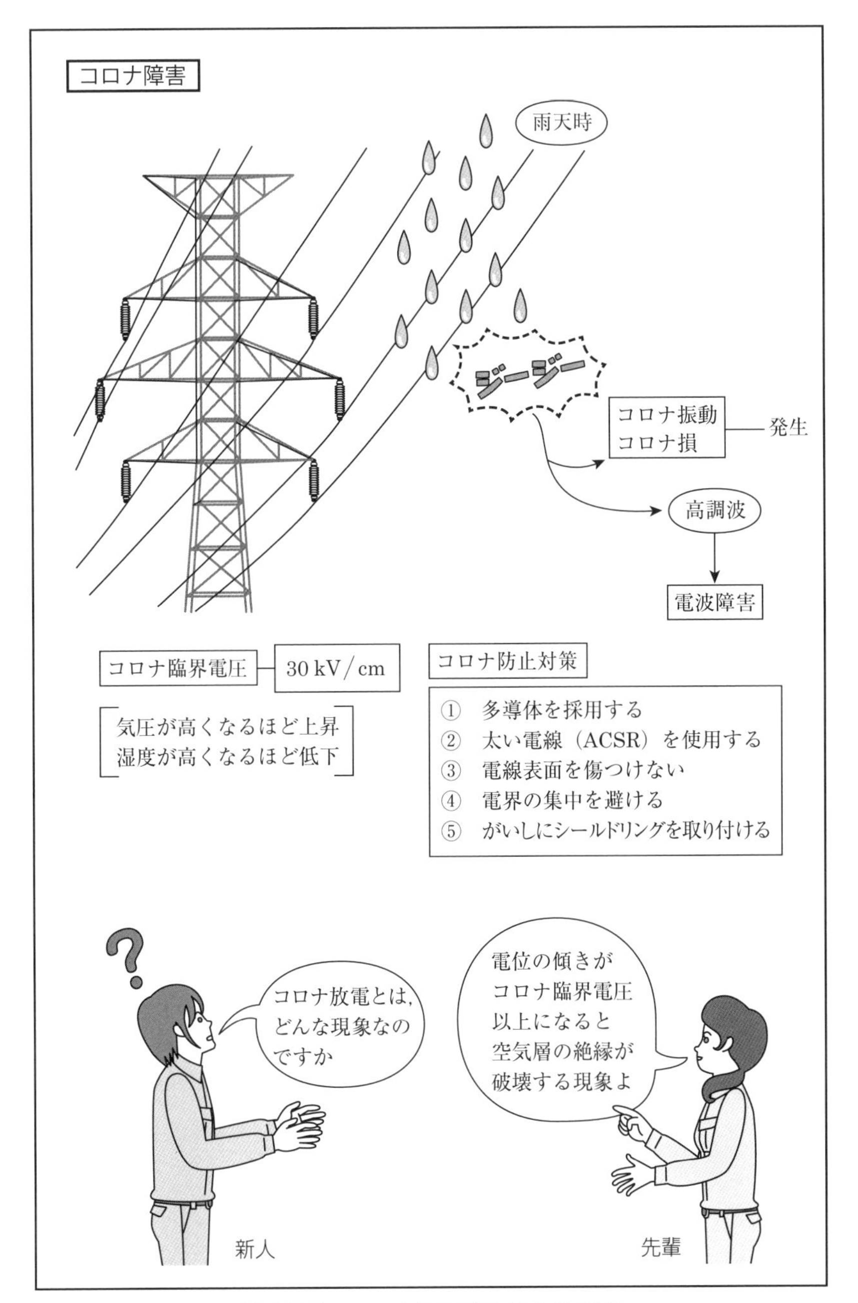

第11図　コロナ放電発生による障害

送電の疑問に応える

12

地中ケーブルの充電容量とはどういうものなの？

「先輩．電力科目に地中ケーブルの充電容量を求める問題があったのですが，どのような容量なのですか．」

「そうね．充電容量を理解するために，まず充電電流の説明をするわよ．その前に，ケーブルの構造から解説しなければならないわね．**第12図**のように，ケーブルの導体とシースの間には静電容量が存在するの．ここでコンデンサを形成していると考えればいいのよ．充電電流はそこを流れるのよ．」「そんな回路のないところを電流が流れるのですか．」

「導体とシース間に電圧がかかっているから，コンデンサに電流が流れると考えればいいのよ．コンデンサを電流が流れるから充電電流というのよ．シースには接地が施されているから，充電電流は接地を通して大地に流れるわ．この接地は身近なところでは，キュービクルのケーブル引込点に施されているから，日常巡視点検で見ることができるわよ．この状態を三相電源を加えた等価回路で表すと，図のようになるわ．コンデンサ負荷の中性点が接地されていることになるわ．」

「そうか．これならわかります．理論科目に出てきますね．」

「そうよ．ここで1相分を取り出すと，図のようになって，充電電流I_Cは，$I_C = \omega CE$となるわね．」

「質問は，充電容量とは何か，ということだったわね．充電電流が理解できたら，なんていうことはないわ．充電電流に電圧をかけたものよ．よって，充電容量Sは次式で表されるわ．

$$S = 3EI_C$$

三相だから3倍することを忘れないようにしてね．」

「この類の問題は頻出しているわね．問題文には図が出ていないことが多いから，根本原理をここで理解しておいてね．」

「はい．わかりました．」

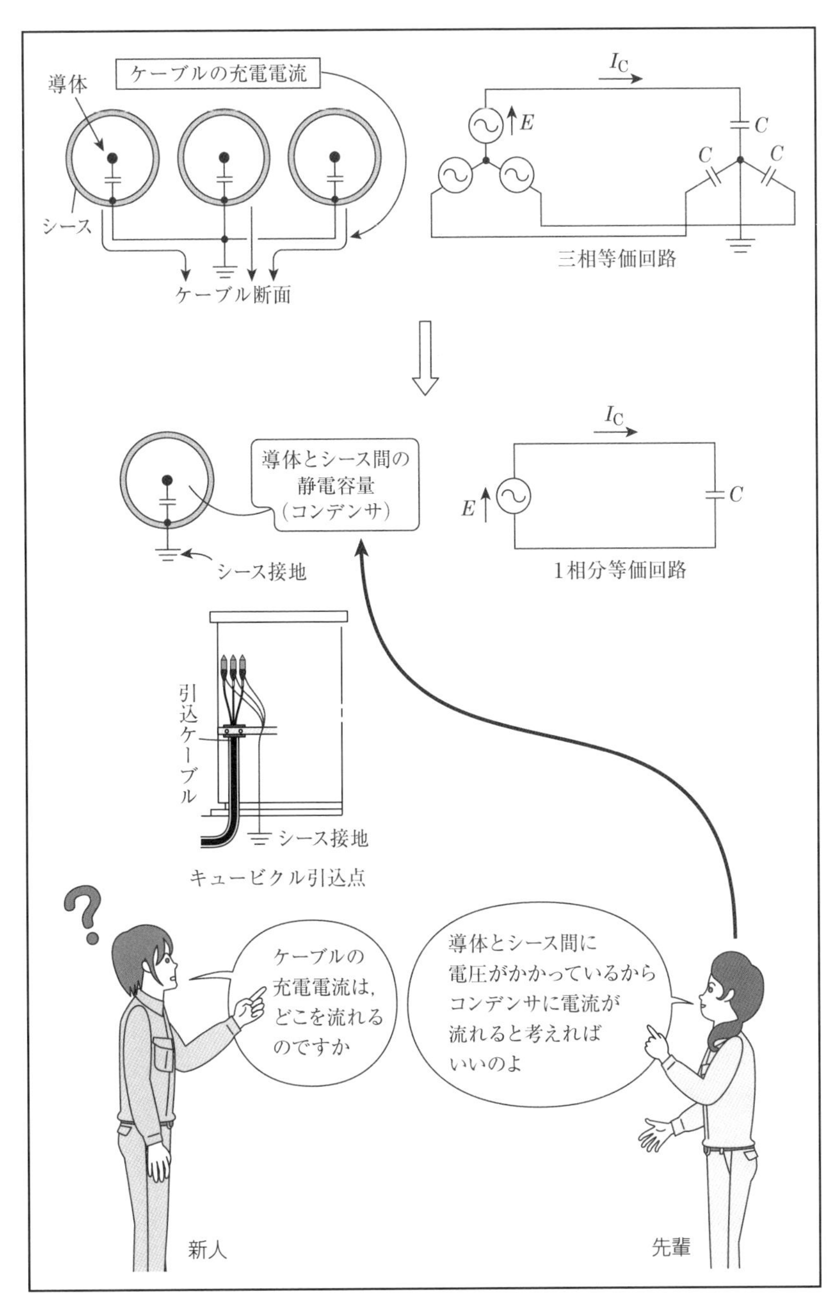

第12図　地中ケーブルの充電電流

送電の疑問に応える **13**

架空地線はこのようにして送電線を保護している！

「先輩．あの送電線の上にある線は何ですか？」

「あれは架空地線というのよ．」「何のためにあるのですか？」

「架空地線は，送電鉄塔の一番上に布設して，送電線を直撃雷から保護しているの．建物でいえば避雷針のようなものよ．架空地線は直撃雷を受けたとき，雷電流を鉄塔経由で大地へ導くのよ．架空地線の素材には，亜鉛めっき鋼より線，アルミ被鋼線などの裸線が使われているわ．架空地線による避雷効果は，電線路に対する遮へい角と接地抵抗値によって変わってくるわ．」

「遮へい角とは，どの角度ですか？」

「架空地線と送電線を結ぶ線と鉄塔頂部から大地に垂直に下ろした線との角度を遮へい角（θ）というわ．θが小さいほど遮へい効果は大きいのよ．」

「一般的には，架空地線は1条よ．遮へい角35°～40°程度で遮へい効果は約90％といわれているわ．しかし，重要な幹線では，架空地線を2条にして，遮へい角を0°程度として遮へい効果をほぼ100％にしているの．」

「そのほかにも効果があるのよ．地絡電流の一部が架空地線を流れるので，通信線に対して電磁誘導障害を軽減できるわ．」

「逆フラッシオーバのことは覚えている？」「少し勉強しましたが…」

「直撃雷を受けたとき，鉄塔または架空地線から送電線へ“せん絡”することをいうのだったわね．フラッシオーバとは逆の現象よ．これを防ぐために，埋設地線を施すことで，塔脚接地抵抗を極力低くしているの．」「埋設地線とはどんなものですか？」

「塔脚から地下に放射状または平行状に埋設される線のことよ．」

「そうか．鉄塔には重要な役割のあるものが施されているのですね（**第13図**参照）．」

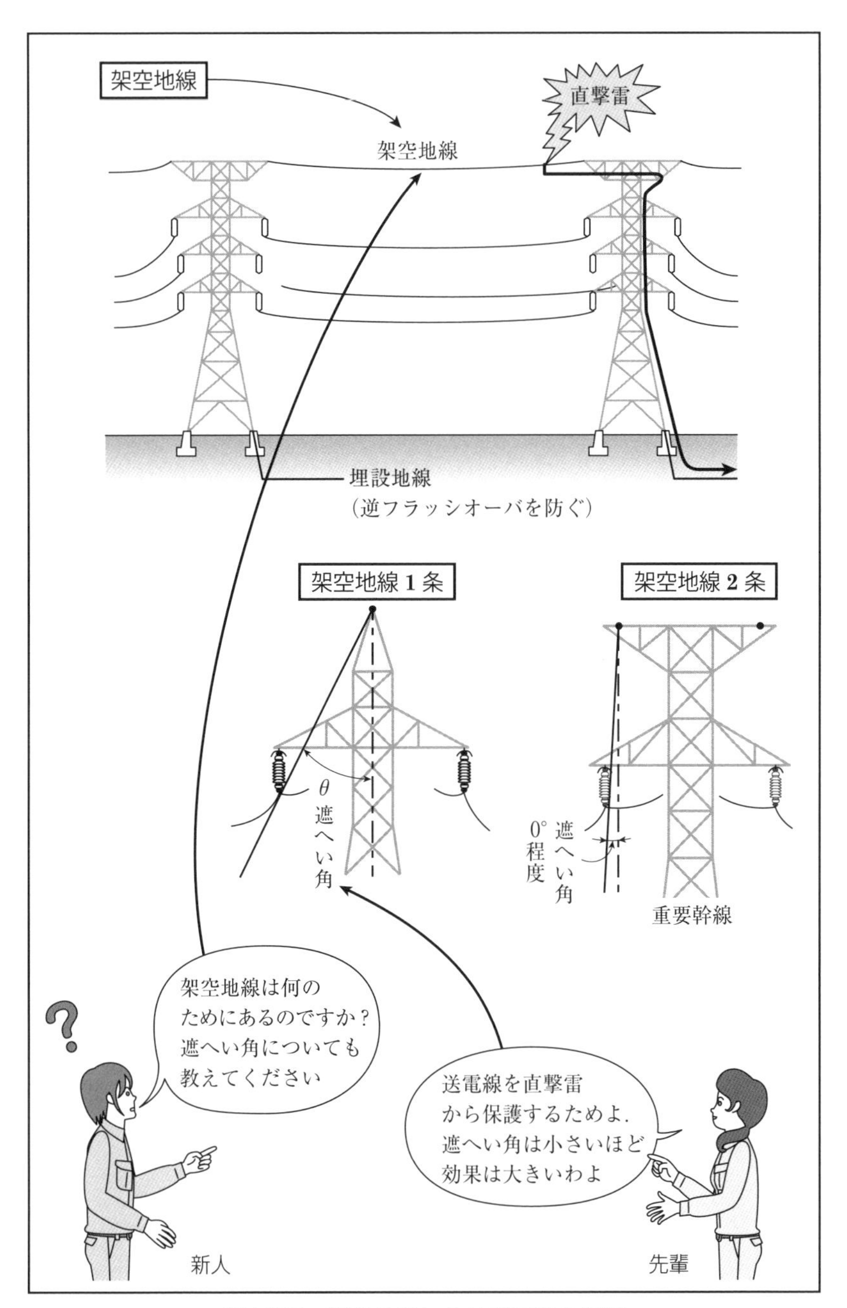

第13図　架空地線による送電線の保護

送電の疑問に応える **14**

三相3線式送電線路の負荷有効電力は逆から考える！

「先輩．**第14図**の問題ですが，どこから考えたらいいいのか手順がわからないのですが．」

「そうね．この問題は後ろから逆に考えるといいわね．求めるものは負荷の有効電力だから，　①　$P=\sqrt{3}V_{\mathrm{r}}I\cos\theta$　だね．」

「はい．では，①の電流Iはどうやって出すのですか？」

「ここでは電圧降下が起こっているわけだから，そこから求めるのよ．電圧降下の近似式は，　②　$v=\sqrt{3}I(R\cos\theta+X\sin\theta)$　だったわね．この式の中にはIがあるから，それを使うのよ．」

「あっ．そういうことだったのですね．」

「次に②のvは，送電端線間電圧V_{s}と受電端線間電圧V_{r}がわかっているから出てくるわね．③　$v=V_{\mathrm{s}}-V_{\mathrm{r}}=200$」「はい．」

「あとは，④電線1線の抵抗RとリアクタンスXだけど，これはすぐ求まるわね．では，これを基にして④から①に向かって解答してみるわよ．

④　$R=r\times5=0.182\times5=0.910\,\Omega$

　　$X=x\times5=0.355\times5=1.775\,\Omega$

③　$v=V_{\mathrm{s}}-V_{\mathrm{r}}=22\,200-22\,000=200\,\mathrm{V}$

②　$v=\sqrt{3}I(R\cos\theta+X\sin\theta)$より

$$I=\frac{v}{\sqrt{3}\times(R\cos\theta+X\cos\theta)}$$

$$=\frac{200}{\sqrt{3}\times(0.910\times0.85+1.775\times\sqrt{1-0.85^2})}\fallingdotseq67.584\,\mathrm{A}$$

①は　$P=\sqrt{3}V_{\mathrm{r}}I\cos\theta=\sqrt{3}\times22\,000\times67.584\times0.85$

$\fallingdotseq2\,189\times10^3\,\mathrm{W}=2\,189\,\mathrm{kW}$

となるわね．」「②から線電流を求めるところがポイントなのですね．」

「そうよ．前からばかり考えないで，後ろから考える逆発想も必要なのよ．」

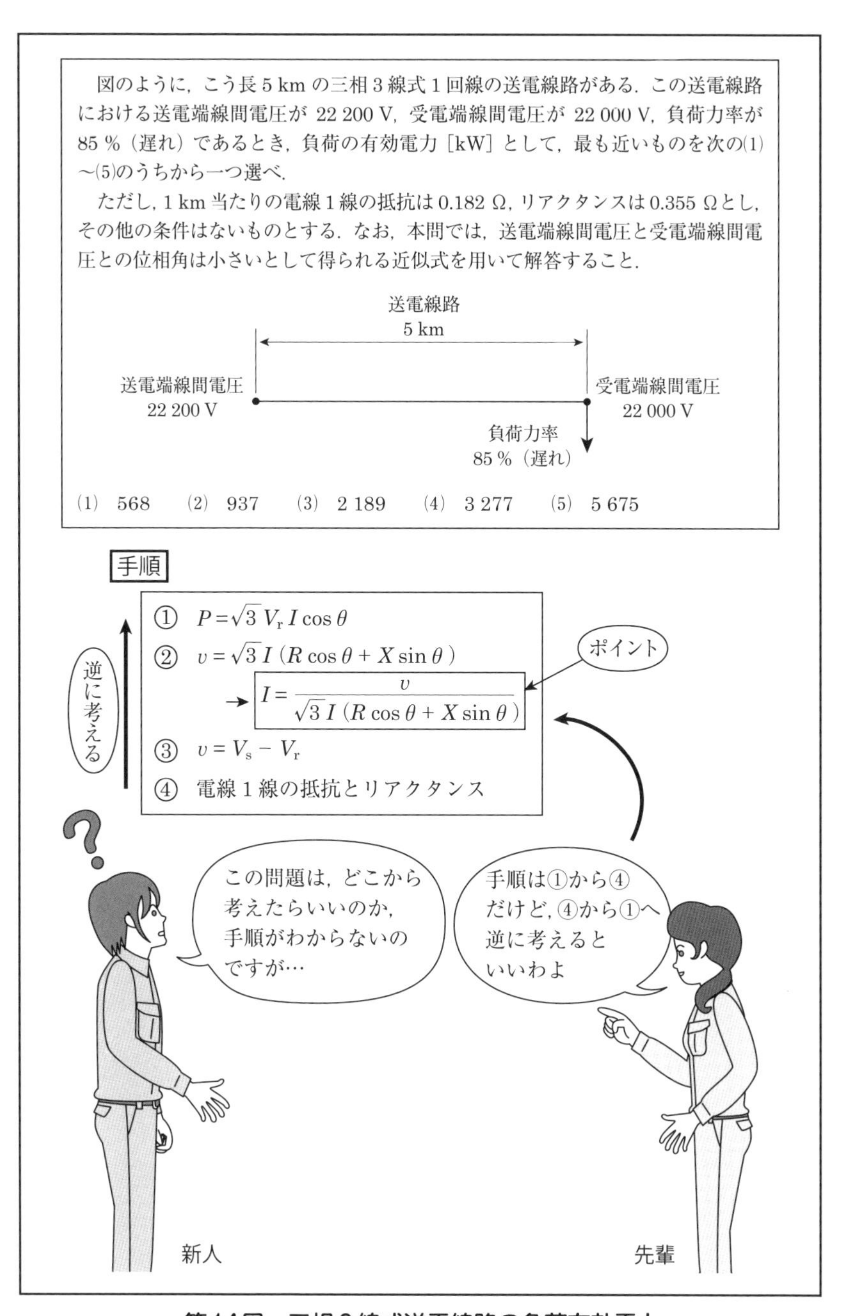

第14図　三相3線式送電線路の負荷有効電力

送電の疑問に応える **15**

電力ケーブルの接続可能距離は対地静電容量から求める！

「先輩．第15図の問題は，どう考えたらいいのかわからないのですが…」

「そうね．まず(a)では充電容量を求めるのね．問題文に，ケーブルの送電容量300 MV·Aとあるので，これは皮相電力になるわね．単位がMV·Aになっているでしょ．次に負荷電力200 MWになっているから，これが有効電力になるわね．充電容量は何によってもたらされるかわかるかな.」「えーっと．ケーブルだから対地静電容量ですか？」

「そうよ．充電容量という言葉が出てきたらコンデンサを思い浮かべるのよ．ここでのコンデンサは対地静電容量だわね．コンデンサには進み電流が流れるので，ここから無効電力が発生するのよ．ここに気がつくことが大切なのよ.」

「送電容量をS [MV·A]，負荷電力をP [MW]，許容可能な充電容量Q [Mvar]とすると，S，P，Qの関係は

$$S^2 = P^2 + Q^2$$

$$Q = \sqrt{S^2 - P^2} = \sqrt{300^2 - 200^2} = 223.6\ \text{Mvar}$$

次に(b)で，ケーブル接続長だけど，これはコンデンサ（対地静電容量）から考えるのよ．充電容量QをコンデンサCで表すと

$$Q = \sqrt{3}VI_{\text{C}} = \sqrt{3}V \times \frac{V/\sqrt{3}}{1/\omega C} = \omega CV^2 = 2\pi fCV^2\ [\text{var}]$$

周波数：f [Hz]，対地静電容量C [F]，系統電圧：V [V]，充電電流：I_{C} [A] だね.」「そうか．ここでCが出てくるのですね.」

「そうよ．よって，

$$C = \frac{Q}{2\pi fV^2} = \frac{223.6 \times 10^6}{2\pi \times 50 \times (275 \times 10^3)^2} = 9.4 \times 10^{-6}\ \text{F} = 9.4\ \mu\text{F}$$

問題文に1 km当たりの対地静電容量が0.45 μFとあるから，ケーブルの接続可能距離は$9.4/0.45 = 20.9 \fallingdotseq 21$ kmとなるわ.」

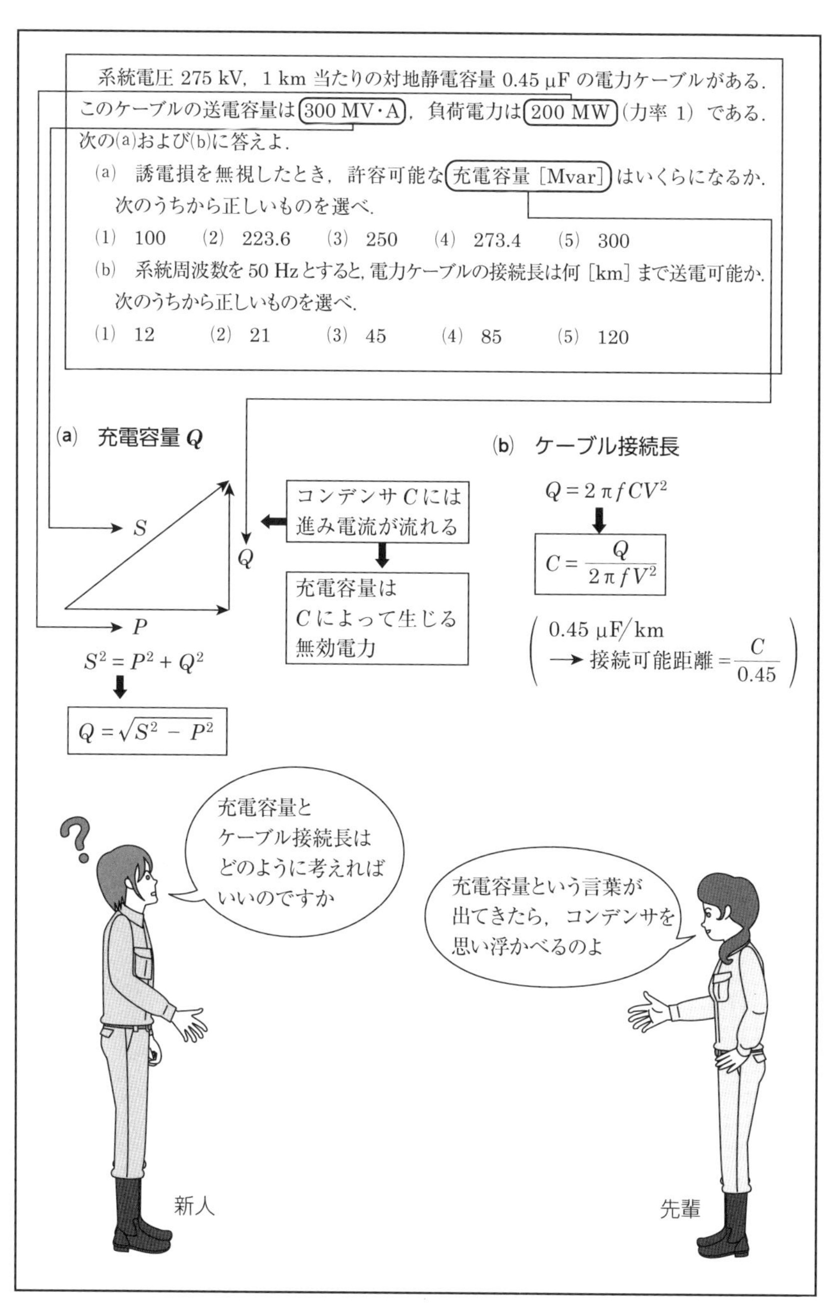

第15図　ケーブルの充電容量と接続可能距離

送電の疑問に応える

16 直流送電ではケーブルに充電電流は流れないの？

「先輩．直流送電に関する正誤問題があったのですが，この場合，ケーブルに充電電流は流れないのでしょうか？」

「そうね．一般的には充電電流は流れないといっている場合が多いわね．しかし，直流送電ケーブルの場合でも対地静電容量は存在するのよ．直流送電でも送電初期には，その対地静電容量（わかりやすくいえばコンデンサ）を充電するための充電電流は流れるのよ．だけど，十分時間が経過して，いわゆる定常状態になった場合には，充電は完了して充電電流は流れなくなるのよ．そういう意味では正確にいえば，直流の場合も充電電流は流れるといったほうが正しいわ．」

「これは理論科目の応用だね．コンデンサに直流電圧を印加すると，初期にはコンデンサは短絡状態となるけど，定常状態になると開放状態になるのだったわね．」

「はい．そこは理解しています．」

「交流の長距離送電線や海底ケーブルなど大きな静電容量をもつ場合には，大きな充電電流が流れるけど，先の理論どおり，直流送電では充電電流は流れないと考えていいのよ．これが，直流送電の大きな特長の一つよ．」

「また，交流送電では，電流の向きが絶えず変化しているわ．そのため，対地静電容量が完全に充電を終えることはないのよ．常に充電電流が流れることになるので，この進み電流を補償しなければならないという問題が発生するの．」

「その問題には，どのように対処しているのですか？」

「分路リアクトルを挿入することで遅れ電流を供給して，進み電流を相殺しているわ．直流送電では交流送電のように，充電電流に対する補償の必要がないわ．」

「そうか．いろいろな理論が絡んでいるのですね（**第16図**参照）．」

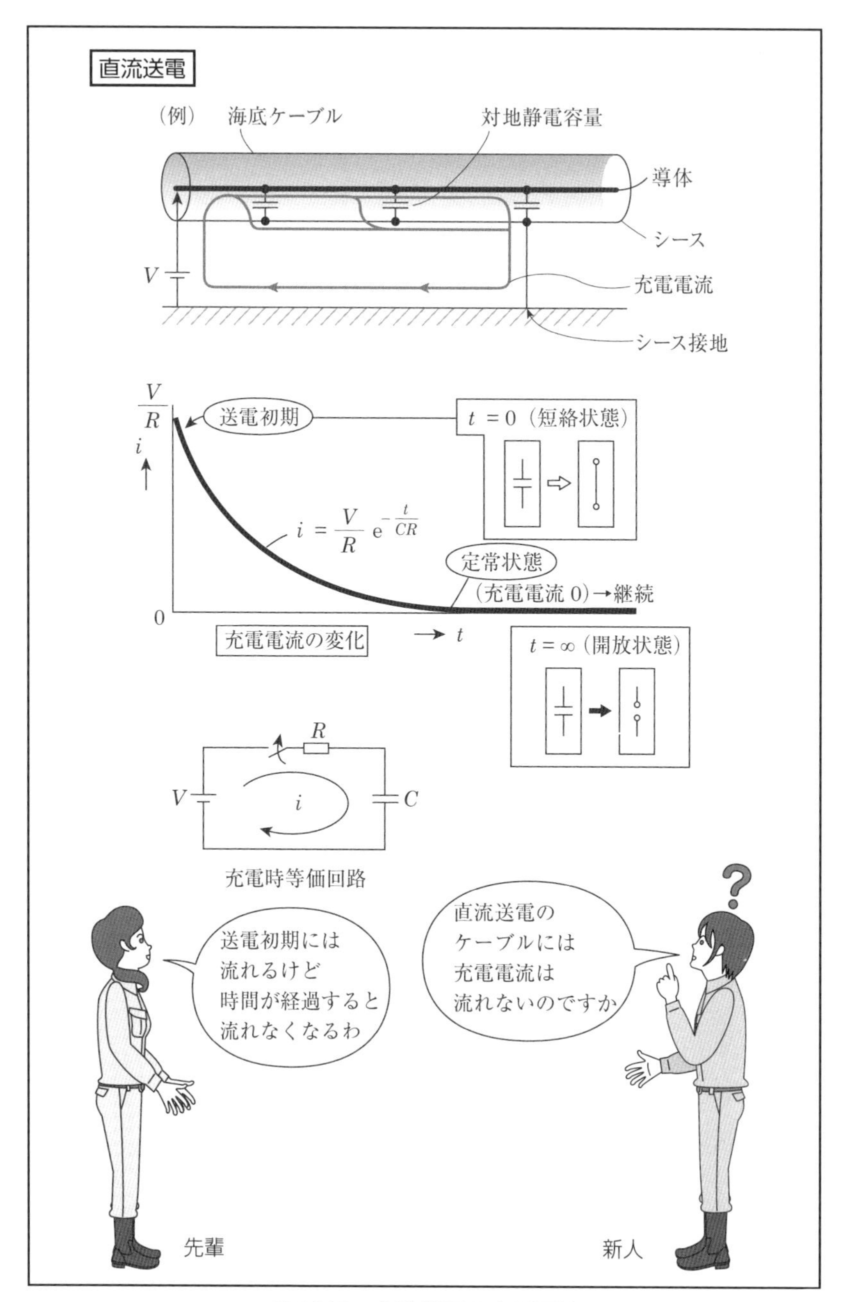

第16図　直流送電の充電電流

配電の疑問に応える

17

高圧配電系統の区分開閉器は事故電流の遮断はできない!

「先輩．区分開閉器は事故電流の遮断はできるのでしょうか？」

「そうね．電力科目の高圧架空配電系統の正誤問題のテーマとしてよく出ているわ．例えば“区分開閉器は，一般に気中形，真空形があり，主に事故電流の遮断に使用されている．”というような形で出題されているわよ．この文章の前半は正しいけれど，後半は誤りだね．このような，もっともらしい選択肢があるから，惑わされないようにしてね．」

「区分開閉器は柱上開閉器ともいわれていて，高圧配電線路の事故のとき，あるいは点検，修理，増設などのとき，その区間だけ切り離すために使用されているわ．」「そういうものですか．」

「機能としては，負荷電流の開閉のみで，短絡電流などの事故電流は遮断できないの．」

「図のように，自家用変電所の引込1号柱に取り付けられている高圧気中開閉器（PAS）を例に挙げると，このPASは，短絡電流は遮断できないわ．そのような遮断容量はもっていないの．地絡方向継電器（DGR）の信号によって，地絡電流を遮断することはできるけどね．短絡電流のような大電流を遮断するのは，キュービクル内の遮断器（一般的にVCB）なのよ．」

「区分開閉器には以前，油入形が使用されていたけれど，内部短絡により噴油して，人や建物に被害が発生する事故が起こったため，昭和51年に電気設備に関する技術基準を定める省令が改正されたの．その第36条で，“絶縁油を使用する開閉器，断路器及び遮断器は，架空電線路の支持物に施設してはならない．”とされて，その使用が禁止されたのよ．現在は，気中開閉器や真空開閉器が一般に使用されるようになったというわけなの．」

「そうか．高圧開閉器にも試練の歴史があるのだな（**第17図参照**）．」

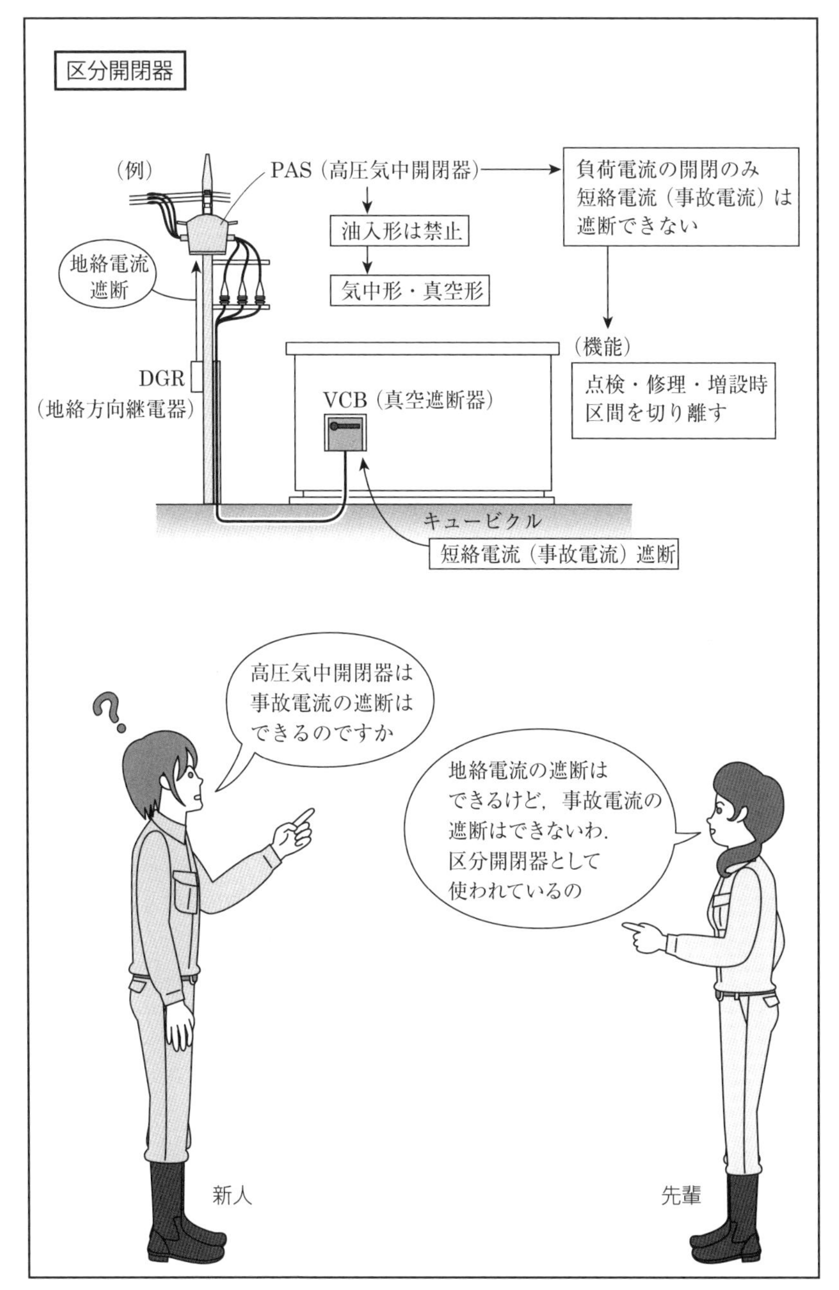

第17図　高圧気中開閉器の機能

配電の疑問に応える　**18**

三相3線式配電線路の電圧降下の近似式は二つある！

「先輩．第18図の三相3線式配電線路で，電圧降下の近似式を求める問題があったのですが，この形は見たことがないのですが…」

「これね．あまり見慣れない近似式だわね．頻繁には出てこないけどね．一般的には，電圧降下vはベクトル図から，

$$v \fallingdotseq I(R\cos\theta + X\sin\theta)\ [\mathrm{V}]$$

この式の導き方を復習しておこうね．

$$E_s = \sqrt{(E_r + IR\cos\theta + IX\sin\theta)^2 + (IX\cos\theta - IR\sin\theta)^2}$$

電圧降下は$\dot{E}_s$と$\dot{E}_r$との大きさの差で，$\dot{E}_s$と$\dot{E}_r$の位相差はわずかであるので，$E = 0\mathrm{b} \fallingdotseq 0\mathrm{a}$としてよいことになる．

$$E_s \fallingdotseq E_r + IR\cos\theta + IX\sin\theta,\ v = E_s - E_r = I(R\cos\theta + X\sin\theta)$$

これは1線当たりであるから，三相3線式では

$$v = \sqrt{3}I(R\cos\theta + X\sin\theta)\ [\mathrm{V}] \qquad ①$$

となるのはわかるよね．問題文については，受電端の線間電圧をV [V]，負荷電流をI [A]，負荷力率を$\cos\theta$とすると，電圧降下v [V]は，

$$v = \sqrt{3}I(R\cos\theta + X\sin\theta)$$

ここで，$I = \dfrac{P}{\sqrt{3}V\cos\theta}$より

$$v = \sqrt{3} \times \frac{P}{\sqrt{3}V\cos\theta}(R\cos\theta + X\sin\theta)$$

$$= \frac{P(R\cos\theta + X\sin\theta)}{V\cos\theta} = \frac{RP}{V} + \frac{XP\sin\theta}{V\cos\theta}$$

$\sin\theta/\cos\theta = \tan\theta$より，$v = \dfrac{RP + XP\tan\theta}{V}$

ここで，$P\tan\theta = Q$となるから，$v = \dfrac{RP + XQ}{V}$　②　となるわね．」

「これは，①式を別な形で表した近似式よ．」

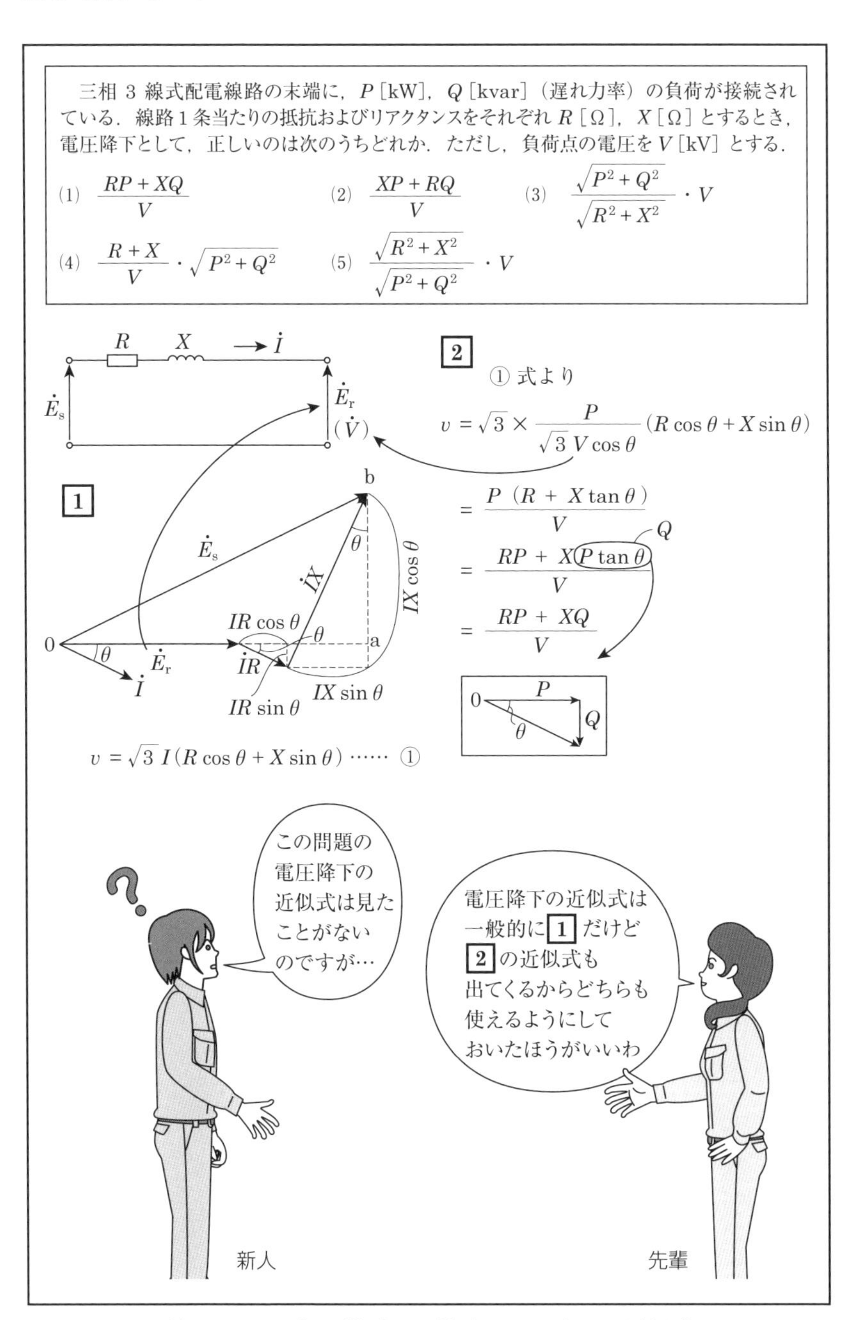

第18図　三相３線式配電線路の電圧降下の近似式

配電の疑問に応える

19

力率改善にはコンデンサを負荷に近い位置に接続するのが効果的！

「先輩．電力科目の正誤問題の選択肢に，“低圧配電線路の力率改善をより効果的に実施するためには，低圧配電線路ごとに電力用コンデンサを接続することに比べて，より上流である高圧配電線路に電力用コンデンサを接続したほうがよい．”とあったのですが，なぜ誤りなのか教えてください．」

「そうね．初心者は疑問に思うかもしれないわね．では，低圧コンデンサの設置の効力は，何なのか考えてみようね．」

「高圧需要家を例に挙げると，低圧の力率改善を行うことで電流が減少して，変圧器の無効電力が減少するわ．同じ容量の負荷ならば，それだけ小容量の変圧器でよいことになるわ．また電流が減少すると，抵抗による電力損失が減少するから，その分だけ使用電力量が減少するわよ．設備投資はかかるけれど省エネとなって，電力料金のうちの電力量料金が安くなるの．低圧コンデンサ設置によって，需要家の真の省エネができるのよ．」

「でも，高圧コンデンサを設置して，さらに低圧コンデンサをつけるのはなぜですか？」

「高圧コンデンサを設置しても，その電源側にしか効力がないのよ．つまり，高圧コンデンサは，電源側の力率改善を行うことになるから，電力会社の変圧器に余裕ができるの．その見返りとして需要家に対して，電気料金のうちの基本料金の割引きとして反映されているの．これは需要家の省エネではなくて，省コストになっているだけなのよ．需要家の力率改善になっているわけでもなく，省エネになっているわけでもないのよ．そういうわけで，需要家の力率改善をするためには，下流である低圧にコンデンサを取り付ける必要があるのよ．」

「そうか．低圧コンデンサは大切な役割を果たしているのだな．」新人は理解したのである（**第19図**参照）．

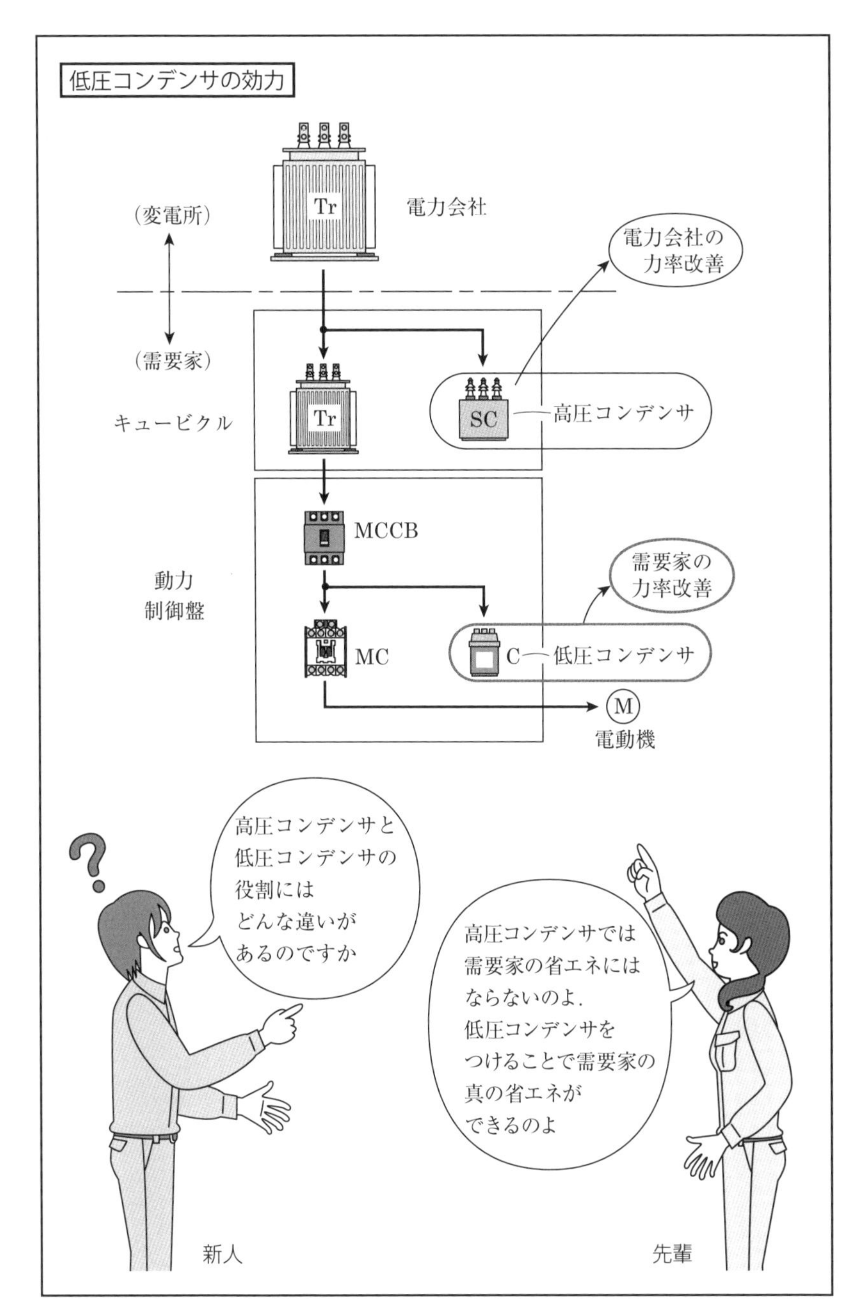

第19図　高圧コンデンサと低圧コンデンサの役割の違い

配電の疑問に応える

20

力率の異なる負荷を有する三相3線式高圧配電線路の計算は複素数で！

「先輩．**第20図**のように力率の異なる二つの負荷がある場合の線路有効電流を求める問題がありました．負荷電流をそのまま合計とはいかないように思うのですが，どうすればいいのでしょうか？」

「そうね．これは負荷Aと負荷Bを単純に合計してはいけないのよ．複素数の計算は覚えているかな．負荷Aの力率は0.8，負荷Bの力率は0.6で，力率が違うところが一つのポイントだね．力率がいくらという場合，力率を決める要素は，負荷電流の絶対値と，有効電流と無効電流だね．」

「あっ，そうか．ここで理論科目の複素数計算が出てくるのですね．」

「そうよ．負荷A（$\cos\theta_{\mathrm{A}}$），負荷B（$\cos\theta_{\mathrm{B}}$）に流れる電流を$\dot{I}_{\mathrm{A}}$，$\dot{I}_{\mathrm{B}}$として，実数部と虚数部に分けて計算すると，

$$\begin{aligned}\dot{I}_{\mathrm{A}} &= I_{\mathrm{A}}(\cos\theta_{\mathrm{A}} + \mathrm{j}\sin\theta_{\mathrm{A}}) = 200\times(\cos\theta_{\mathrm{A}} + \mathrm{j}\sqrt{1-\cos^2\theta_{\mathrm{A}}})\\ &= 200\times(0.8 + \mathrm{j}\sqrt{1-0.8^2}) = 200\times(0.8+\mathrm{j}0.6)\\ &= 160 + \mathrm{j}120\ \mathrm{A} \qquad ①\end{aligned}$$

$$\begin{aligned}\dot{I}_{\mathrm{B}} &= I_{\mathrm{B}}(\cos\theta_{\mathrm{B}} + \mathrm{j}\sin\theta_{\mathrm{B}}) = 100\times(\cos\theta_{\mathrm{B}} + \mathrm{j}\sqrt{1-\cos^2\theta_{\mathrm{B}}})\\ &= 100\times(0.6 + \mathrm{j}\sqrt{1-0.6^2}) = 100\times(0.6+\mathrm{j}0.8)\\ &= 60 + \mathrm{j}80\ \mathrm{A} \qquad ②\end{aligned}$$

①，②式より，S-A間に流れる電流は

$$\begin{aligned}\dot{I}_{\mathrm{SA}} &= \dot{I}_{\mathrm{A}} + \dot{I}_{\mathrm{B}}\\ &= 160 + \mathrm{j}120 + 60 + \mathrm{j}80\\ &= 220 + \mathrm{j}200\ \mathrm{A}\end{aligned}$$

有効電流は，実数部である220 Aになるわね．ベクトル図で表すと図のようになるわ．つまり，I_{SA}はI_{A}とI_{B}をベクトル的に合成しなければならないということなのよ．そこが理解できているかを問う問題だね．この類の問題は頻出しているからね．」

「はい．しっかり復習しておきます．」

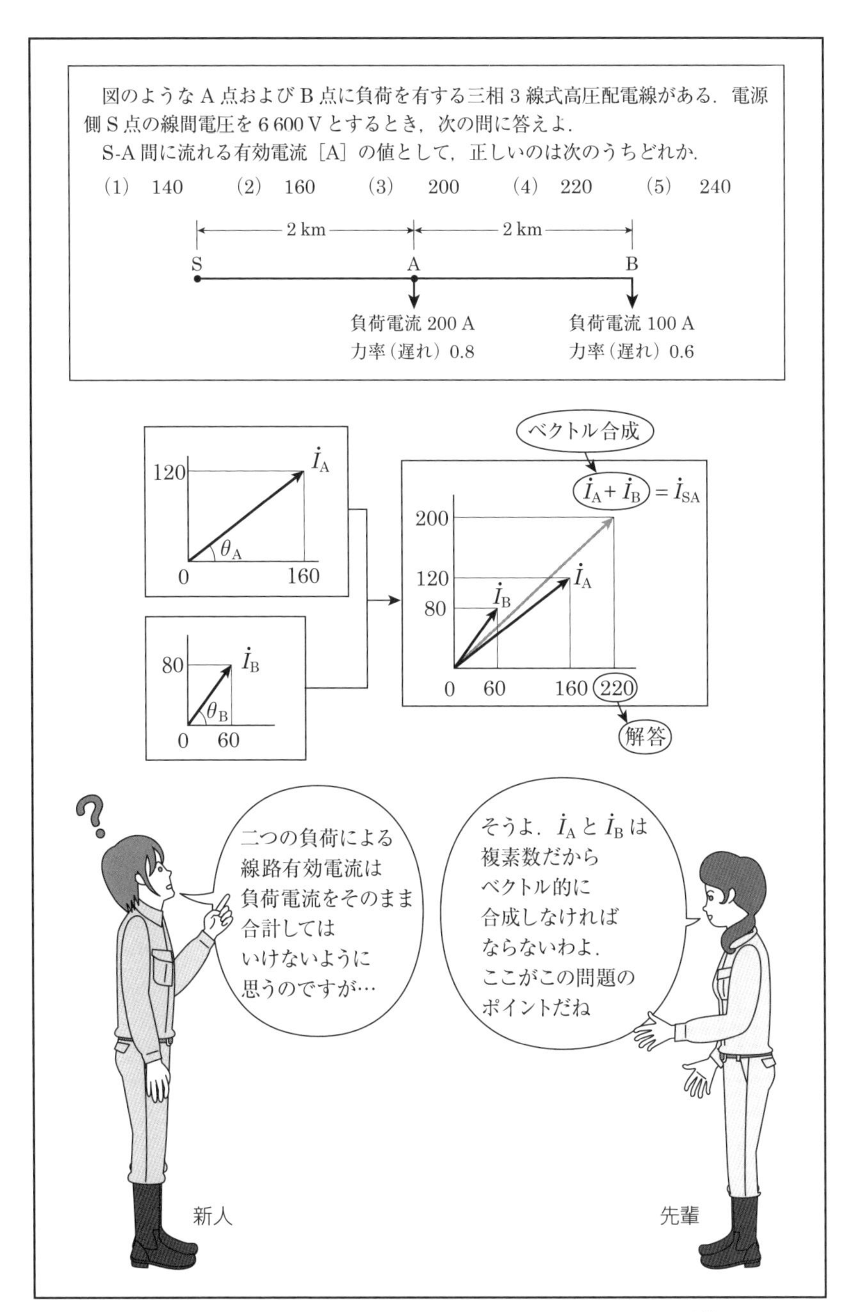

第20図　力率の異なる負荷を有する高圧配電線路の計算

配電の疑問に応える **21**

単相2線式ループ配電線路の問題は未知数のおき方がポイント！

「先輩．**第21図**の単相2線式ループ配電線路の問題は，どこから手をつけたらいいのかわからないのですが….」

「そうね．この問題は未知数のおき方が大切なのよ．まず，AK間の電流を未知数iとおくのよ．そうしないと，先へ進まないからね．そしてループを一巡したときの電圧降下を求めていくの．具体的には，AK，KL，LM，MN，NAの電圧降下をそれぞれ求めて合算すると0になるよ．計算すると，

$$2\times\{0.05i+0.04\times(i-30)+0.07\times(i-30-10)$$
$$+0.05\times(i-30-10-40)+0.04\times(i-30-10-40-20)\}$$
$$=0$$

$$(0.05+0.04+0.07+0.05+0.04)i=1.2+2.8+4.0+4.0$$

$$i=\frac{1.2+2.8+4.0+4.0}{0.05+0.04+0.07+0.05+0.04}=\frac{12.0}{0.25}=48\ \mathrm{A}$$

よって，求める電流Iは

$$I=i-30-10=48-30-10=8\ \mathrm{A}$$

となる.」「なぜループを一巡したときの電圧降下は0になるのですか.」

「それは，電圧降下はA点から出発して，AK間の電流を仮にiとおいたからよ．AK，KL，LM，MN，NAの電圧降下はプラスかマイナスかはわからないのよ．検証してみると，

$i=48\ \mathrm{A}$　　$v_{AK}=0.05\times48=2.4\ \mathrm{V}$

$i_{KL}=48-30=18\ \mathrm{A}$　　$v_{KL}=0.04\times18=0.72\ \mathrm{V}$

$i_{LM}=18-10=8\ \mathrm{A}$　　$v_{LM}=0.07\times8=0.56\ \mathrm{V}$

$i_{MN}=8-40=-32\ \mathrm{A}$　　$v_{MN}=0.05\times(-32)=-1.6\ \mathrm{V}$

$i_{NA}=-32-20=-52\ \mathrm{A}$　　$v_{NA}=0.04\times(-52)=-2.08\ \mathrm{V}$

「i_{MN}，i_{NA}にはマイナスがついているでしょ．すなわち，当初仮定した電流の向きとは逆になるのよ．電圧降下も逆になっているわね.」

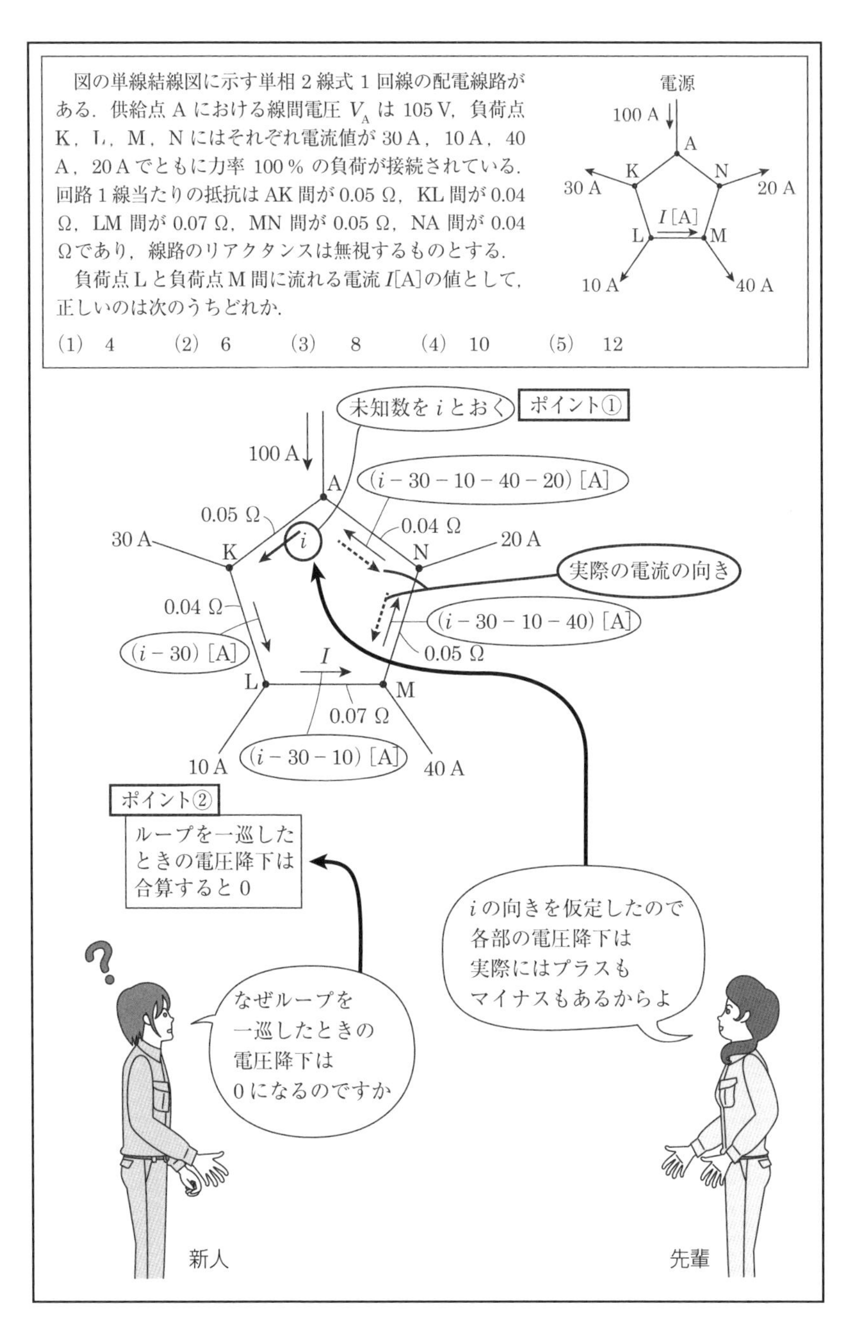

第21図　単相２線式ループ配電線路の問題

配電の疑問に応える

22

高圧配電線路の故障区間の判別はどのように行われているの？

「先輩．高圧配電線路に故障が発生したとき，故障区間の判別はどのように行っているのですか？」

「では，**第22図**で順を追って説明するわよ．高圧配電線路に短絡または地絡が発生すると，配電用変電所に設置されている保護継電器によって故障を検出して，遮断器（CB）が動作して送電を停止するの．このとき，配電線路に設置されて区分開閉器（A～D）はすべて開放されるわ．」

「その後，配電用変電所からの送電が再開されると，故障が解除されている場合は，区分開閉器は電源側から送電を検出して，一定時間後にA，B，C，Dの順に投入されるわ．配電線路の故障が継続している場合は，保護継電器によって検出されて，遮断器（CB）は送電を再度停止するの．」

「故障箇所の特定はできるのですか？」「できるわよ．故障している箇所の区分開閉器で故障が検出されるわ．」

「ここがポイントなのだけど，送電を再開してから再度停止するまでの時間を計測することで，故障区間を判別することができるの．この方式を時限順送方式というのよ．」

「例を挙げると，区分開閉器の動作時限が7秒だとするわよ．そこで，送電再開後22秒経過して故障が検出された場合は，22/7＝3.1となるので，電源側から数えて区分開閉器が3台投入された直後に故障検出されたことになるわ．よって，故障箇所は区分開閉器Cの負荷側ということになるの．」

「なるほど．優れたシステムになっているのですね．」

「復旧について補足すると，変電所には区分表示器があって，故障箇所がわかるようになっているの．変電所からの通報によって，保守作業員が該当箇所に向かって復旧作業に出動することになるわ．」

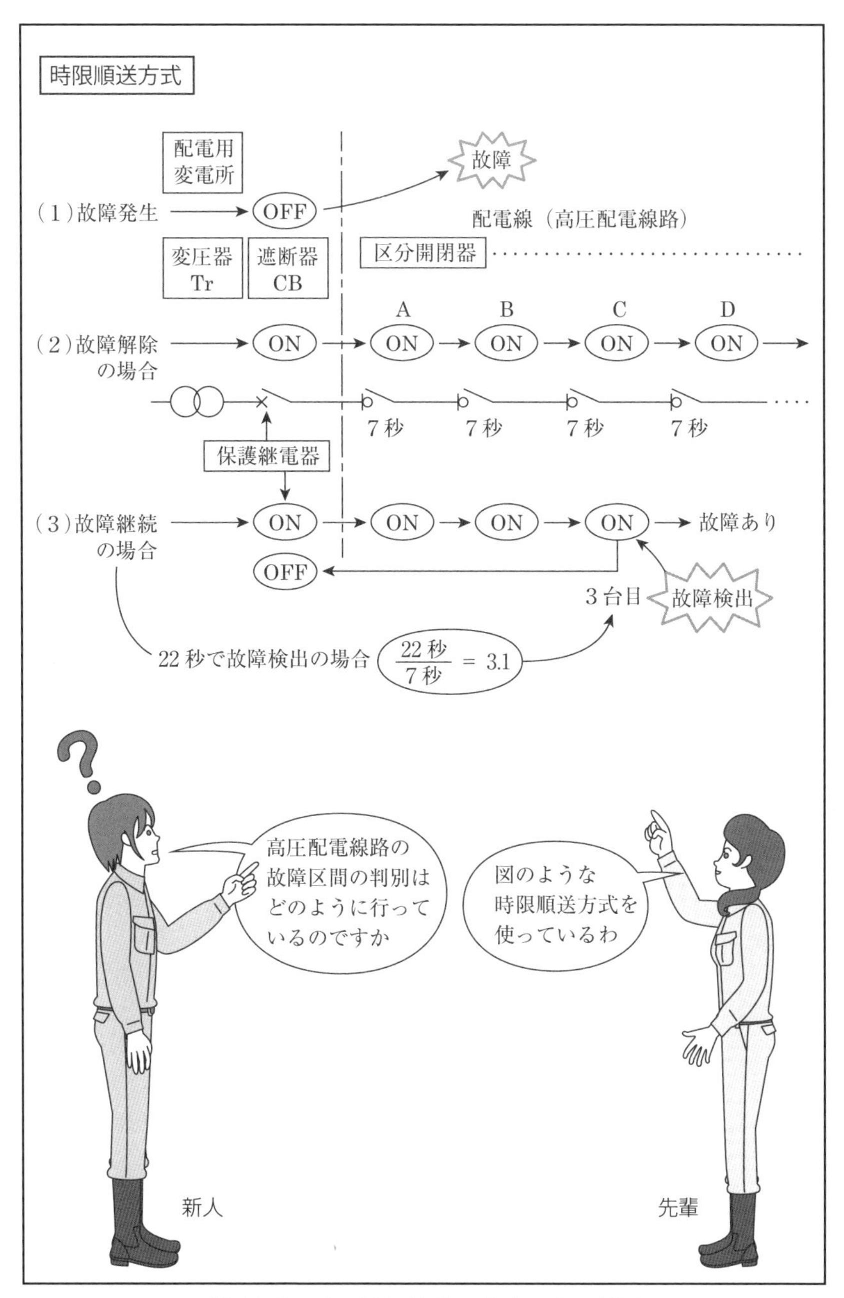

第22図　高圧配電線路の故障区間の判別

配電の疑問に応える

23 変圧器のV結線方式は柱上変圧器に採用されている！

「先輩．変圧器のV結線方式は，どのようなところに使われているのですか？」

「そうね．身近なところでは，柱上変圧器に使用されているわ．一般需要家は単相変圧器(電灯用)があれば事足りるけれど，三相電源(動力用)が必要な場合，さらに三相変圧器を柱上に載せるのは合理的ではないわ．そこで，単相も三相も使えるV結線の活躍の場があるの．図(a)のように，共用変圧器と専用変圧器の2台をV結線として，電灯・動力負荷に供給する方式なのよ．専用変圧器には動力負荷の電流しか流れないけれど，共用変圧器には電灯と動力負荷の電流が流れるから，共用変圧器のほうが大きいわ．2台の変圧器の容量が違うので，異容量V結線と呼ばれるの.」「2台の変圧器でどのようにして，三相が出力されるのですか？」

「図(b)のように変圧器A・BをV結線にするわね．図(c)のようなベクトル図を描いてみればわかるわよ．二次誘導起電力を$\dot{E}_{\rm a}$，$\dot{E}_{\rm b}$，端子電圧を$\dot{V}_{\rm ab}$，$\dot{V}_{\rm bc}$，$\dot{V}_{\rm ca}$とすると，$\dot{V}_{\rm ab}=\dot{E}_{\rm a}$，$\dot{V}_{\rm bc}=\dot{E}_{\rm b}$，$\dot{V}_{\rm ca}=-(\dot{E}_{\rm a}+\dot{E}_{\rm b})$となるわ．三相のベクトル図と同じでしょ．単相変圧器2台で三相が得られるというわけよ.」「では，V結線の出力は△結線と比べてどうなるのですか？」「V結線をもう一度，図(d)のように表すわよ．単相変圧器1台の容量を$P_{\rm T}$とおくと，V結線の出力は，$P_{\rm V}=\sqrt{3}EI=\sqrt{3}P_{\rm T}$となるわ．△結線を図(e)に表すわよ．△結線の出力は，

$$P_{\triangle}=\sqrt{3}E\times\sqrt{3}I=3EI=3P_{\rm T}$$

V結線と△結線の出力比は，$\dfrac{P_{\rm V}}{P_{\triangle}}=\dfrac{\sqrt{3}P_{\rm T}}{3P_{\rm T}}=\dfrac{1}{\sqrt{3}}$　となるわ.」

「V結線の利用率はどうなりますか？」「利用率は，出力÷設備容量で求められるわね．$P_{\rm V}$は$\sqrt{3}P_{\rm T}$，設備容量は$2P_{\rm T}$だから

$$利用率=\frac{出力}{設備容量}=\frac{\sqrt{3}P_{\rm T}}{2P_{\rm T}}=\frac{\sqrt{3}}{2}$$　となるわよ（**第23図**参照）.」

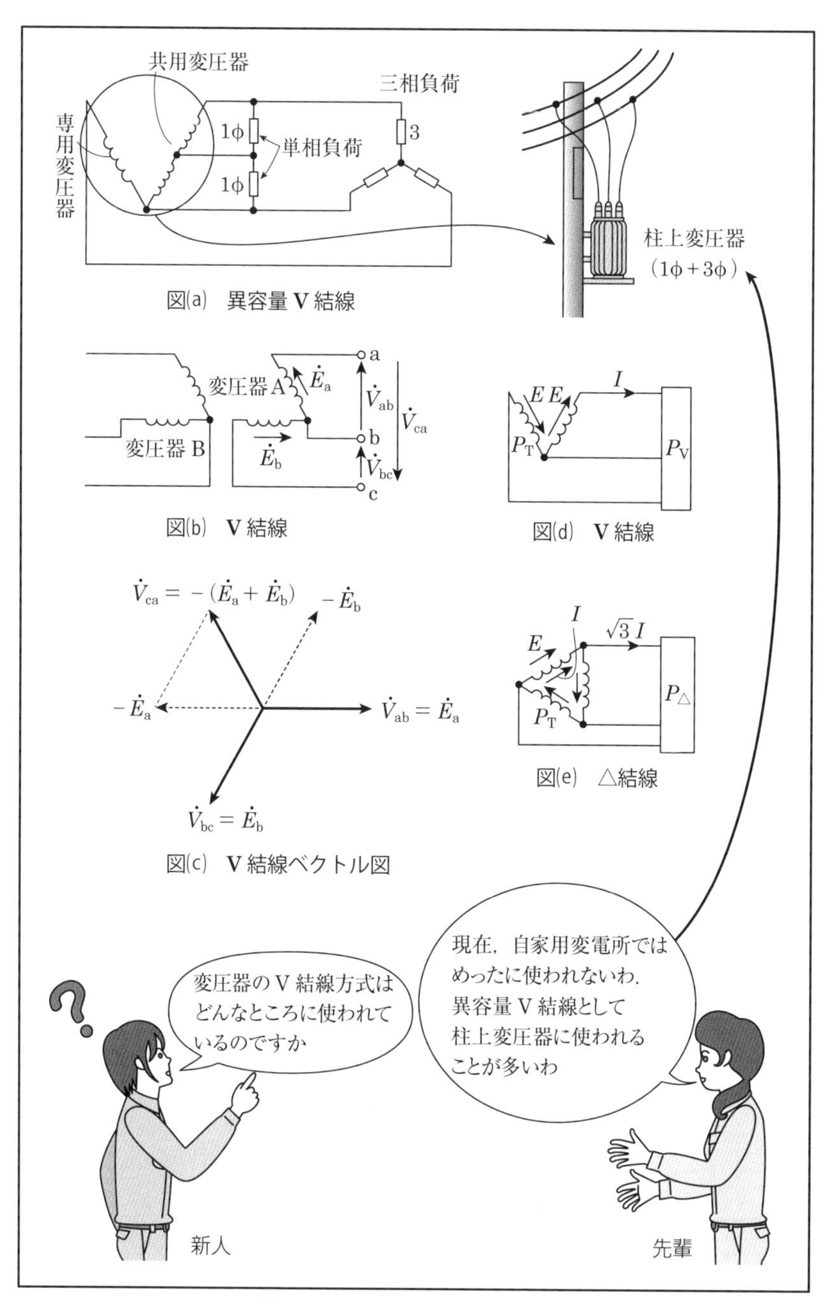

第23図　変圧器のV結線方式

その他の疑問に応える

24

電力系統の絶縁協調とは経済的で信頼性のある絶縁設計のことである！

「先輩．電力科目で絶縁協調に関する問題があったのですが，その考え方について教えてください．」

「そうね．送配電系統には内部異常電圧と外部異常電圧が発生するわ．特に外部異常電圧である雷では，電力機器の絶縁を一挙に破壊させるような極めて高い電圧に達する場合があるから，避雷器や保護ギャップのような保護装置によって，機器絶縁を雷から保護する必要があるわね．避雷装置によって，異常電圧の波高値を各機器のインパルス電圧に対する絶縁強度以下に低減する電圧値を保護レベルというわ．」

「絶縁設計は，発生する異常電圧，保護レベル，機器の絶縁強度を考慮して，電気機器や送配電線の絶縁強度を保護レベルより高くとりながら，最も経済的で信頼性のある絶縁設計を選定することが必要であって，これを絶縁協調というのよ．」

「ちょっと難しかったかな．」「はい．」

「簡単にいうと，機器の絶縁強度を過剰に高くしないで，ほかの保護装置の力を借りながら，合理的な絶縁強度とすることなのよ．例えば架空送電線路では，がいしの絶縁強度は，雷に対して万全の絶縁設計をしたいところだけれど，その目的を重視すると過剰設計の重装備のがいしになってしまうわ．そこで，アークホーンでフラッシオーバさせて保護する．つまり，アークホーンの力を借りて，がいしの絶縁強度を軽減することで経済的な設計としているわけなの．塔脚接地抵抗を低減することも役立っているわ．」

「また，送電線と直結している変圧器では，その中性点を直接接地することによって，絶縁強度の低減ができるわ．」

「どう？　絶縁協調の考え方は理解できたかな．」

「そうですね．後半の例の説明でだいぶわかってきました（**第24図**参照）．」

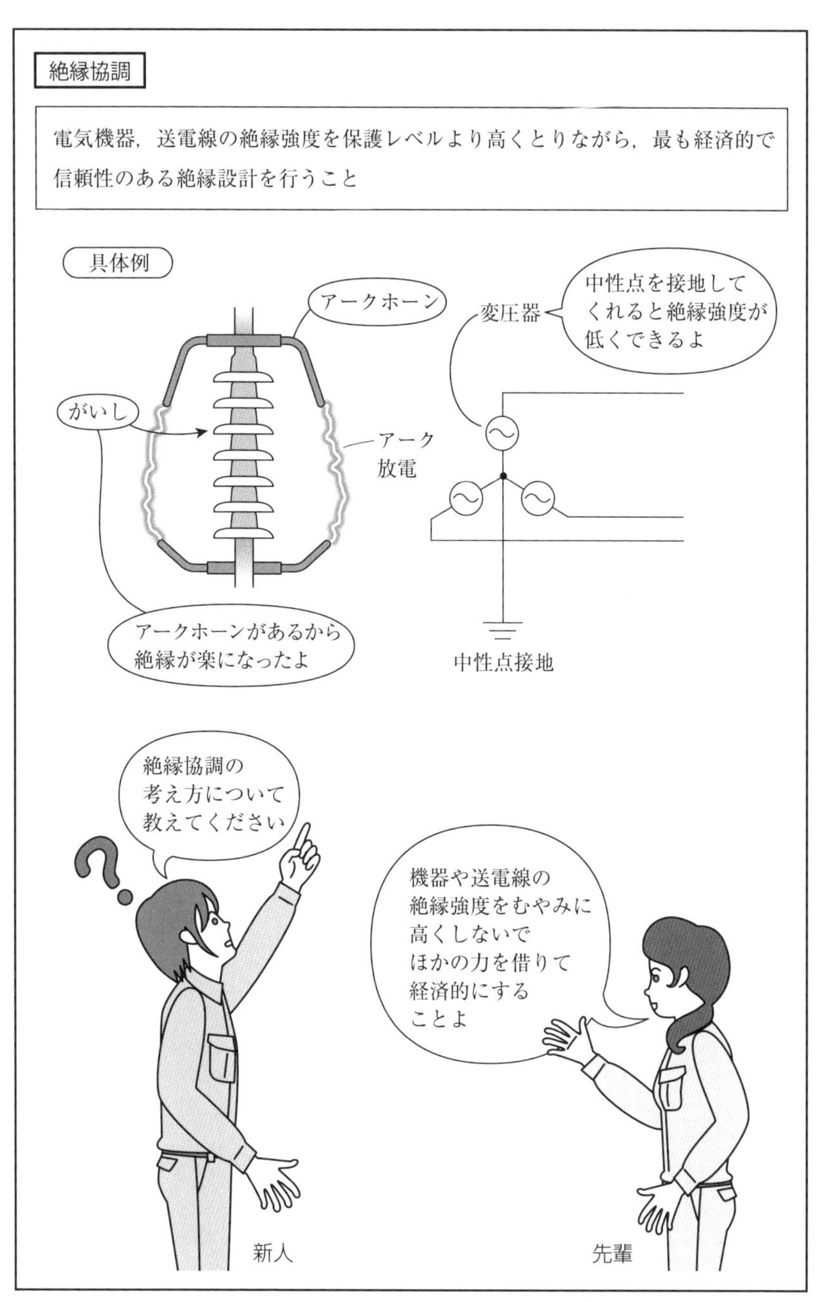

第24図　絶縁協調の考え方

その他の疑問に応える **25**

固体絶縁材料はボイドの発生で絶縁劣化する！

「先輩．電気絶縁材料の問題で“ボイド”という言葉が出てきたのですが，どういうものなのですか？」

「そうね．ボイドは固体絶縁材料，例えばケーブルの絶縁体内部に生じた微小なエアギャップ（空げき）のことをいうわ．充電された状態では，その部分で微小な放電が起こって，これが絶縁破壊に至る場合があるわね．」

「この現象は，ボイド部に電界が集中することによって起こるわ．これをわかりやすく図で説明するわね．固体絶縁材料は図のように，電極間に静電容量が接続された回路として表すことができるの．」

「電極間の電圧をVとして，ボイドがない部分の静電容量をC_a，ボイド部の静電容量をC_g，ボイド上下の静電容量をC_bとするわよ．破線で示した部分を取り出して考えるわね．絶縁体，ボイドの間隔をd_1，d_2，誘電率をε_1，ε_2，ボイドの断面積をSとすると，ボイドにかかる電圧V_gは

$$V_g = \frac{C_b}{C_b + C_g}V = \frac{\dfrac{\varepsilon_1 S}{d_1}}{\dfrac{\varepsilon_1 S}{d_1} + \dfrac{\varepsilon_2 S}{d_2}}V = \frac{\varepsilon_1 d_2}{\varepsilon_1 d_2 + \varepsilon_2 d_1}V$$

」

「一般に$d_1 \gg d_2$であるから，　$V_g \fallingdotseq \dfrac{\varepsilon_1 d_2}{\varepsilon_2 d_1}V$

よって，ボイド部の電界強度E_gは，　$E_g = \dfrac{V_g}{d_2} = \dfrac{\dfrac{\varepsilon_1 d_2}{\varepsilon_2 d_1}V}{d_2} = \dfrac{\varepsilon_1}{\varepsilon_2 d_1}V$

気体絶縁材料（ここではボイドという空気）は固体絶縁材料より誘電率は低いので，$\varepsilon_1 > \varepsilon_2$となって，ボイド部の電界強度$E_g$は高められやすくなるわ．そして，この部分は絶縁劣化するわ（**第25**図参照）．」

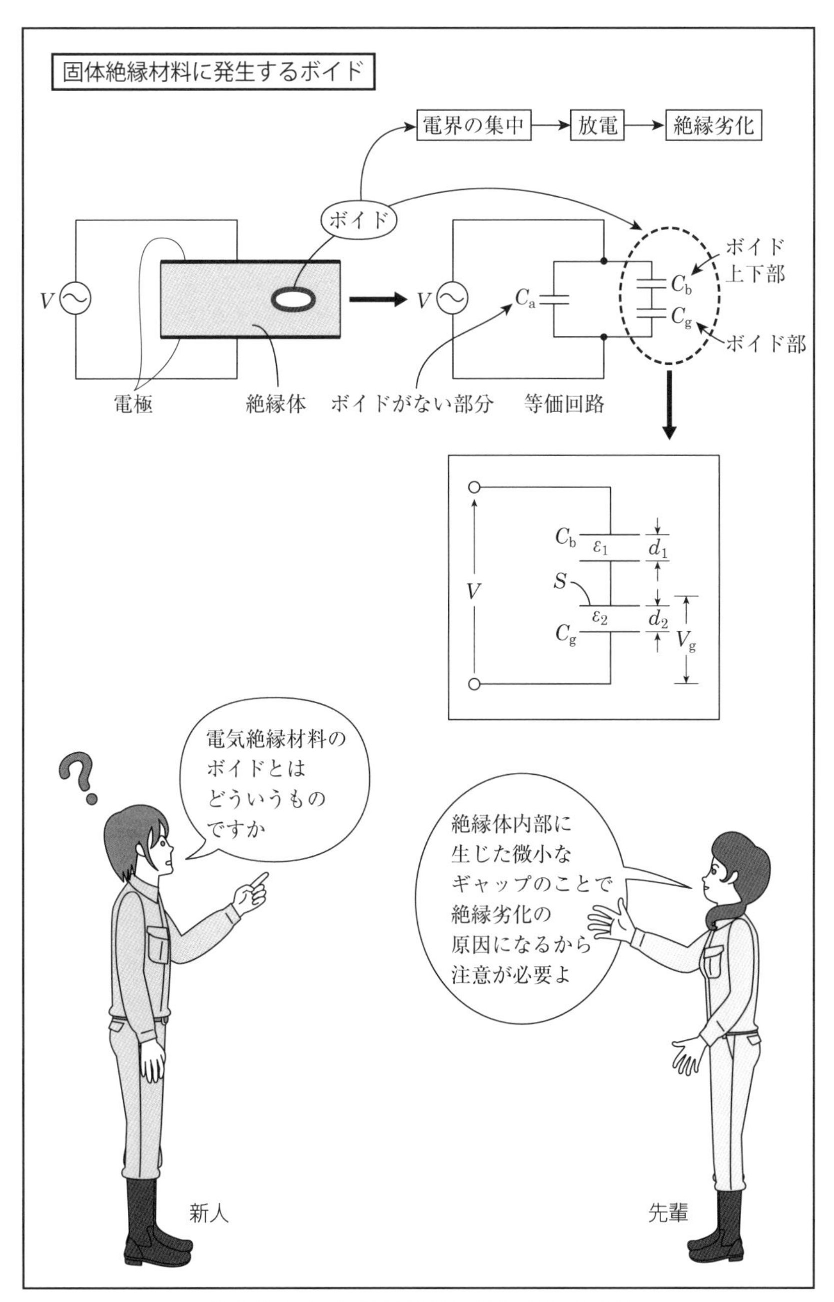

第25図　固体絶縁材料に発生するボイド

第3章　機　械

変圧器の疑問に応える　**1**

巻数比の異なる変圧器を並列接続すると循環電流が流れる！

「先輩．**第1図**の問題で，2台の変圧器の二次巻線間を循環電流が流れるとありますが，具体的にどういうことですか？」

「2台の変圧器の並列運転の条件はいくつかあるけれど，その一つに“巻数比が等しいこと”があったわね．」「はい．」

「この問題では，その巻数比が異なる場合を取りあげているのよ．」

「変圧器の電圧と巻数の関係は，一次電圧を V_1 [V]，二次電圧を V_2 [V]，一次巻数を N_1，二次巻数を N_2 とすると，

$$\frac{V_1}{V_2}=\frac{N_1}{N_2} \quad \rightarrow \quad V_2=\frac{V_1}{N_1/N_2}$$

したがって，2台の巻数比が違うと V_1 は一定だから，V_2 の値が違ってくるわね．2台の V_2 が違うと，電圧の大きいほうから小さいほうへ電流が流れるわ．」「では具体的に問題で確かめてみると，

$$V_{2A}=\frac{6\,600}{30.1},\quad V_{2B}=\frac{6\,600}{30.0}$$

この V_{2A}，V_{2B} の差によって循環電流が流れるの．$V_{2A}<V_{2B}$ となるから，図のようにTrBからTrAに流れるわ．

合成インピーダンス $\dot{Z}$ および循環電流 $\dot{I}$ は

$$\dot{Z}=0.013+\mathrm{j}0.022+0.010+\mathrm{j}0.020=0.023+\mathrm{j}0.042$$

$$\dot{I}=\frac{V_{2B}-V_{2A}}{\dot{Z}}=\frac{6\,600/30.0-6\,600/30.1}{0.023+\mathrm{j}0.042}$$

$$=6\,600\times\frac{1/30.0-1/30.1}{0.023+\mathrm{j}0.042}\fallingdotseq\frac{0.731}{0.023+\mathrm{j}0.042}$$

$$\left|\dot{I}\right|=\frac{0.731}{\sqrt{0.023^2+0.042^2}}=\frac{0.731}{0.047\,9}\fallingdotseq 15.3\ \mathrm{A}$$

巻数比の違いが大きくないから，循環電流もそれほど大きくないわ．でもこれは無駄な電流だから，巻数比は極力一致させることが大切なのよ．」

2 台の単相変圧器があり，それぞれ，巻数比（一次巻数 / 二次巻数）が 30.1，30.0，二次側に換算した巻線抵抗および漏れリアクタンスからなるインピーダンスが (0.013 + j0.022) Ω，(0.010 + j0.020) Ωである．この 2 台の変圧器を並列接続し二次側を無負荷として，一次側に 6 600 V を加えた．この 2 台の変圧器の二次巻線間を循環して流れる電流の値［A］として，最も近いものを次の(1)〜(5)のうちから一つ選べ．ただし，励磁回路のアドミタンスの影響は無視するものとする．

(1) 4.1　(2) 11.2　(3) 15.3　(4) 30.6　(5) 61.3

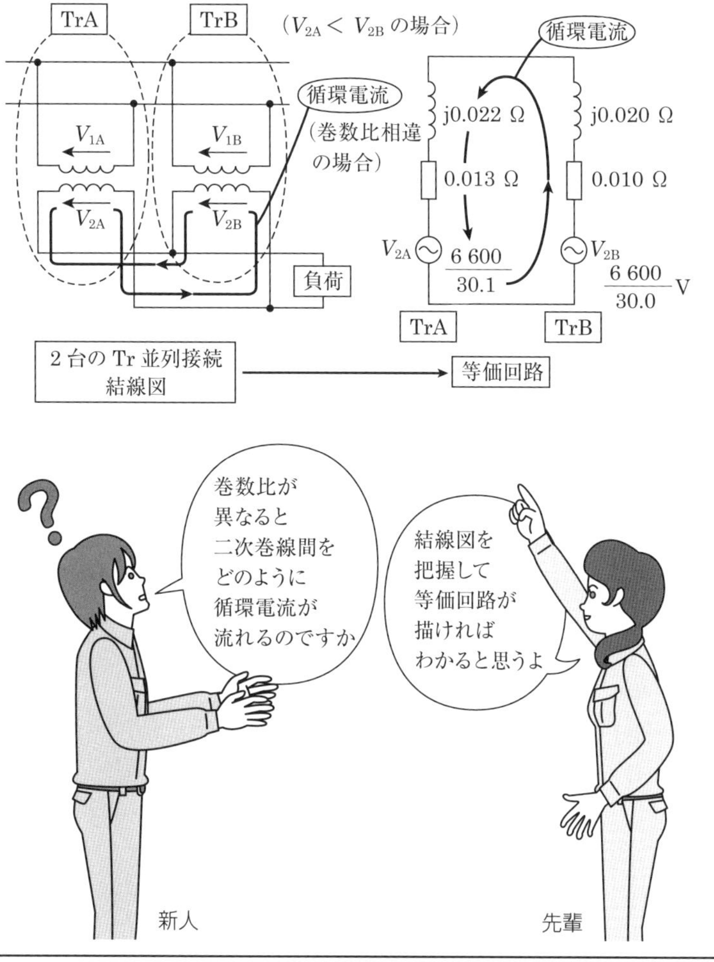

第1図　巻数比の異なる変圧器並列接続による循環電流

変圧器の疑問に応える

2

変圧器の無負荷損と問われたら鉄損一定を思い出せ！

「先輩．**第2図**の問題で無負荷損について問われたのですが，無負荷損とは鉄損のことですか？」

「そうよ．鉄損とは励磁電流による損失のことで，ヒステリシス損と渦電流損のことよ．そして大切なことは，負荷が変わっても一定であることよ．無負荷でも損失があるから，無負荷損というのよ．これについては，『電験3種疑問解決道場』機械テーマ2で解説しているからね．」

「この問題を解くには，そこが一つのポイントだね．そして損失には，銅損と鉄損があるわ．銅損については，負荷電流の2乗に比例するわ．」「はい．」「ではこれを踏まえて問題を解いてみようね．二次電流250 Aのときの全損失を W_1，銅損を W_{c1}，鉄損を W_i とすると，

$$W_1 = W_{c1} + W_i = 1\,525\ \mathrm{W} \qquad ①$$

二次電流150 Aのときの全損失を W_2 とすると，

$$W_2 = W_{c2} + W_i = 1\,125\ \mathrm{W} \qquad ②$$

一方で銅損は電流の2乗に比例するから，

$$W_{c2} = \left(\frac{150}{250}\right)^2 \times W_{c1} = 0.36\,W_{c1} \qquad ③$$

③式を②式に代入して，　$0.36\,W_{c1} + W_i = 1\,125$　④

①式より，　$W_{c1} = 1\,525 - W_i$　⑤

⑤式を④式に代入して，

$$0.36 \times (1\,525 - W_i) + W_i = 1\,125 \qquad 0.64\,W_i + 549 = 1\,125$$

$$0.64\,W_i = 576 \qquad W_i = 900\ \mathrm{W}$$　となるわ．」

「ということは，ここでは電圧が加わっていれば，900 Wの損失が負荷のあるなしに関わらず発生しているということですか．」

「そうよ．変圧器が大形になると，鉄損はもっと大きくなるからバカにならないわ．ある施設では，夜間使用しないときはOFFにして，省エネしている事例もあったわ．」

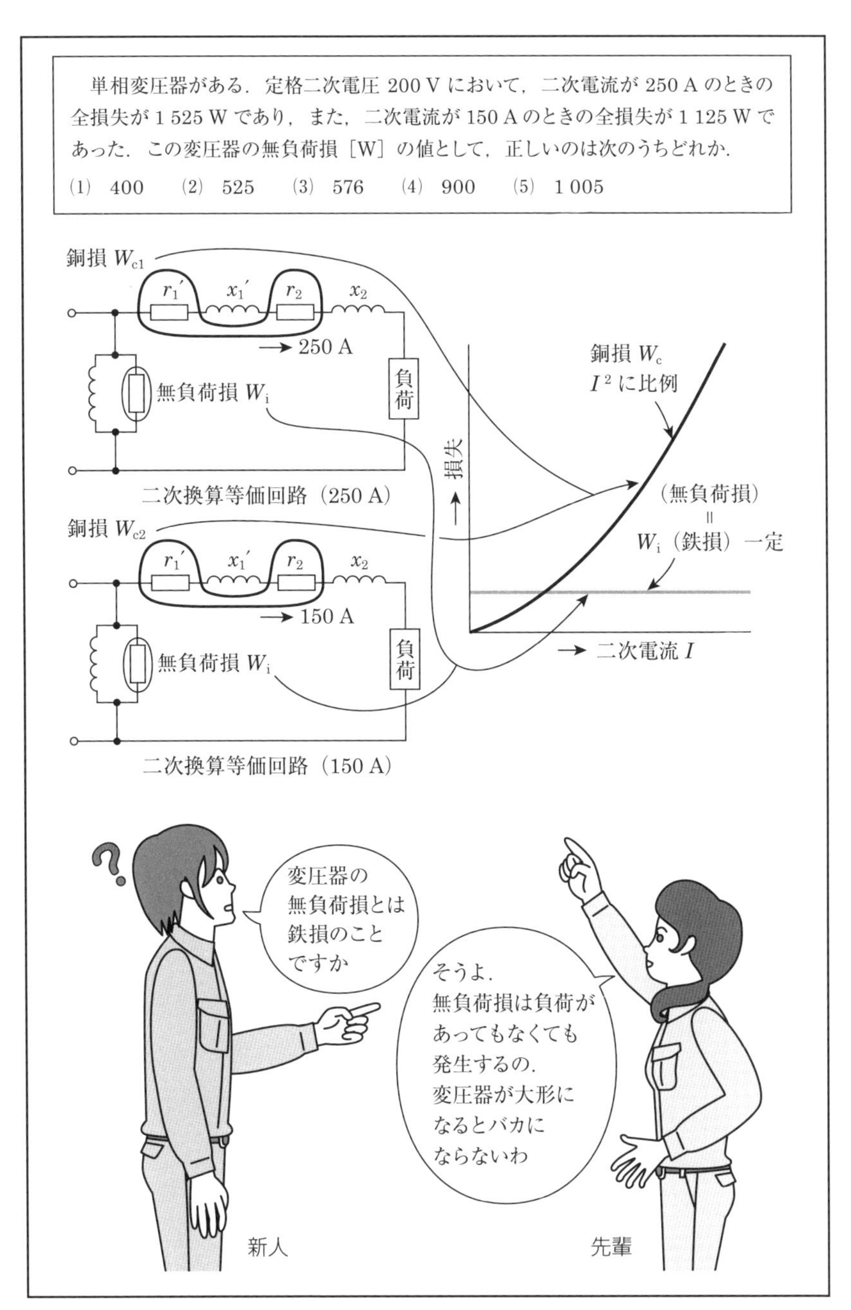

第2図　変圧器の無負荷損

変圧器の疑問に応える　3

三相変圧器（△-Y，Y-△結線）の一次・二次電圧の位相差は？

「先輩．機械科目で三相変圧器の結線図が出てきて，一次電圧に対して二次電圧の位相差がどうなるかについての問題があったのですが，どうすればいいのかわからないのです．」

「そうね．まず三相結線については4種類あるけど，Y-Y結線，△-△結線には位相差がないのはわかるわよね．」「はい．」

「問題は，△-Y結線とY-△結線ね．まず**第3図**のように，出題された図を変形するとわかりやすいわよ．変圧器の一次巻線と二次巻線は向かい合っていることに注意してね．実際にはこれらの巻線を接続変更して，Y結線にしたり，△結線にしたりしているのよ．」

「△-Y結線を例に挙げると，図のように，一次巻線UVと二次巻線uvは相対しているのよ．まず，一次巻線（△結線）を描く．次に，一次巻線に相対する二次巻線（Y結線）を，問題の図を見ながら，つなげていくのよ．この場合，二次巻線はY結線だから，中性点をOとして図のように接続するの．このとき，二次巻線の一次巻線に対する向きを変えないことがポイントだね．」

「うーん．何だか，ぐにゃぐにゃしていますね．」

「気にしなくていいの．これを右図のように，巻線の角度を変えないで描き直すのよ．そして，一次巻線UOと二次巻線uOの位相差を調べると，uOがUOより30°進んでいることがわかるのよ．」

「なるほど．そういうことだったのですか．」

「Y-△結線も同様な考え方で変形していくと，図のようになって，UOとuOを比較すると，uOがUOより30°遅れていることがわかるわね．」

「はい．この図はわかりやすいです．」

「この類の問題は，変圧器の巻線の仕組みがわかっているかを問う問題で，ときどき出題されているわ．」

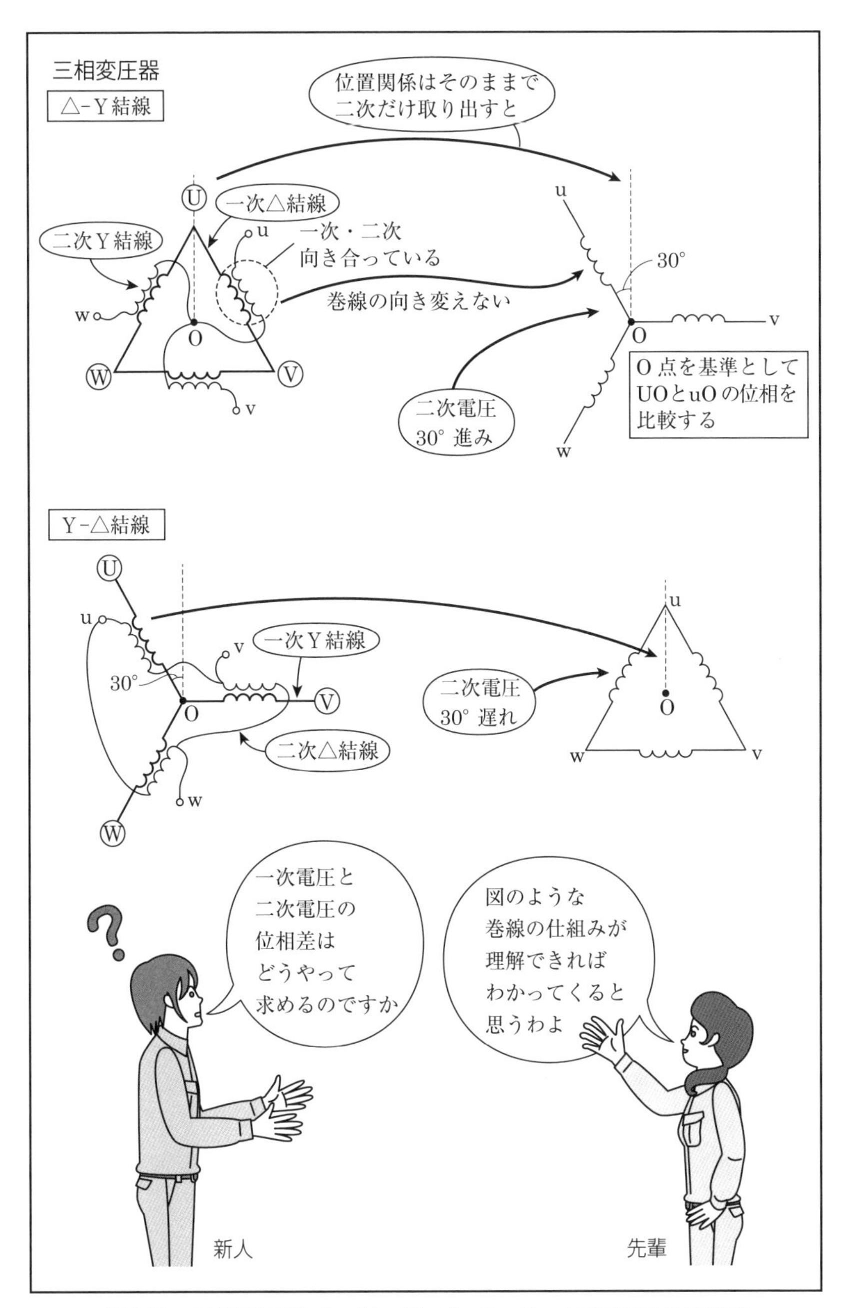

第3図　三相変圧器（△-Y，Y-△）の一次・二次電圧の位相差

変圧器の疑問に応える

4

単巻変圧器の励磁電流はどこを流れるの？

「先輩．機械科目で**第4図**の単巻変圧器の問題があったのですが，これを解くために必要なことを教えてください．」

「そうね．単巻変圧器では，分路巻線と直列巻線がどれかということがわかっていなければならないわね．」

「図の一次と二次の巻線の共有部分Ⓐを分路巻線，共有でない部分Ⓑを直列巻線というわ．ここをしっかりおさえておかなければならないね．普通の変圧器のことを2巻線変圧器と呼んで，単巻変圧器と区別することもあるわ．」

「では，単巻変圧器に関する図の問題をやってみようね．ここで，一次電流I_1 [A]は，$V_1 I_1' = V_2 I_2$より，

$$100 \times I_1' = 120 \times 15$$

$$I_1' = \frac{120 \times 15}{100} = 18\ \mathrm{A}$$

となるわね．分路巻線Ⓐに流れる電流（実数部）をI' [A]とすると，

$$I' = I_1' - I_2 = 18 - 15 = 3\ \mathrm{A}$$

ここで，題意より励磁電流は1 Aとあるわね．励磁電流については，2巻線変圧器で出てきたよね．」

「この励磁電流はどこを流れると思う？」

「えーっと．励磁電流は一次側を流れるから分路巻線でしょうか．」

「そうよ．その励磁電流が一次電流と合流して図のように流れるの．

よって，　$I_1'' = I'' = 1\ \mathrm{A}$

ただ，ここで気をつけることは，励磁電流と一次電流には位相差があることよ．したがって，分路巻線電流$\dot{I}$ [A]は，励磁電流1 Aと分路巻線電流（実数部）3 Aのベクトル和になるわ．

よって，　$I = \sqrt{3^2 + 1^2} = \sqrt{10}\ \mathrm{A}$　となるわね．」

「そうか．単巻変圧器は2巻線変圧器の応用なのですね．」

図のような定格一次電圧 100 V，定格二次電圧 120 V の単相単巻変圧器があり，無負荷で一次側に 100 V の電圧を加えたときの励磁電流は 1 A であった．この変圧器の二次側に抵抗負荷を接続し，一次側を 100 V の電源に接続して二次側に大きさが 15 A の電流が流れたとき，分路巻線電流 $\dot{I}$ の大きさ $|\dot{I}|$ [A] の値として，正しいのは次のうちどれか．

ただし，巻線の抵抗及び漏れリアクタンス並びに鉄損は無視できるものとする．

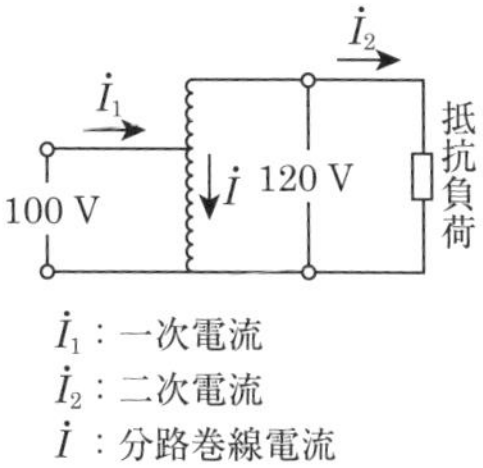

(1) 2　(2) $2\sqrt{2}$　(3) $\sqrt{10}$　(4) 5　(5) $\sqrt{19}$

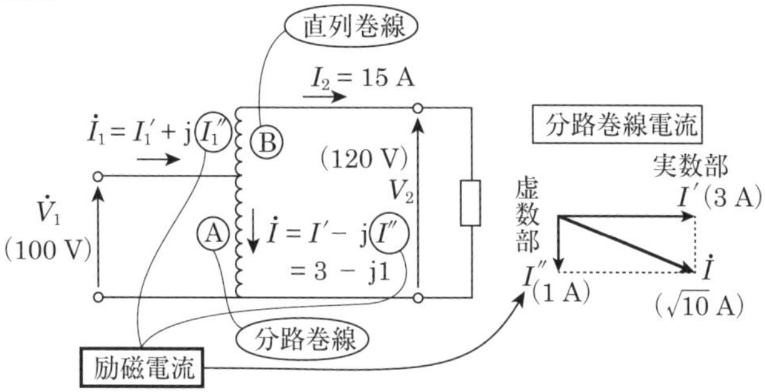

単巻変圧器

第４図　単巻変圧器の励磁電流

変圧器の疑問に応える

5

単巻変圧器の自己容量を求めるには工夫が必要な場合がある！

「先輩．**第5図**の単巻変圧器の自己容量を求める問題で，行き詰まっているのですが…」

「確認だけど，自己容量は図において$(V_2-V_1)I_2$のことで，単巻変圧器の容量を表すのに使うのよ．」「はい．」

「まず問題文で，消費電力と力率が与えられているから，ここから負荷容量は求められるわね．負荷容量Q [V·A] は

$$Q=\frac{消費電力}{力率}=\frac{100\times10^3}{0.75}=133.3\times10^3\ \mathrm{V\cdot A} \quad ①$$

分路巻線の電圧をE_1，直列巻線の電圧をE_2とおくと，$V_2-V_1=E_2$となるわね．よって，自己容量Sは

$$S=E_2I_2 \quad ②$$

となるわね．」「そこまではできたのですが，自己容量（②式）と負荷容量（①式）をどうやって結びつけたらいいのかわからないのです．」

「それには，ちょっとしたテクニックが必要よ．②式を変形して，Qが代入できるようにもっていくのよ．それは，②式の分母，分子に(E_1+E_2)をかけるの．つまり，$E_1+E_2=V_2$になることを使うの．

$$S=E_2I_2=E_2\times\frac{(E_1+E_2)I_2}{E_1+E_2}=E_2\times\frac{V_2I_2}{V_2}=E_2\times\frac{Q}{V_2}$$

となって，Qが出てきたでしょ．ここに①式のQの値を代入するの．

$$E_2=V_2-V_1=6\,600-6\,000=600\ \mathrm{V}$$

$$\therefore\quad S=600\times\frac{133.3\times10^3}{6\,600}=12.1\ \mathrm{kV\cdot A}$$

となるわ．」「うーん．自己容量を求めるには，計算過程でこんな変換が必要なのですね．」

「単巻変圧器の自己容量を求める問題は頻出しているからね．しっかり学習してね．」

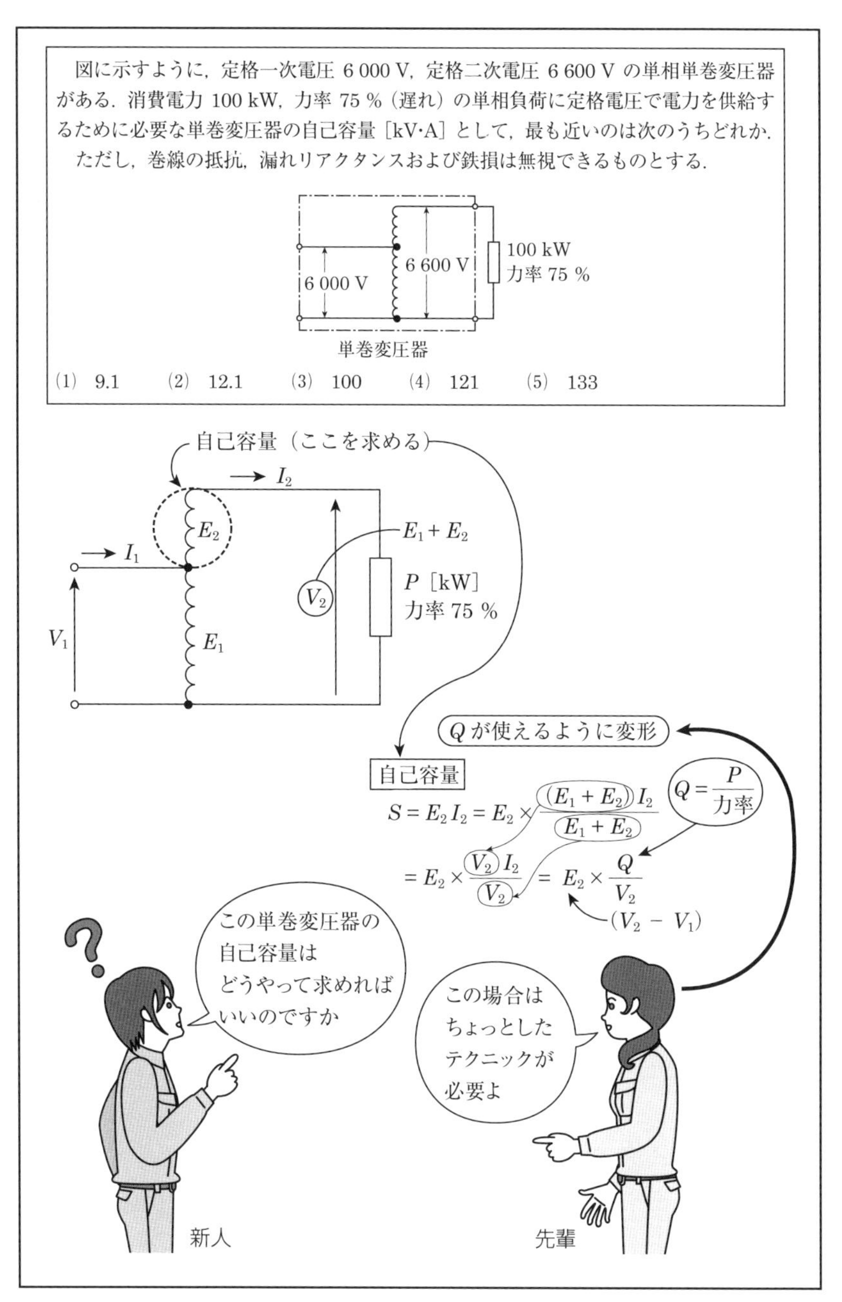

第5図　単巻変圧器の自己容量算出のテクニック

変圧器の疑問に応える　**6**

3巻線変圧器も入出力の考え方は2巻線変圧器と同じである！

「先輩．**第6図**の3巻線変圧器の計算問題は見たこともないので，わからなかったのですが…？」

「そうね．電験3種では滅多に出題されることはないから驚いたのね．巻線の関係図は図(a)のようになるわ．これだけではピンとこないかな？　では，等価回路を描いてみようね．図(b)のようになるわ．これならどうかな？」「はい．一次，二次，三次の関係が少しわかってきました．」「等価回路から，二次負荷も三次負荷も一次電源に接続されているわ．すなわち，一次入力P_1と二次出力P_2，三次出力P_3の関係は，$P_1=P_2+P_3$になるということだね．無効電力についても，一次をQ_1，二次をQ_2，三次をQ_3とすると，$Q_1=Q_2+Q_3$になるわね．」

「これを踏まえて問題を解いてみると，二次においては，皮相電力$S_2=8\,000\ \mathrm{kV{\cdot}A}$，力率$\cos\theta=0.8$だから

$$P_2=S_2\cos\theta=8\,000\times0.8=6\,400\ \mathrm{kW} \quad ①$$

$$Q_2=S_2\sin\theta=8\,000\times0.6=4\,800\ \mathrm{kvar} \quad ②$$

(遅れなのでこれを正とする.)

三次については，4 800 kV·Aのコンデンサであるから，

$$P_3=0 \quad ③$$

$$Q_3=-4\,800\ \mathrm{kvar}\ \text{(進みで負となる.)} \quad ④$$

①，②，③，④式より，

$$P_1=P_2+P_3=6\,400+0=6\,400\ \mathrm{kW}$$

$$Q_1=Q_2+Q_3=4\,800-4\,800=0\ \mathrm{kvar}$$

一次皮相電力S_1は，　$S_1=\sqrt{P_1{}^2+Q_1{}^2}=\sqrt{6\,400^2+0^2}=6\,400\ \mathrm{kV{\cdot}A}$

一次電圧V_1は66 kVであるから，一次電流I_1は

$$I_1=\frac{S_1}{\sqrt{3}\,V_1}=\frac{6\,400\times10^3}{\sqrt{3}\times66\times10^3}\fallingdotseq 56.0\ \mathrm{A}$$　となるわ.」

「そうか．入出力の考え方は，2巻線変圧器と同じなのですね.」

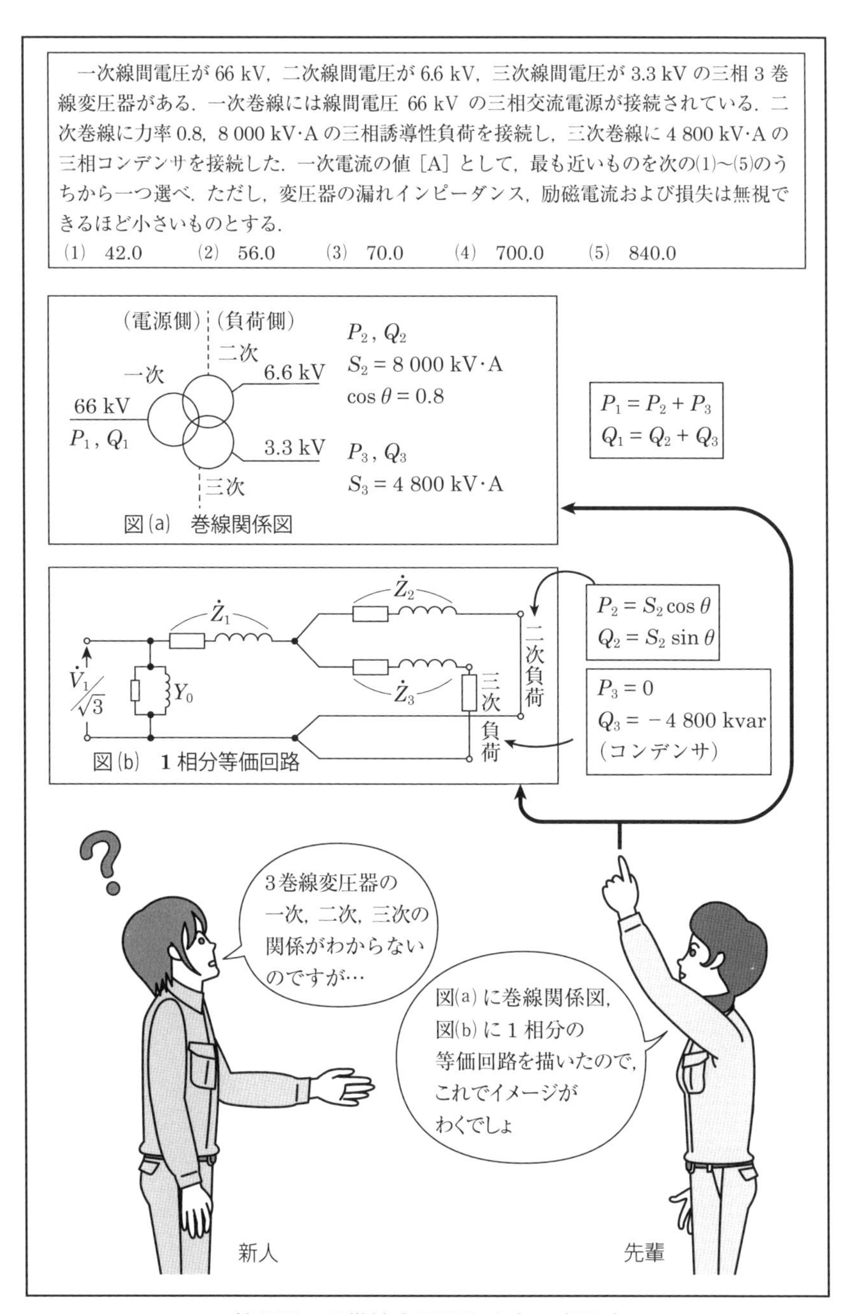

第6図　3巻線変圧器入出力の考え方

直流機の疑問に応える

7

直流分巻電動機の特性は数式で理解できる！

「先輩．直流分巻電動機の特性に関する問題があったのですが，詳しいことを教えてください．」

「そうね．まず理解しやすいように，等価回路を描いてみましょう．図(a)のようになるわ．分巻では負荷電流Iが電機子電流I_aと界磁電流I_fに分流するわね．数式で表すと， $I = I_a + I_f$ となるわよ．」「はい．」

「回転速度をN [min^{-1}]，端子電圧をV，電機子電流をI_a，電機子抵抗をR_a，界磁磁束をΦ，トルクをT，kを比例定数とすると，基本式は次のようになるわ．

$$N = \frac{V - I_a R_a}{k\Phi} \quad ①$$

$$T = k\Phi I_a \quad ②$$

となるのはわかるかな．これは大事な式よ．」「はい．」

「負荷が増加すると，I_aはそれに比例して増加するわ．Vが一定ならばΦも一定となるから，NはI_aが増加してもわずかに減少する程度なのよ．図で表すと図(b)のようにI_aが増加すると，Nは水平よりやや下向きに変化するわ．」「それは，なぜですか？」

「①式のR_aは小さいので，I_aが増加しても$I_a R_a$は小さいからよ．」

「トルクについては，②式よりI_aに比例するから，図(c)のようになるわ．このような直流分巻電動機の特性を問う問題は頻出しているわ．直流機は以前よく使われたけれど，現在では特殊な用途にしか使われていないの．」「なぜですか？」

「現在の主流は誘導電動機なのよ．速度制御に便利なインバータが開発されたからなのよ．」「あまり使われていない直流機がどうして電験問題によく出てくるのですか？」

「直流機は回転機の基本だから，考え方を理解してもらうためなのよ（**第7図**参照）．」

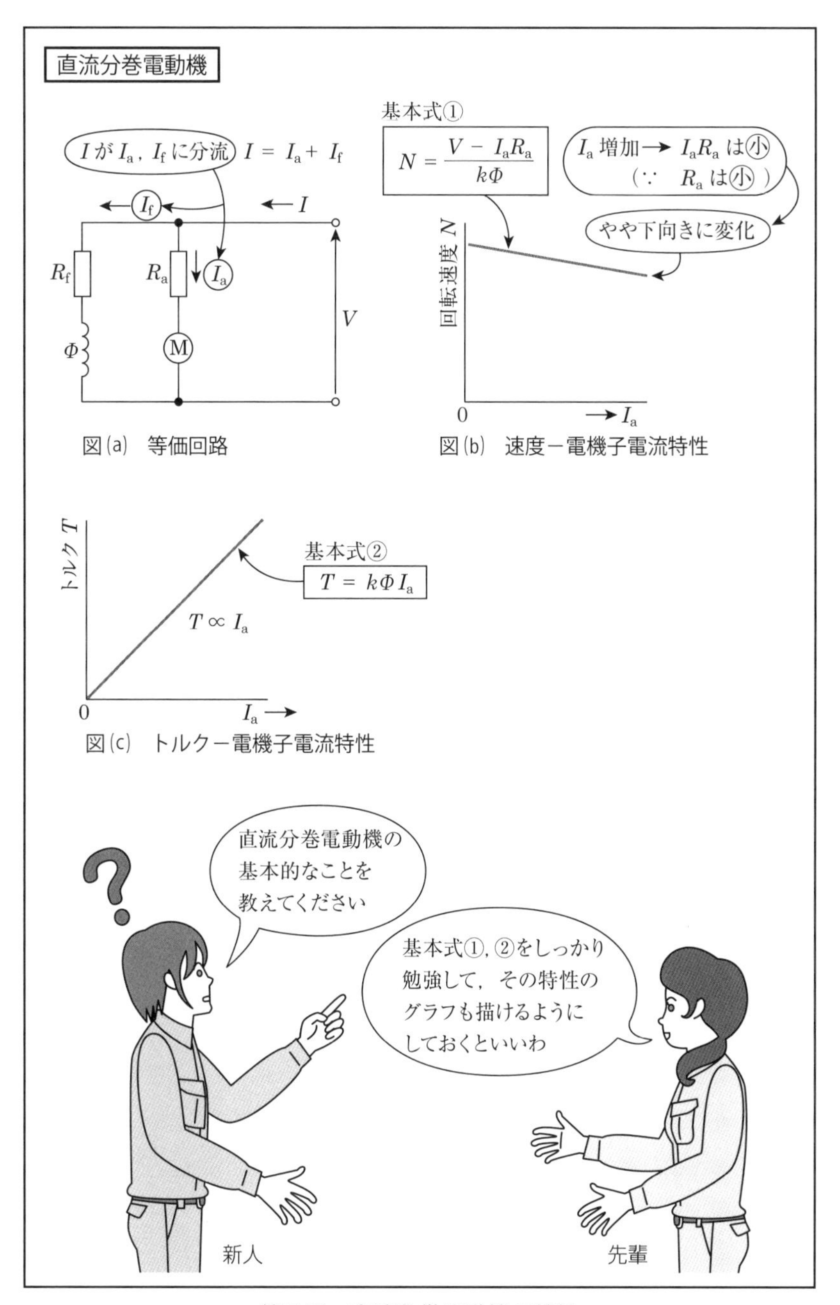

第7図　直流分巻電動機の特性

直流機の疑問に応える

8

直流直巻電動機の特性も数式で理解できる!

「先輩．直流分巻電動機の特性は教えていただきましたが，直流直巻電動機の特性も教えてください．」

「そうね．これも，まず理解しやすいように，等価回路を描いてみようね．図(a)のようになるわ．直巻では負荷電流Iがそのまま電機子電流I_aと界磁電流I_fになるわね．ここが分巻との違いだね．数式で表すと，　$I = I_a = I_f$　となるわよ．」「はい．」

「回転速度をN [min^{-1}]，端子電圧をV，電機子電流をI_a，電機子抵抗をR_a，界磁磁束をΦ，トルクをT，比例定数をkとすると，基本式は次のようになるわ．

$$N = \frac{V - I_a R_a}{k\Phi} \quad ①$$

$$T = k\Phi I_a \quad ②$$

となって，ここまでは分巻と同じなのよ．」「はい．」

「直巻ではどうなるかやってみようね．界磁電流をI_fとすると，$I_a = I_f$となるので，I_aが増加するとI_fもΦも増加するわね．だから，①，②式の$k\Phi$を$k' I_a$と置き換えてもいいわね．すると

$$N = \frac{V - I_a R_a}{k' I_a} = \frac{V}{k' I_a} - \frac{R_a}{k'} \fallingdotseq \frac{V}{k' I_a} \quad ③$$

$$T = k' I_a I_a = k' I_a^2 \quad ④$$

③式ではR_aが小さいからR_a/k'を省略したところがポイントだね．③式より，I_aとNの関係は図(b)のように反比例になるわ．トルクについては，④式より，図(c)のようにI_aの2乗に比例するから大きいわよ．」

「なるほど，数式を使えば特性がよくわかりますね．」

「このように直巻電動機は，始動トルクが大きいから，以前は電車用として使われていたわ．近年では，制御しやすい交流の誘導電動機が主流になっているわ（第8図参照）．」

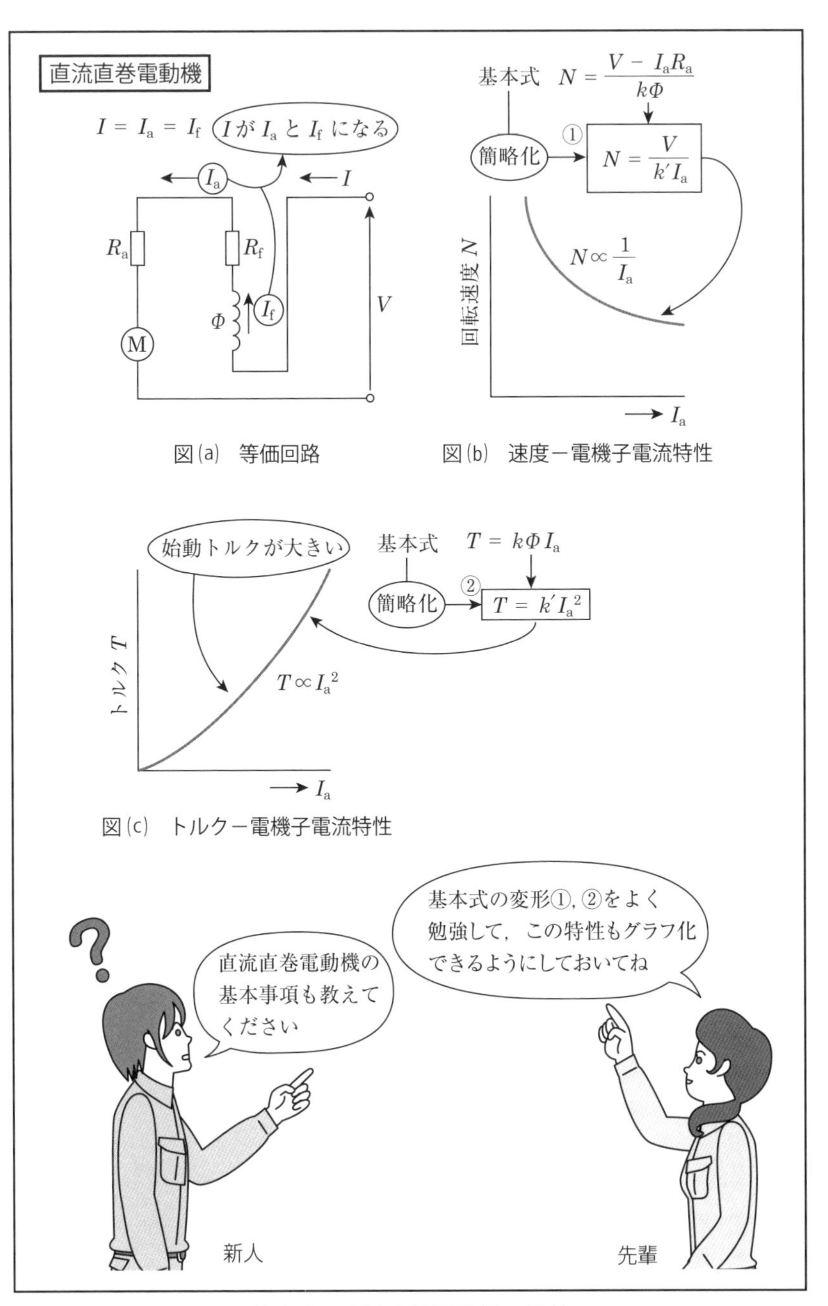

第8図　直流直巻電動機の特性

直流機の疑問に応える　**9**

直流機は発電機にも電動機にもなり得る！

「先輩．**第9図**の問題で，“直流発電機を直流電動機として使用する”とありますが，そんなことできるのですか？」

「そうね．これは直流発電機，直流電動機の原理から考えないといけないわね．直流発電機では，図のように外部負荷を接続しているわ．電機子巻線を界磁極のつくる磁界中で回転させると，電機子巻線のコイル片にフレミングの右手の法則によって起電力eが誘導されるわ．これを整流子，ブラシの働きで，直流電圧として取り出しているのよ．」

「一方で，負荷を外部電源に変更して，電機子巻線に電流を流すと，コイル辺にフレミングの左手の法則によって電磁力Fが働いて電機子巻線が回転する電動機になるの．すなわち，内部起電力を使って負荷に電源供給する場合は発電機に，外部電源を使って電源供給する場合は電動機になるのよ．ここでの注意点は，発電機の場合と電動機の場合では，電流が逆向きになることだね．」

「では，これを踏まえて問題を解いてみるわね．直流発電機の場合は，出力電流I_1 [A]は，出力Pが20 kWだから，

$$I_1 = \frac{P}{V} = \frac{20 \times 10^3}{100} = 200\ \mathrm{A}$$

電機子抵抗r_aは0.05 Ωなので，電圧降下は，

$$I_1 r_\mathrm{a} = 200 \times 0.05 = 10\ \mathrm{V}$$

よって，誘導起電力E_Gは　$E_\mathrm{G} = V + I_1 r_\mathrm{a} = 100 + 10 = 110\ \mathrm{V}$

次に，電動機として利用する場合は，誘導起電力E_Mは回転数Nに比例するから，

$$E_\mathrm{M} = 110 \times \frac{1\,200}{1\,500} = 88\ \mathrm{V}$$

電動機に流れる電流I_2は，　$I_2 = \dfrac{V - E_\mathrm{M}}{r_\mathrm{a}} = \dfrac{100 - 88}{0.05} = 240\ \mathrm{A}$」

出力 20 kW，端子電圧 100 V，回転速度 1 500 min^{-1} で運転していた直流他励発電機があり，その電機子回路の抵抗は 0.05 Ωであった．この発電機を電圧 100 V の直流電源に接続して，そのまま直流他励電動機として使用したとき，ある負荷で回転速度は 1 200 min^{-1} となり安定した．

このときの運転状態における電動機の負荷電流（電機子電流）の値［A］として，最も近いものを次の(1)～(5)のうちから一つ選べ．

ただし，発電機での運転と電動機での運転とで，界磁電圧は変わらないものとし，ブラシの接触による電圧降下および電機子反作用は無視できるものとする．

(1) 180　(2) 200　(3) 220　(4) 240　(5) 260

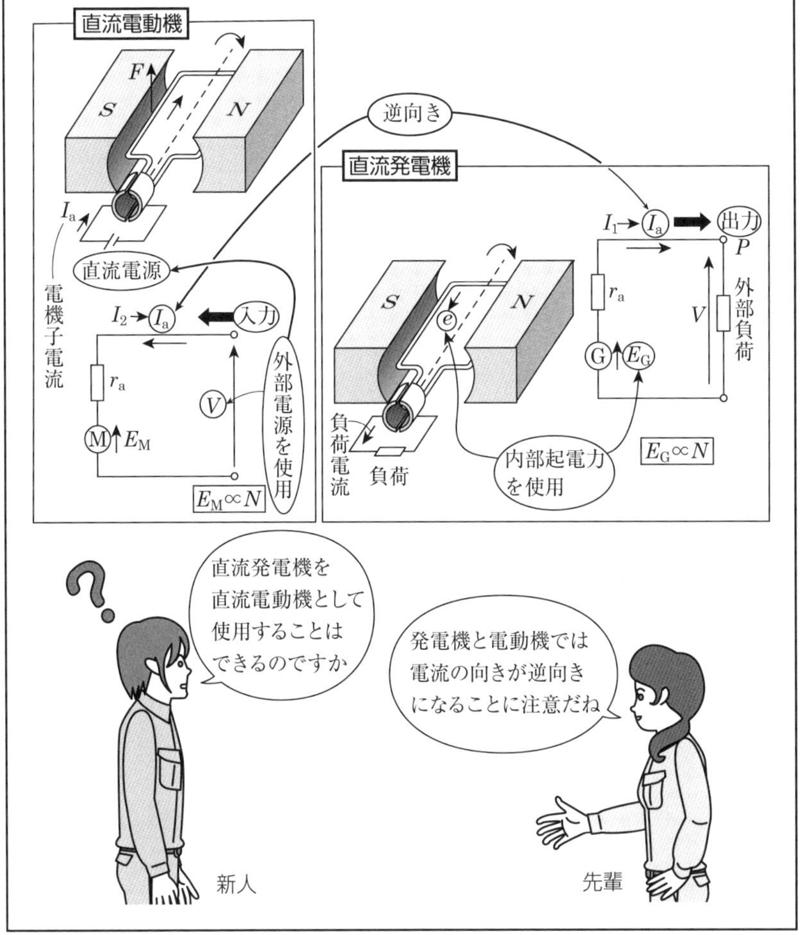

直流発電機を直流電動機として使用することはできるのですか

発電機と電動機では電流の向きが逆向きになることに注意だね

新人

先輩

第9図　発電機にも電動機にもなる直流機

直流機の疑問に応える　**10**

直流分巻電動機は結線の変更なしで回生制動ができる!

「先輩．直流分巻電動機は結線を変更しないで回生制動ができるそうですが，原理はどのようになっているのですか？」

「そうね．その前に直流分巻機の特性について解説するわね．まず，発電機運転している場合の等価回路は図(a)のようになるわ．電機子電流I_aは負荷の方向に向かい，界磁電流I_fは図のように流れるわ.」

「次に，電動機として運転した場合の等価回路は図(b)のようになるわ．このとき界磁電流の向きは，発電機運転の場合と同じになるわよ．界磁電流の向きが同じならば，界磁磁束の向きも同じになるのよ．電機子電流I_aは逆向きになるの.」

「直流電動機においては，電源電圧Vを誘導起電力Eより低くすることで，電流の流れの方向が変わるわ．発電機のときと同じになるの．すなわち，電動機の状態から結線を変更せずに発電機の運転状態にすることができるの．このことを回生制動というわ．制動しながらエネルギーを電源側に返すの．つまりエネルギーの有効利用になるの．これが分巻機の特徴よ．例を挙げると，電気自動車の場合，下り坂で電動機の回転数が上がると，誘導起電力Eが電源電圧Vより大きくなるわ．そのとき電動機から電源へ電流を流すことになって，回生制動ができるのよ.」

「ここで，分巻機の回転方向について考えてみようね．発電機の場合は，フレミングの右手の法則を使い，電動機の場合は，フレミングの左手の法則を使うわ．でも回転方向はどちらも同じになるわ.」

「なぜですか？」

「図(c)のようにフレミングの法則を確かめてみると，磁束の方向が同じで，電機子電流が反対向きの場合，力（回転方向）は同じになるのよ．同じ方向に回転しながら制動がかかるというわけなの.」

「うーん．これは便利な機能ですね（**第10図参照**）.」

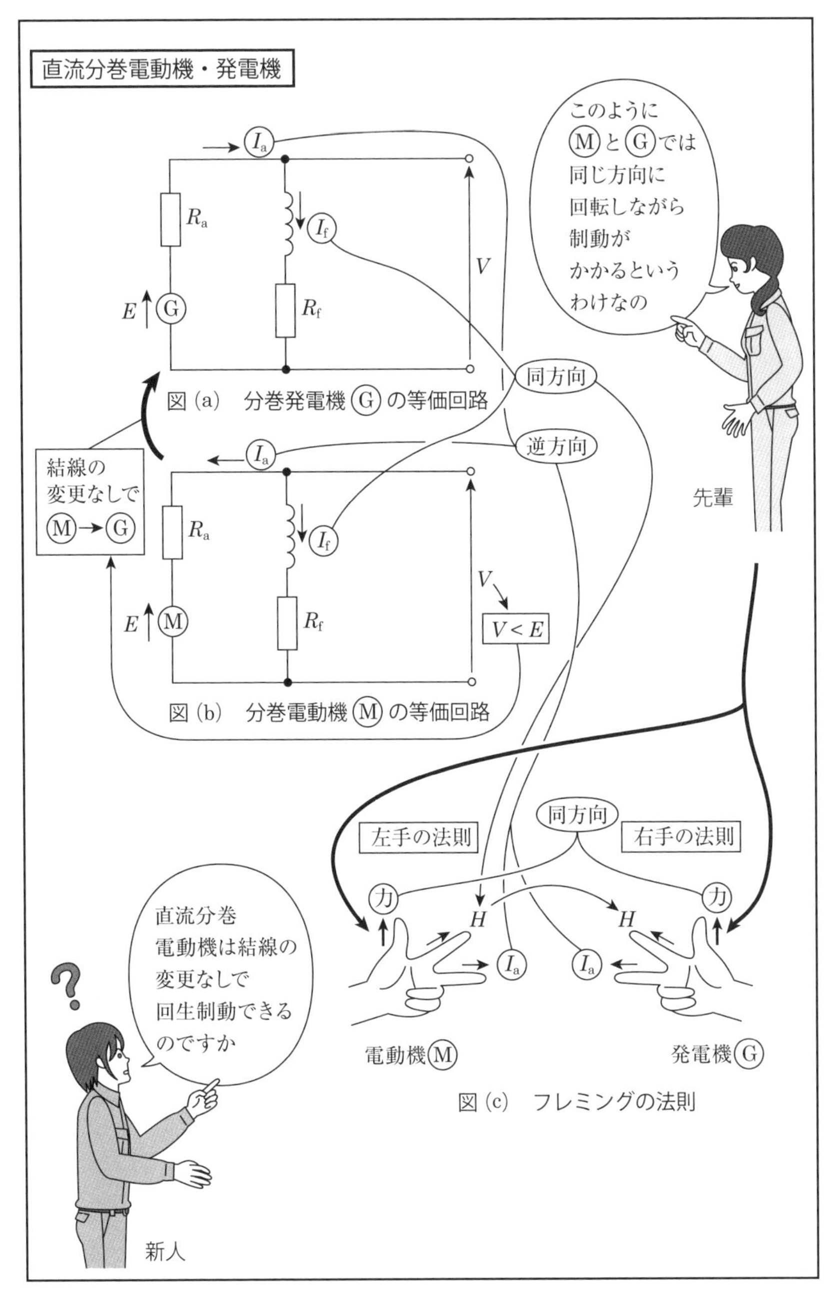

第10図　直流分巻電動機の回生制動

直流機の疑問に応える

11

界磁電流一定の直流他励電動機では電機子電流の変化に注目せよ！

「先輩．第11図のような直流他励電動機の問題は，やったことがないのですが…」

「問題文をよく読んでごらん．最後のほうに“界磁電流は一定とする”とあるでしょ．直流他励電動機は外部から励磁しているのよ．だから界磁電流が一定ならば，電機子回路に影響を与えないわ．直巻電動機や分巻電動機のように，電機子回路内部において界磁電流を考える必要がないから，わりと簡単な計算になるわ．」「はい．」

「問題文に沿って3段階に分けて等価回路を描くとわかりやすいわね．まず，電動機始動時は図(a)のようになるわ．始動直後は，回転子は停止しているので，誘導起電力Eは0だね．直列抵抗$r_s = 0.8\ \Omega$を接続して，直流電圧$V = 120\ \mathrm{V}$を加えると，電機子電流$I_a = 120\ \mathrm{A}$となるから，電機子抵抗をr_aとすると，　$V = (r_s + r_a)I_a + E$

始動時は$E = 0$であるから，　$120 = (0.8 + r_a) \times 120$

$\therefore\quad r_a = 1 - 0.8 = 0.2\ \Omega$

回転するにつれて，Eは回転数に比例して大きくなるわ．」「それはどうしてですか？」「回転数をN，磁束をΦとすると，$E = k\Phi N\ [\mathrm{V}]$だったね．$\Phi$は一定だから$E = k'N\ [\mathrm{V}]$となるわね．」「はい．」

「$I_a' = 40\ \mathrm{A}$のときの誘導起電力をE'とすると，図(b)のようになるわね．

$$V = (r_s + r_a)I_a' + E' \qquad 120 = (0.8 + 0.2) \times 40 + E'$$

$$E' = 120 - 40 = 80\ \mathrm{V}$$

ここで，直列抵抗$r_s' = 0.3\ \Omega$に切り換えると図(c)のようになるわ．

$$V = (r_s' + r_a)I_a'' + E' \qquad 120 = (0.3 + 0.2)I_a'' + 80$$

$I_a'' = (120 - 80)/0.5 = 80\ \mathrm{A}$　となるわ．」

「界磁電流が一定のときは，電機子電流の変化に注意すればいいのですね．」「そうよ．」

直流他励電動機の電機子回路に直列抵抗 0.8 Ωを接続して電圧 120 V の直流電源で始動したところ，始動直後の電機子電流は 120 A であった．電機子電流が 40 A になったところで直列抵抗を 0.3 Ωに切り換えた．インダクタンスが無視でき，電流が瞬時に変化するものとして，切換え直後の電機子電流［A］の値として，最も近いものを次の(1)～(5)のうちから一つ選べ．

ただし，切換え時に電動機の回転速度は変化しないものとする．また，ブラシによる電圧降下および電機子反作用はないものとし，電源電圧および界磁電流は一定とする．

(1) 60　(2) 80　(3) 107　(4) 133　(5) 240

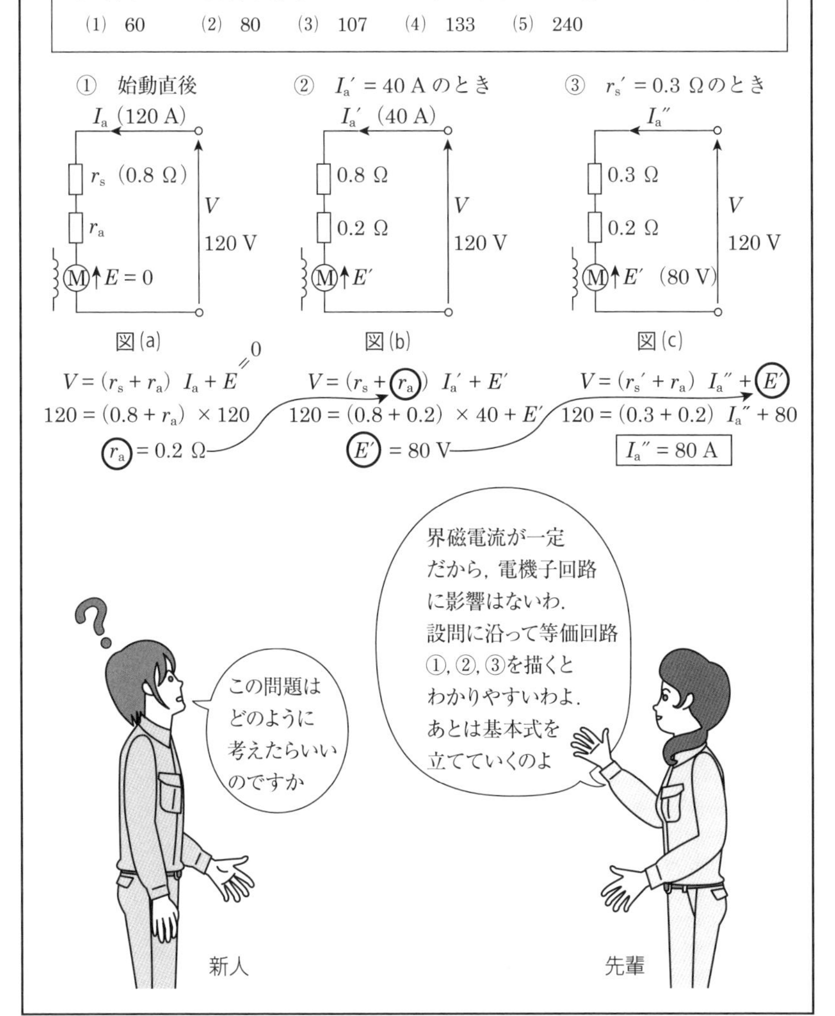

第11図　界磁電流一定の直流他励電動機

12

誘導機の疑問に応える

誘導電動機の計算では1：s：(1－s)の関係は頻繁に使う！

「先輩，**第12図**の問題を解くのには，どんな知識が必要なのですか？」

「そうね．誘導電動機の問題を解くのには必須事項があるわ．それは，二次入力 P_2：二次銅損 P_{c2}：機械的出力 $P_M = 1 : s : (1-s)$ の関係よ．」「なぜそんな形になるのですか？」

「では，やさしい解説をするわね．誘導電動機が滑り s で回転しているとき，二次誘導起電力は sE_2，二次リアクタンスは sx_2 となって，図(a)の等価回路になるわ．二次電流 I_2 [A] は

$$I_2 = \frac{sE_2}{\sqrt{{r_2}^2 + (sx_2)^2}} = \frac{E_2}{\sqrt{\left(\frac{r_2}{s}\right)^2 + {x_2}^2}} \quad ①$$

①式で有効電力に関わりのある r_2/s に着目すると，図(b)になるわ．

すると，$P_2 : P_{c2} : P_M = \frac{r_2}{s} : r_2 : \frac{1-s}{s} r_2 = 1 : s : (1-s)$　②

となるわ．r_2/s を r_2 と $\{(1-s)/s)\}r_2$ に振り分けると考えればいいのよ．この問題では，機械的出力と滑りが与えられているから

$P_{c2} : P_M = s : (1-s)$　になるわね．

$$P_{c2} = \frac{sP_M}{1-s} = \frac{0.03 \times 34.8}{1-0.03} \fallingdotseq 1.08\,\text{kW}$$

次に，$P_2 : P_M = 1 : (1-s)$

$$P_2 = \frac{P_M}{1-s} = \frac{34.8}{1-0.03} \fallingdotseq 35.9\,\text{kW}$$

一次入力 P_1 = 二次入力 P_2 + 一次銅損 P_{c1} + 鉄損 P_i である．

題意より，P_{c1} は3.8 kW，P_i は1.4 kWであるから，

$P_1 = P_2 + P_{c1} + P_i = 35.9 + 3.8 + 1.4 = 41.1\,\text{kW}$　となるわ．

このように誘導電動機の入出力，損失の関係が問われたら，すぐ②式を思い出すのよ．」

三相かご形誘導電動機を周波数 60 Hz の電源に接続して運転したとき，機械出力は 34.8 kW，滑りは 3 %，固定子の銅損（一次銅損）は 3.8 kW，鉄損は 1.4 kW であった．この電動機について，次の(a)および(b)に答えよ．

ただし，機械損は無視できるものとする．

(a)　この運転時の回転子の銅損（二次銅損）[kW] の値として，最も近いのは次のうちどれか．

(1)　0.89　(2)　0.93　(3)　1.08　(4)　1.16　(5)　1.20

(b)　この運転時の一次入力 [kW] の値として，最も近いのは次のうちどれか．

(1)　40.2　(2)　41.1　(3)　42.2　(4)　43.5　(5)　44.8

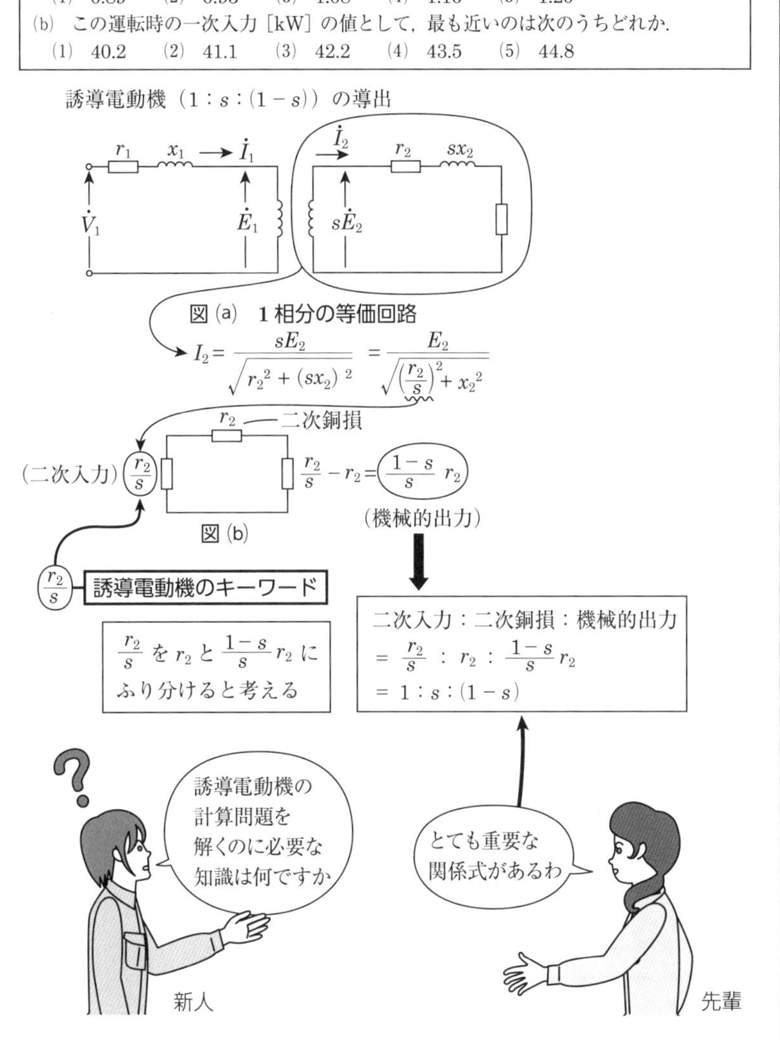

第12図　誘導電動機の計算必須事項

誘導機の疑問に応える　**13**

巻線形誘導電動機でトルク一定とあれば比例推移を思い浮かべよ！

「先輩．**第13図**の問題は，何か法則を知っていないとできないように思うのですが…」

「そうね．問題文に“トルクがほぼ一定”とあるでしょ．ここが大切なポイントよ．トルクが一定ならば比例推移が使えるな，と思わなければならないのよ．比例推移とは簡単にいえば，図のように二次抵抗r_1を$mr_1 = r_2$にしたとき，同じトルクTに対する滑りは，s_1から$ms_1 = s_2$に推移する．式で表せば，

$$\frac{r_1}{s_1} = \frac{mr_1}{ms_1} = \frac{r_2}{s_2} = \text{一定} \qquad ①$$

つまり，滑りがm倍になれば，二次抵抗もm倍になるという法則なのよ．では，実際に問題を解いてみようね．題意より，二次電流I_2が一定だから，二次入力P_2が一定なのよ．滑り$s_1 = 0.01$のときの二次抵抗をr_1とするわね．二次回路の損失が30倍になったときの滑りをs_2，そのときの二次抵抗をr_2とするわね．r_1，r_2のときの二次銅損をそれぞれP_{C1}，P_{C2}とすると，

$$P_{C1} = r_1 I_2{}^2, \quad P_{C2} = r_2 I_2{}^2$$

題意より，　$P_{C2} = 30P_{C1}$，　$r_2 I_2{}^2 = 30 r_1 I_2{}^2 \quad \rightarrow \quad r_2 = 30r_1$

比例推移の①式を使って，　$s_2 = \dfrac{r_2}{r_1}s_1 = \dfrac{30r_1}{r_1} \times 0.01 = 0.3$

出力P_mと二次入力P_2の関係は

$$P_2 : P_m = 1 : (1 - s) \qquad P_m = (1 - s)P_2$$

この関係を使うためにs_2を求めたのよ．

次に，s_1，s_2のときの出力をそれぞれP_{m1}，P_{m2}とすると，

$$\frac{P_{m2}}{P_{m1}} = \frac{(1 - s_2)P_2}{(1 - s_1)P_2} = \frac{1 - 0.3}{1 - 0.01} = 0.707 \fallingdotseq 70\ \%$$

比例推移を使う問題は頻出しているわ．」

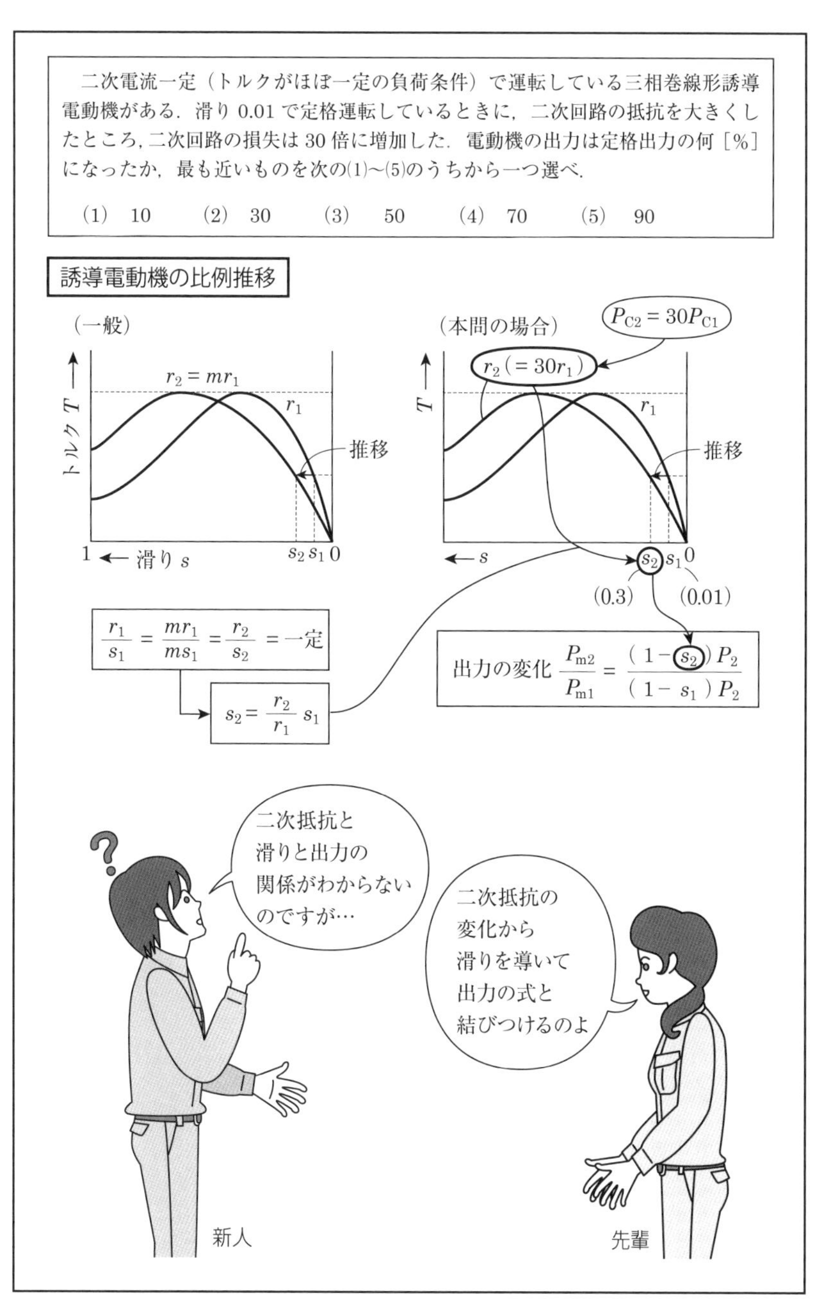

第13図　誘導電動機の比例推移

誘導機の疑問に応える　**14**

定トルク負荷の誘導電動機の二次電流は滑りの平方根に比例する！

「先輩．**第14図**の誘導電動機の問題は，あまり見たことがない気がするのですが…」

「そうね．誘導電動機の基本とその応用だね．問題文だけ読んでいるとわかりにくいので，まず二次側の等価回路を描くと方向性が出てくるわ．1相分の機械的出力をP [W]，二次電流をI_2 [A]，二次抵抗をr_2 [Ω]，滑りをsとすると，

$$P=\frac{1-s}{s}r_2{I_2}^2 \qquad ①$$

次にトルクT [N·m]を求めるのだけれど，トルクといわれたら

$$P=\omega T \qquad ②$$

を思い出すのよ(ω：角速度[rad/s]，ω_0：同期角速度[rad/s])．」「はい．」

②式からトルクTは，　$T=\dfrac{P}{\omega}=\dfrac{P}{\omega_0(1-s)}$　③」

「なぜ，誘導電動機なのに同期角速度を使うのですか？」「それはωとω_0の間には，滑りsが介在しているからよ．$\omega=\omega_0(1-s)$だからね．角速度ωは同期角速度ω_0より滑りの分だけ遅れるのよ．

①式を③式に代入すると，　$T=\dfrac{\dfrac{1-s}{s}r_2{I_2}^2}{\omega_0(1-s)}=\dfrac{r_2{I_2}^2}{s\omega_0}$

題意より，電源電圧が低下しても負荷トルクは変わらないので，電源電圧低下後の二次電流を${I_2}'$，滑りをs'とすると，

$$\frac{r_2{I_2}^2}{s\omega_0}=\frac{r_2{I_2}'^2}{s'\omega_0} \qquad \frac{{I_2}^2}{s}=\frac{{I_2}'^2}{s'} \qquad \frac{{I_2}'^2}{{I_2}^2}=\frac{s'}{s}$$

$\dfrac{{I_2}'}{I_2}=\sqrt{\dfrac{s'}{s}}=\sqrt{\dfrac{0.06}{0.03}}=1.41$　となるわ．

この場合の二次電流は，滑りの平方根に比例しているのよ．」「はい．」

定格出力 11.0 kW，定格電圧 220 V の三相かご形誘導電動機が定トルク負荷に接続されており，定格電圧かつ定格負荷において滑り 3.0 % で運転されていたが，電源電圧が低下し滑りが 6.0 % で一定となった．滑りが一定となったときの負荷トルクは定格電圧のときと同じであった．このとき，二次電流の値は定格電圧のときの何倍となるか．最も近いものを次の(1)～(5)のうちから一つ選べ．ただし，電源周波数は定格値で一定とする．

(1)　0.50　　(2)　0.97　　(3)　1.03　　(4)　1.41　　(5)　2.00

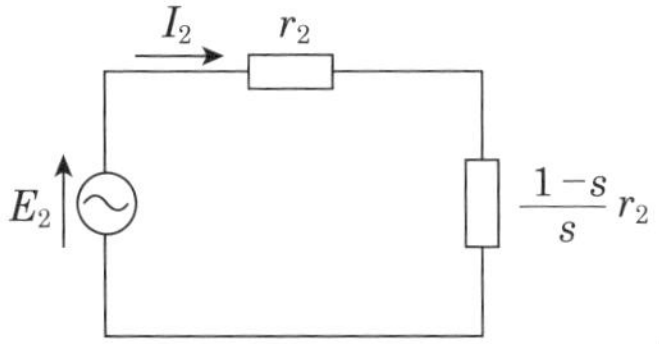

I_2　r_2　E_2　$\frac{1-s}{s}r_2$

二次側等価回路

考え方

基本式
$$P=\frac{1-s}{s}r_2 I_2^2$$
$$P=\omega T$$
$$T=\frac{P}{\omega_0(1-s)}$$

（s と I_2 の関係式へ）

$$T=\frac{r_2 I_2^2}{s\omega_0}$$

定トルク

$$\frac{r_2 I_2^2}{s\omega_0}=\frac{r_2 I_2'^2}{s'\omega_0}$$
$$\frac{I_2^2}{s}=\frac{I_2'^2}{s'}$$
$$\frac{I_2'^2}{I_2^2}=\frac{s'}{s}$$
$$\frac{I_2'}{I_2}=\sqrt{\frac{s'}{s}}$$

（二次電流は滑りの平方根に比例）

このタイプの問題はあまり見たことがないのですが…

定トルクという特性を使って滑りと二次電流の関係式を導くのよ

新人

先輩

第14図　定トルク負荷の誘導電動機の二次電流

誘導機の疑問に応える

15 ポンプ用電動機の出力を求める公式ではなぜ効率 η は分母にくるの？

「先輩．揚水ポンプ用電動機の出力を求めるとき公式を使いますが，なぜ効率 η は分母にくるのですか？」

「そうね．その公式は，揚水量 Q [m^3/s] で H [m] の高さに揚水する場合，ポンプ効率を η，余裕係数を k とすると，ポンプ用電動機の所要出力 P は，

$$P = k\frac{9.8QH}{\eta}\,[\mathrm{kW}] \quad ①$$

だね．この効率 η の位置が問題なのね．」「はい．」

「その疑問を解決するのには，ポンプによる揚水システムを考えなければならないわね．まず基本的なことだけど，電動機でポンプを動かして揚水するのよ．ポンプは動力をもたないから，電動機によって駆動するだけなの．ポンプの中身を見たことあるかな？」

「いいえ．見たことないです．」

「ポンプは，揚水するための羽根をもっているだけなの．」

「では，システム図で説明するわね．水をくみ上げるための所要動力は，電力科目の揚水発電で扱ったように，$9.8QH$ だわね．負荷側から考えると，この動力を得るためにポンプを駆動させているの．だけど，そのポンプの根本の駆動力は電動機なの．電源側から考えると，電動機出力 P でポンプを駆動させるけれど，そのときポンプには損失があるから，ポンプ出力は下がるの．そこで，ポンプ効率を η として表しているの．よって，$P\eta = 9.8QH$（所要動力）ということになるわ．したがって，変形すれば，①式になるというわけなの．」

「なるほど．そういうことだったのですか．」

「でも，初心者には何となくわかりにくいものよ．疑問はいくつでもわいてくるものよ．その素朴な疑問を一つひとつ解決していくことで，初めてわかったということになるのよ．」

「はい．これからも質問します（**第15図参照**）．」

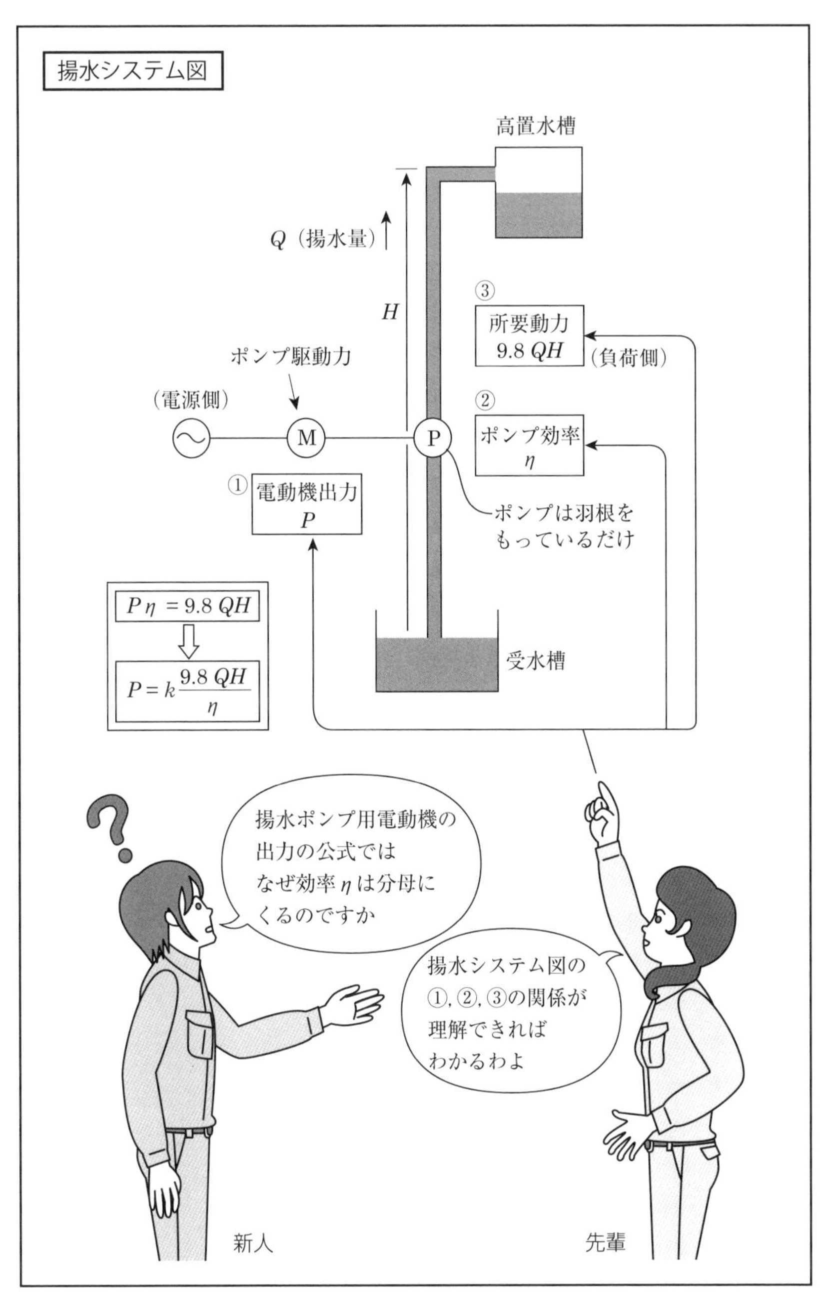

第15図　ポンプ用電動機の出力を求める公式

誘導機の疑問に応える

16

誘導電動機の二次入力はなぜ同期ワットと呼ばれるの？

「先輩．誘導電動機の勉強をしていたら，“同期ワット”という言葉が出てきて，これが二次入力のことだそうですが，そのイメージがわかないのです.」「そうね．これは初心者には，ちょっと難しい概念だわね．まず，機械的出力P_{m}とトルクTの関係はどうだったかな.」

「はい．$P_{\mathrm{m}}=\omega T$（ω：角速度）　①　です.」

「そうだね．次に同期角速度をω_{s}とすると，滑りsのときの角速度ωは，

$$\omega=\omega_{\mathrm{s}}(1-s) \quad ②$$

となるわね．②式を①式に代入すると，

$$P_{\mathrm{m}}=\omega_{\mathrm{s}}(1-s)T \quad ③$$

だね.」

「二次入力P_2と機械的出力P_{m}の関係は，どうなっていたかな.」

「二次銅損P_{c2}を入れた式で覚えています．

$P_2：P_{\mathrm{c2}}：P_{\mathrm{m}}=1：s：(1-s)$　です．P_2とP_{m}の関係は

$P_2：P_{\mathrm{m}}=1：(1-s)$　です.」

「そうね．これを変形すると

$$P_{\mathrm{m}}=(1-s)P_2 \qquad \text{よって，} P_2=\frac{P_{\mathrm{m}}}{1-s} \quad ④$$

③式を④式に代入すると

$$P_2=\frac{\omega_{\mathrm{s}}(1-s)T}{1-s}=\omega_{\mathrm{s}}T \quad ⑤$$

となるわ．ここで，二次入力P_2は，トルクT，同期速度ω_{s}で回転した場合の，いわば仮想の出力となるのよ．よって，二次入力P_2は同期ワットと呼ばれるのよ.」「仮想の出力ですか？　実際の出力ではないのですね.」「そうよ．そもそも誘導電動機は角速度ωで回転して，同期角速度ω_{s}で回転するのではないわね．だけど，⑤式のように二次入力P_2は$\omega_{\mathrm{s}}T$で表すことができるので，仮想の出力といわれているのよ.」「はい（**第16図参照**）.」

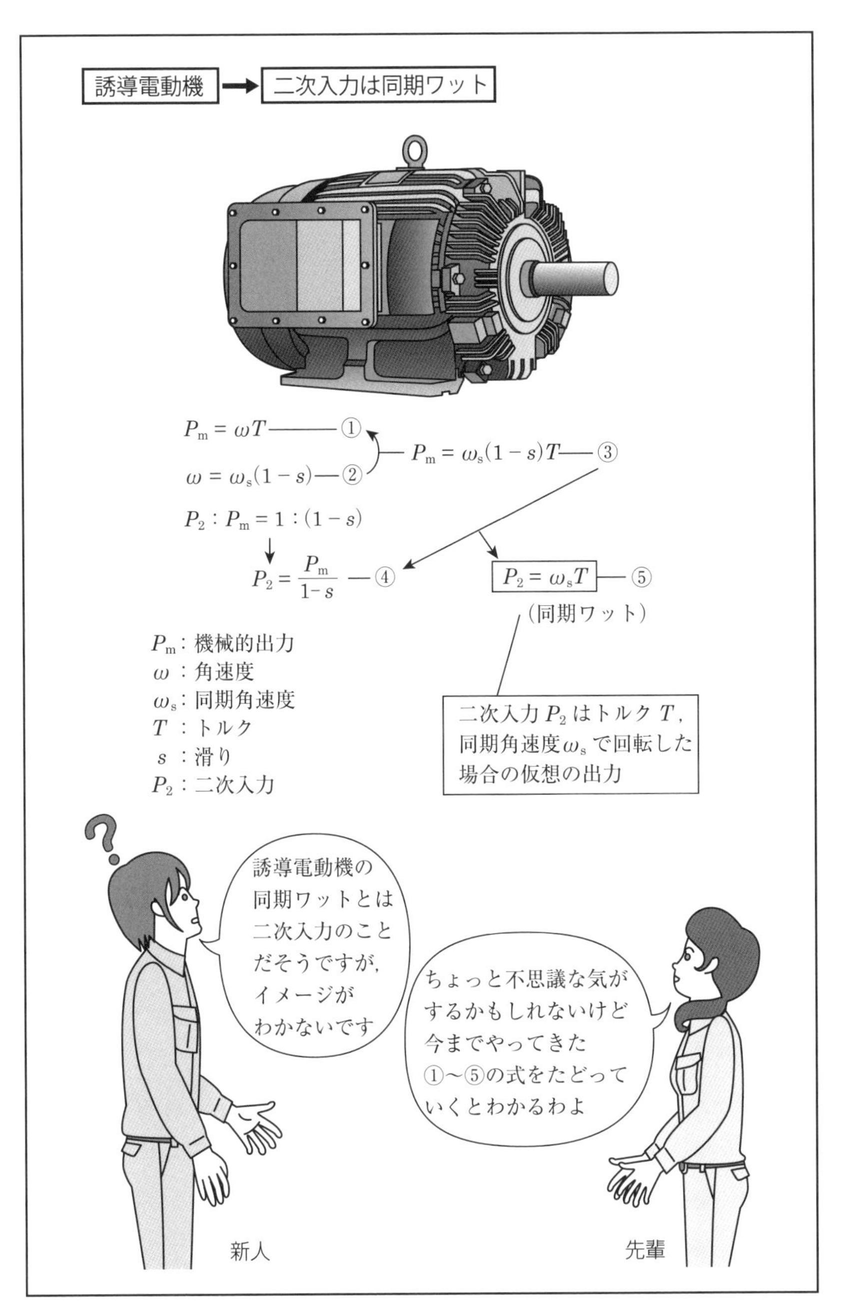

第16図　誘導電動機の二次入力と同期ワット

同期機の疑問に応える　**17**

同期発電機の無負荷の端子電圧は誘導起電力そのものである！

「先輩．第17図の問題は，どのような手順で求めればいいのですか？」

「そうね．この種の問題では，まず図(a)の等価回路を描いて，そこから図(b)のベクトル図を描くことだね．三相同期発電機だけど，1相分で考えるといいわ．あとは問題文に沿って式を立てていけばいいわ．百分率同期インピーダンスとあるけど，電機子巻線抵抗は無視できるとあるから，百分率同期リアクタンス（$\%X_{\mathrm{S}}$）と考えていいわ．まずこれを定義に従って求めるのよ．」

「定格電圧をV_{n}，定格電流をI_{n}，同期リアクタンスをX_{S}とすると，

$$\%X_{\mathrm{S}}=\frac{X_{\mathrm{S}}I_{\mathrm{n}}}{V_{\mathrm{n}}/\sqrt{3}}\times 100=85\,\% \qquad ①$$

次に，誘導起電力をEとすると，1相分は図(b)より$E/\sqrt{3}$だね．

$$\frac{E}{\sqrt{3}}=\sqrt{\left(\frac{V_{\mathrm{n}}}{\sqrt{3}}\right)^2+(X_{\mathrm{S}}I_{\mathrm{n}})^2}\ \mathrm{[V]} \qquad ②$$

となるわね．」「はい．問題文で“励磁電流は変えないで無負荷にしたときの端子電圧”とありますが，これをどう考えればいいのですか？」

「無負荷のときは電圧降下がないから，端子電圧は誘導起電力Eそのものなのよ．ここがこの問題のポイントだね．

よって，定格電圧に対する倍数は

$$\frac{E/\sqrt{3}}{V_{\mathrm{n}}/\sqrt{3}}=\frac{\sqrt{(V_{\mathrm{n}}/\sqrt{3})^2+(X_{\mathrm{S}}I_{\mathrm{n}})^2}}{V_{\mathrm{n}}/\sqrt{3}}=\sqrt{1+\left(\frac{X_{\mathrm{S}}I_{\mathrm{n}}}{V_{\mathrm{n}}/\sqrt{3}}\right)^2} \qquad ③」$$

「ここからどうすればいいのですか？」「どこかにヒントがないか探してみるのよ．」「③式の$\dfrac{X_{\mathrm{S}}I_{\mathrm{n}}}{V_{\mathrm{n}}/\sqrt{3}}$は①式にあります．」

「そうよ．これを①式の値と結びつけるのよ．③式より，

$$E/V_{\mathrm{n}}=\sqrt{1+0.85^2}\fallingdotseq 1.312$$

となるわ．端子電圧は定格電圧の1.3倍になるわね．」

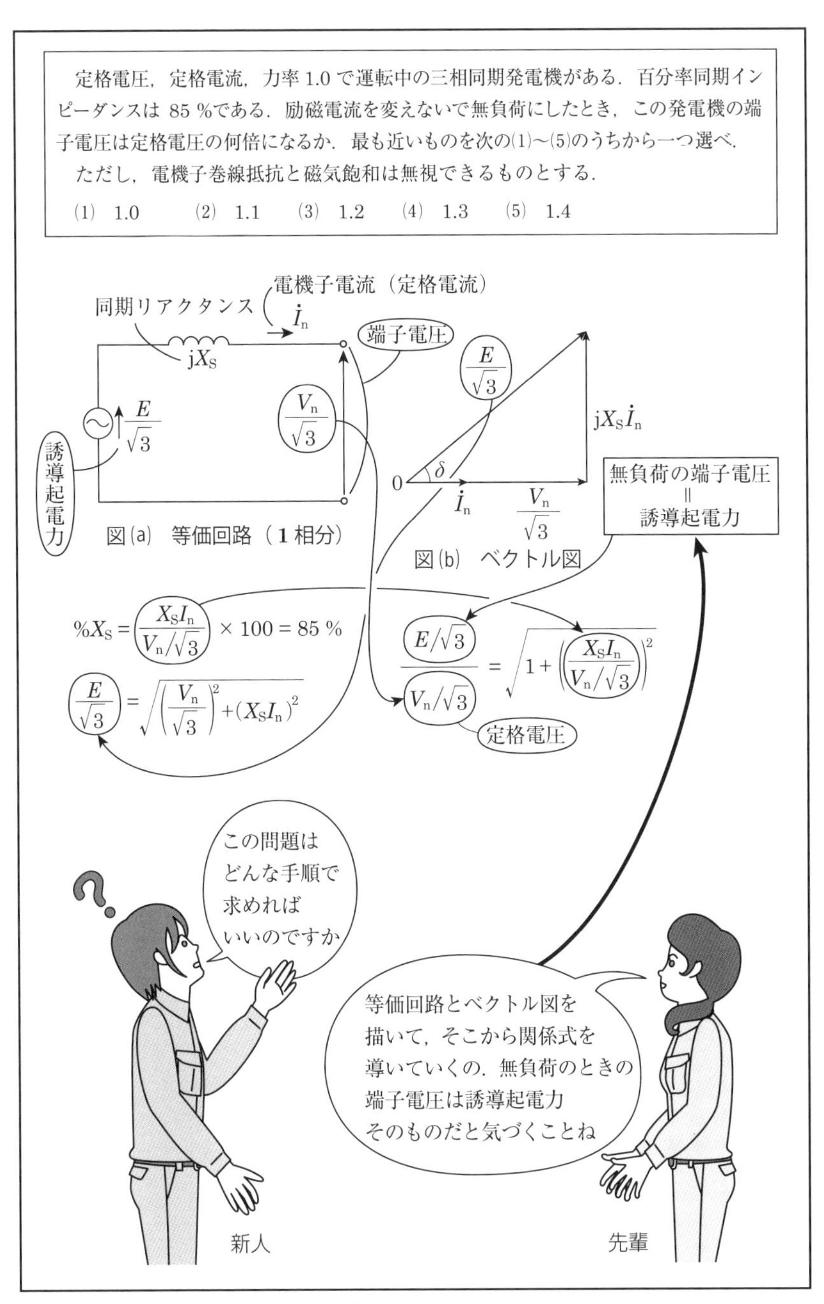

第17図　同期発電機の無負荷端子電圧

同期機の疑問に応える　**18**

同期発電機の鉄機械・銅機械はどういう意味なの？

「先輩．同期発電機の勉強をしていたら，鉄機械・銅機械というのがあったのですが，どういう意味なのですか？」

「そうね．短絡比と同期インピーダンスの勉強はしたかな．この両者と深い関係があるのよ．同期インピーダンスは，短絡比の逆数になるわね．ここの理解が前提条件になるからね．」

「では，鉄機械について説明するわよ．短絡比を大きくすると，同期インピーダンスはその逆数だから小さくなるわ．ここでは，同期インピーダンスと呼ばれているけれど，普通のインピーダンスと考えていいわ．同期インピーダンスが小さいから，電機子電流は流れやすいわ．これは理論科目の基礎だわね．そういうわけで，電機子巻線の巻数を少なく設計しているので，界磁磁束を多くする必要があるわ．」

「なぜですか？」

「同じ電圧を誘起するために多くの磁束が必要となるからよ．界磁磁束をつくるのは鉄だからね．それで，界磁の寸法と重量が増えて，銅に比べて鉄の使用量が多くなるわ．それで，鉄機械と呼ばれていて，大形になるのよ．水車発電機などに使われるわ．」

「次に，銅機械だけど，短絡比の小さい発電機は同期インピーダンスが大きいわ．同期インピーダンスが大きいと，電機子巻線の巻数が多くなるの．」

「それは，なぜですか？」

「インピーダンスが大きいと，電機子電流は流れにくくなるわね．よって，電機子電流が流れやすいように，巻線数を多くする必要があるのよ．」

「巻線は銅でできているから，鉄より銅のほうが多くなるわ．それで，銅機械というのよ．銅機械は小形で軽量になるわ．タービン発電機などに使われているわよ（**第18図**参照）．」

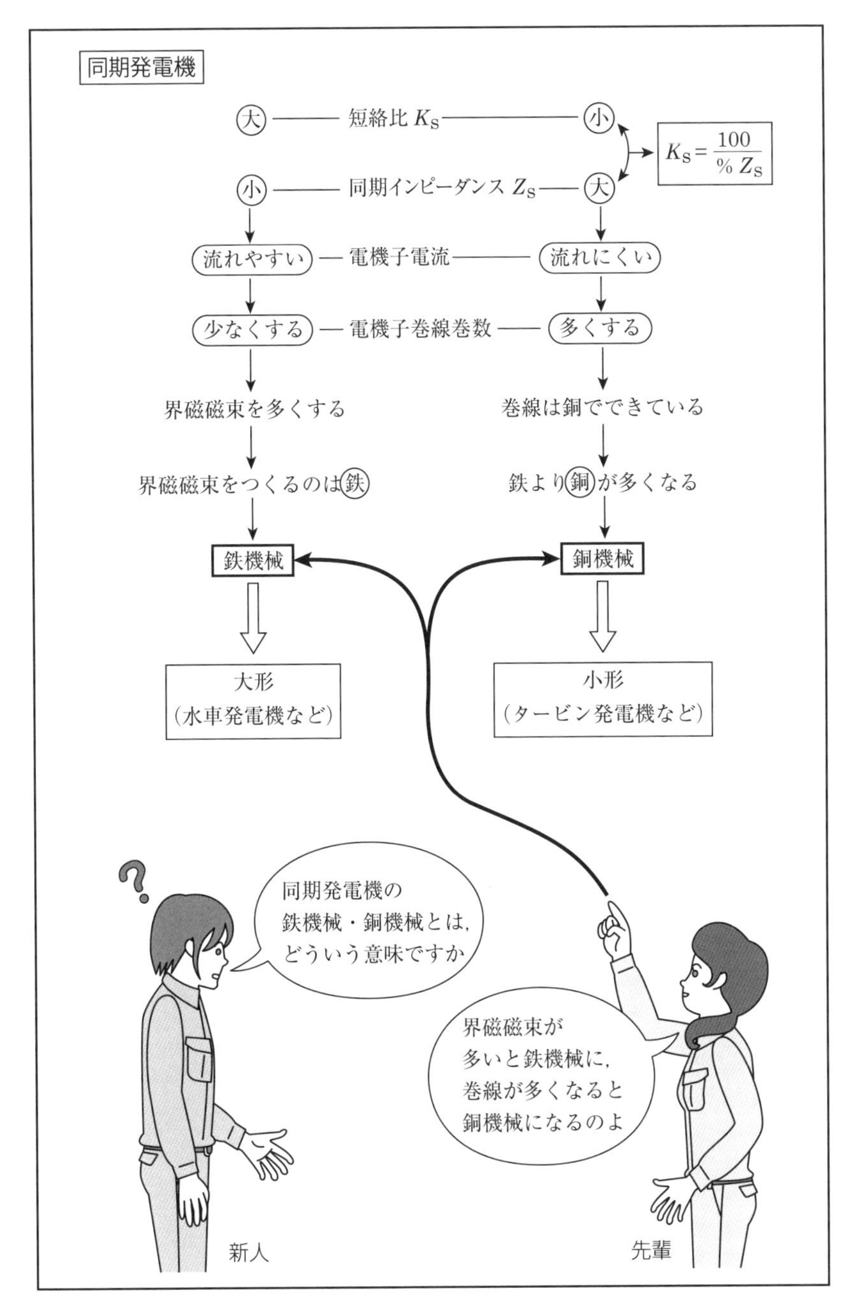

第18図　同期発電機（鉄機械・銅機械）

パワーエレクトロニクスの疑問に応える **19**

双方向サイリスタスイッチ挿入回路の波形から運転状態を見極める！

「先輩．**第19図**の問題は，どのように考えたらいいのですか？」

「そうね．まずサイリスタの動作から考えなければならないわね．サイリスタはONのとき通電して，かかる電圧は0になるわ．逆にOFFのときには，電源電圧eがそのまま加わるの．サイリスタのアノード（A）－カソード（K）間に，順方向電圧がかかっている状態で，ゲート（G）に電流を流す（このことを“トリガする”という．）と，A－K間に電流が流れるの．すなわち，ゲート電流でONのタイミングを制御することができるの．このタイミングのことを制御遅れ角といっているわ．」「はい．」

「電源電圧eが正のとき，S_1のA－K間には順方向電圧が，S_2のA－K間には逆方向電圧がかかることになるわ．S_1には順方向電圧がかかっているから，S_1のGに電流を流すとONになるわ．そして，サイリスタの両端にかかる電圧（v_{th}）は0になるわ．

問題の波形を分析してみると，

$0 \leqq \omega t < \alpha$のとき　$v_{th} = e$

$\alpha \leqq \omega t \leqq \pi$のとき　$v_{th} = 0$

となっているわね．したがって，【S_1は制御遅れ角αで運転】されていることになるわね．」

「次にeが負のとき，S_1のA－K間には，逆方向電圧がかかることになってOFFするわ．S_2のA－K間には順方向電圧がかかるわ．このときS_2のGに電流を流せば，S_2はONになってv_{th}は0になるわけだけど，そうなっていないわね．どうしてだと思う？」

「【S_2はトリガしないで運転】しているからだと思います．」

「そうよ．だんだんわかってきたわね．補足だけど，抵抗負荷にかかる電圧v_Rは（下）図のようになるわ．」

「なぜそんな波形になるのですか？」「それは$v_R = e - v_{th}$だからよ．」

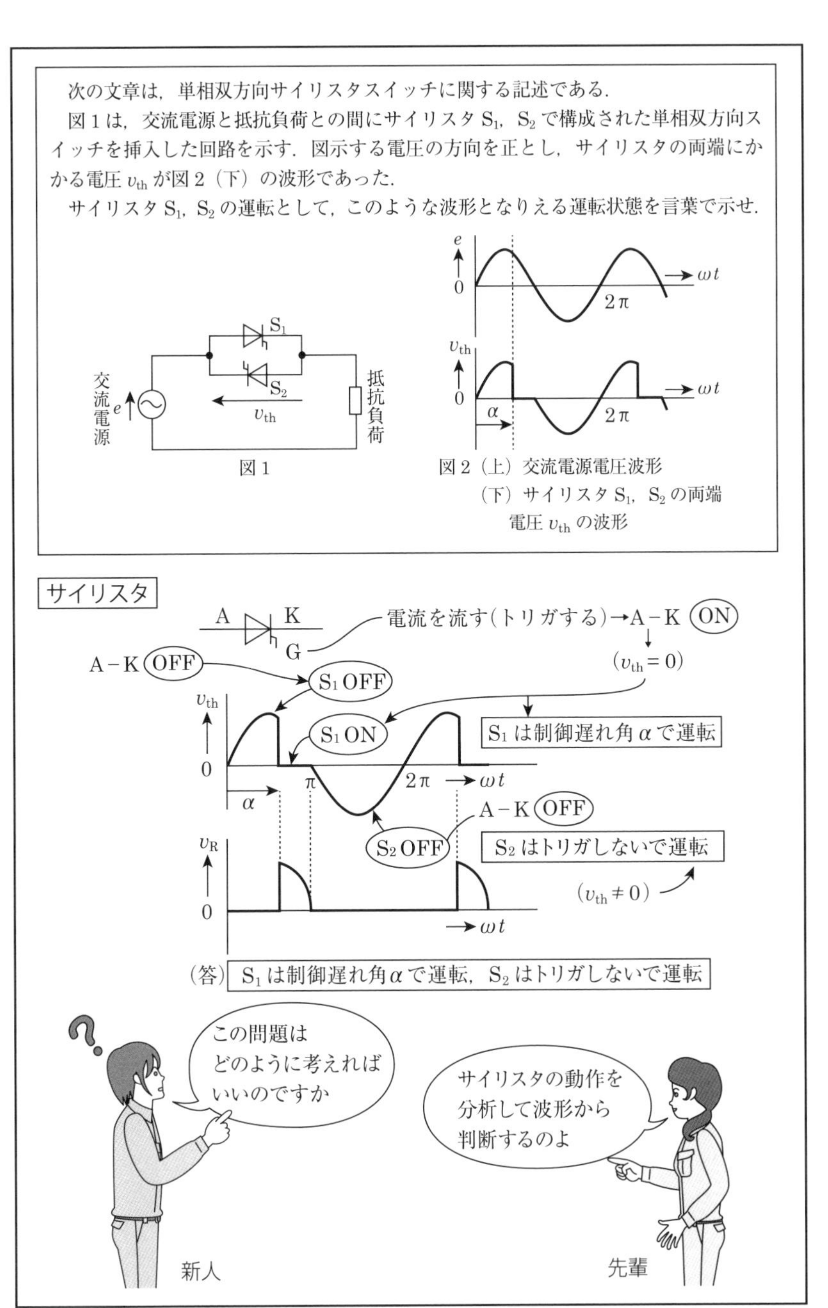

第19図　双方向サイリスタの運転状態

パワーエレクトロニクスの疑問に応える **20**

全波整流回路において平滑コンデンサはどのような働きをするの？

「先輩．全波整流回路の問題があったのですが，それに付随する平滑コンデンサは，どのような働きをするのですか？」

「そうね．図(a)で平滑コンデンサ（C）がなければ，電流波形は図(d)の（C不動作）のように脈動するわ．これでは電源としてほとんど使えないので，整流回路の出力電圧を平たんな波形に近づけるために平滑コンデンサを使うの．」

「平滑コンデンサを使用すると，図(d)の（C動作）のようにコンデンサが電圧を保持するので，V_sが小さくなっても，V_dはあまり低下しないの．そういうわけで，整流回路の出力電圧V_dを理想の直流電圧波形に近づけることができるのよ．」

「平滑コンデンサは，具体的にはどのような動作をするのですか？」

「では，図で説明するわね．正の半サイクルでは図(a)のようにD_1，D_4が導通して，図のような経路で電流が流れるわ．それに伴って，平滑コンデンサも充電されるのよ．」

「次に，負の半サイクルでは，図(b)のようにD_3，D_2が導通して，図のように電流が流れて，平滑コンデンサも充電状態となるわ．」

「では，V_sが小さくなったらどのような動作が起こると思う？」「うーん？」「V_sが小さくなれば，平滑コンデンサから放電して，負荷抵抗Rに電力を供給するわ．この放電によって，波形の平たんさが維持されるのよ．」

「平滑コンデンサ（C）を大きくすると，Vは一定だから，$Q = CV$より電荷量Qは多く貯まり，脈動波形の谷間の電圧がない部分へ，コンデンサに貯まった電荷をより多く供給することになって，より一層平たんな波形となるのよ．」

「これは，理論科目の応用ですね．コンデンサCは，こんなところでも活躍しているのですね（第20図参照）．」

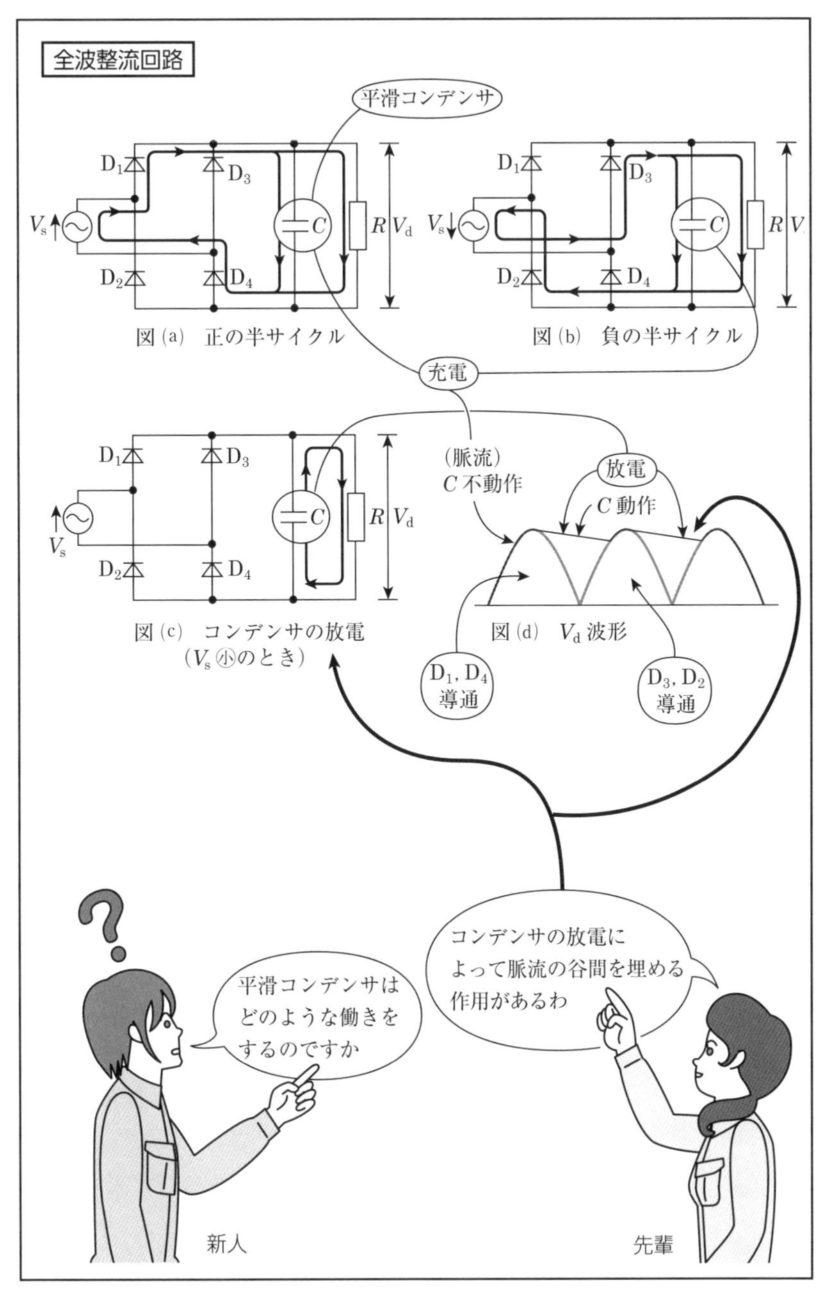

第20図　平滑コンデンサの働き

パワーエレクトロニクスの疑問に応える **21**

環流ダイオードは コイル L の電流の通路を確保している！

「先輩．パワーエレクトロニクスの問題で**第21図**のような環流ダイオードが出てきたのですが，その働きについて教えてください．」

「そうね．ではサイリスタを使った単相半波整流回路で，負荷にインダクタンス L を含んだもので考えてみようね．」

「動作をわかりやすくするために，電源電圧 v，サイリスタのトリガパルス，負荷電圧 v_{d}，負荷電流 i_{d} の波形を図にしてみるわ．

まず，電源電圧 $v=\sqrt{2}V\sin\omega t$ [V] を加えて，図のように，位相角 α [rad] でサイリスタにトリガをかけてターンオンさせるとするわ．負荷は L を含むから，負荷電流 i_{d} は負荷電圧 v_{d} に対して，波形は立上りが遅れて緩やかに上昇するわ．」

「次に，v_{d} が π rad に近づくにつれて i_{d} は下降していくけれど，v_{d} が0になっても，L の作用で0にはならないで流れ続けるわ．負荷電圧 v_{d} は位相角がπを過ぎると負になるけれど，サイリスタはONのままで負荷電流は同方向に流れ続けるわ．$\pi+\beta$ になると0になるの．そしてサイリスタはターンオフするわ．」

「なぜ負荷電圧が負になっても，負荷電流は同方向に流れるのですか？」

「それはね．L の作用なのよ．$0<\omega t<\pi$ のときを図(a)とすると，i_{d} は図の方向に流れるの．$\pi<\omega t<(\pi+\beta)$ のときは図(b)のように，L には図(a)のときとは逆方向に逆起電力が発生して，電流を維持する方向に流れるの．この電流 i_{d} がダイオードを通じて流れるからなのよ．このように，負荷と並列にダイオードを接続して，電流の通路をつくっているのよ．L の働きによって，$\pi<\omega t<(\pi+\beta)$ のときに流れる電流が負荷に環流するのよ．このダイオードのことを環流ダイオードというのよ．」

「なるほど．L の働きが大切なのですね．やっとわかりました．」

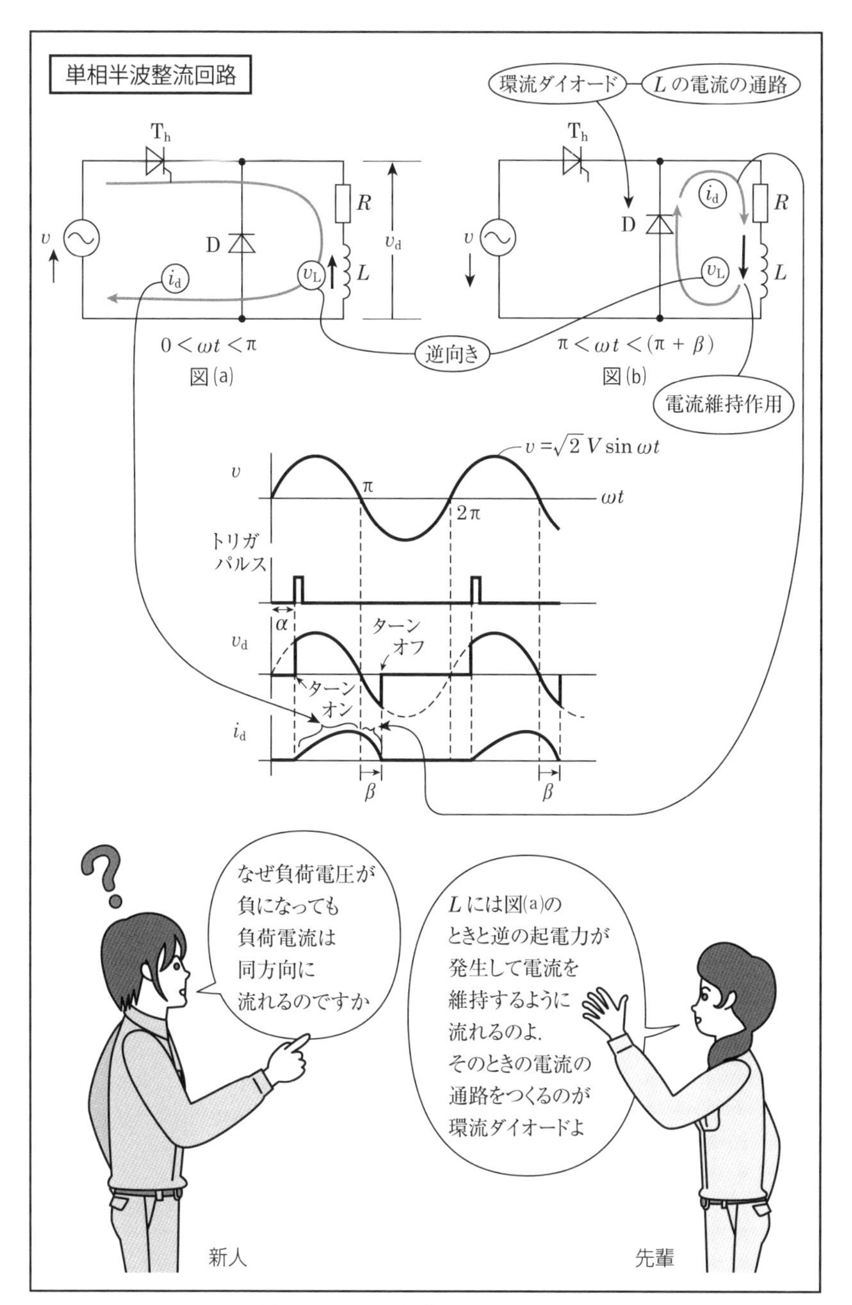

第21図　環流ダイオードの働き

パワーエレクトロニクスの疑問に応える 22

降圧チョッパの動作原理はどうなっているのだろうか？

「先輩．パワーエレクトロニクスの勉強をしていたら，降圧チョッパが出てきたのですが，その動作原理について教えてください．」

「そうね．チョッパ（chopper）のchopは切り刻むという意味よ．直流電源を切り刻んでその大きさを変える回路なのよ．」

「**第22図**の降圧チョッパ基本回路で説明するわよ．直流電源のON，OFFをトランジスタTrで行う場合を考えてみるわよ．ここで，インダクタンスLは，出力電流を平滑にするためのもの，ダイオードDは，インダクタンスLに蓄えられたエネルギーを放出するためのもので，環流ダイオードと呼ばれるわ．この回路の動作説明をするわね．トランジスタTrがONしている時間をT_{ON}とすると，電流i_dは直流電源電圧VからTr→L→Rへと流れて，電源電圧Vが出力されるわ．付随してLには電磁エネルギーが蓄積されるの．」

「TrがOFFする時間をT_{OFF}とすると，電流i_dは減少しようとするけれど，Lの電流維持作用で，Rへ電流を流し続けようとするの．」

「そのLの作用を教えてください．」「Lにはそれまでは，電源電圧に対して逆起電力が働いていたのだけど，それが電源電圧と同じ方向に逆起電力が働くようになるの．その電流i_LがダイオードDを通じて，D→L→R→Dの回路を循環するの．」

「TrのT_{ON}とT_{OFF}の時間を変化させると，Rに加わる電圧を変化させることができるのよ．すなわち，出力電圧の調整はT_{ON}とT_{OFF}の比を変えればいいのよ．出力電圧V_dは次式で表されるわ．

$$V_d = \frac{T_{ON}}{T_{ON} + T_{OFF}} V = \alpha V \quad (\alpha：通流率)$$

αは1より小さいので，出力電圧V_dは電源電圧より小さくなるわ．このように，出力電圧を0から電源電圧まで変化させることができるチョッパを降圧チョッパというのよ．」

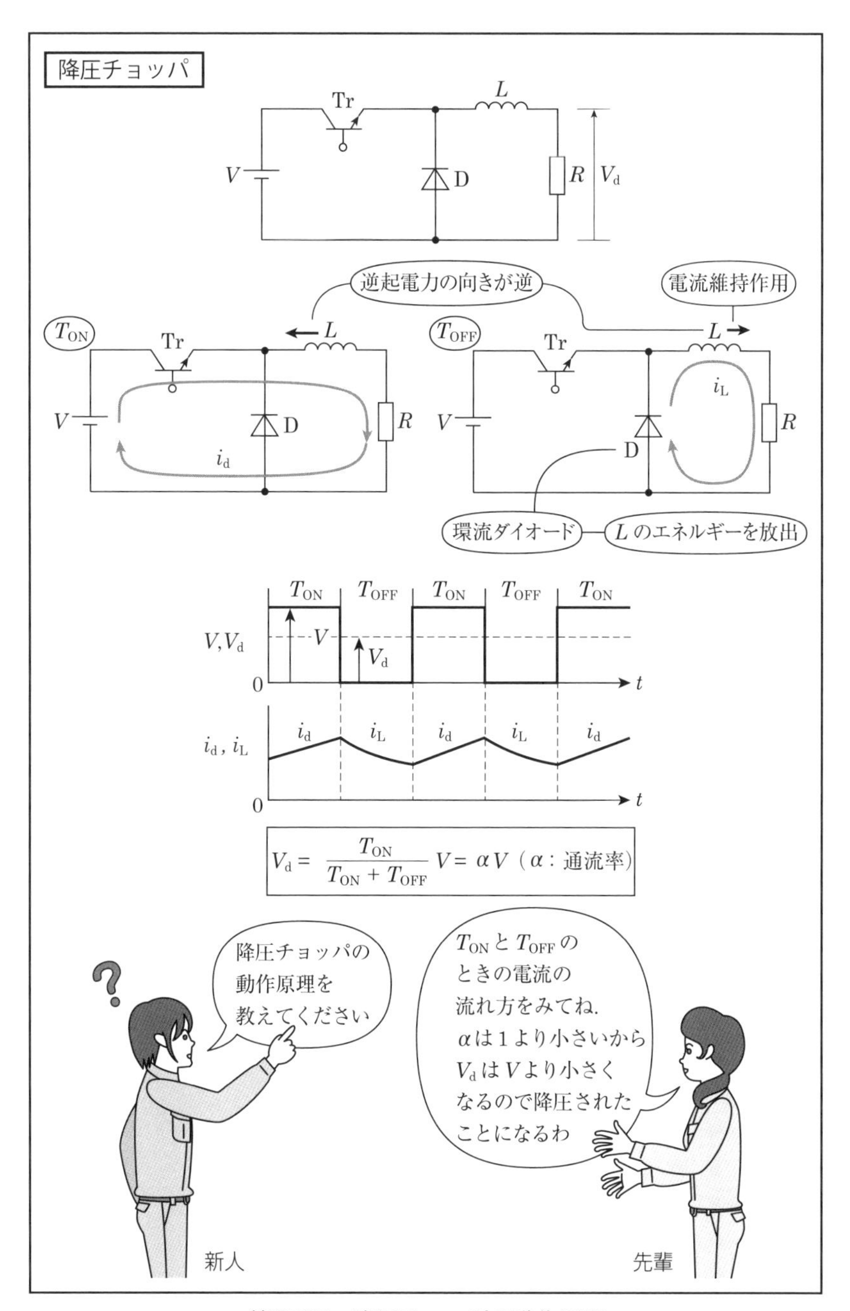

第22図　降圧チョッパの動作原理

パワーエレクトロニクスの疑問に応える 23

昇圧チョッパの動作原理はどうなっているのだろうか？

「先輩．昇圧チョッパというのもあるのですね．今度は，その動作原理についてお願いします．」

「そうね．**第23図**のトランジスタによる昇圧チョッパ基本回路で説明するわね．トランジスタTrをT_{ON}時間ONすると，直流電源電圧V→L→Trの経路で電流iが流れるわ．このとき，Lには電磁エネルギーが蓄積されるの．このLは，やはり電流を平滑にする作用があるわ．ダイオードDは，コンデンサCの電荷がTrを通じて放電するのを防ぐ放電防止用ダイオードなのよ．次に，TrをT_{OFF}時間OFFにすると，Lに蓄えられた電磁エネルギーが直流電源Vに加わって，ダイオードDを通ってV→L→D→R（C）の経路でRとCに流れて，Cは充電されるわ．」「また，電流維持作用ですね．」

「そうよ．T_{ON}の期間は，それまでの動作でCに蓄えられた電荷がRに放出されるの．T_{OFF}の期間は，直流電源にLのエネルギーが加わったものがRとCに流れるわ．V_dの大きさを求めてみるわよ．T_{ON}でLに蓄えられるエネルギーは，$V \cdot i \cdot T_{ON}$であって，T_{OFF}で負荷に移るエネルギーは$(V_d - V) \cdot i \cdot T_{OFF}$となるわ．この二つのエネルギーは，エネルギー保存の法則によって等しくなるので，次式が成り立つの．

$$V \cdot i \cdot T_{ON} = (V_d - V) \cdot i \cdot T_{OFF}$$

$$V \cdot T_{ON} = (V_d - V) \cdot T_{OFF} = V_d \cdot T_{OFF} - V \cdot T_{OFF}$$

$$V_d \cdot T_{OFF} = V \cdot (T_{ON} + T_{OFF})$$

$$V_d = \frac{T_{ON} + T_{OFF}}{T_{OFF}} V = \frac{T}{T_{OFF}} V = \frac{1}{1-\alpha} V$$

（T：スイッチング周期，α：通流率）

$(T_{ON} + T_{OFF})/T_{OFF}$は1より大きいから，$V_d$は$V$より大きくなるの．つまり，昇圧されたというわけなの．」

「そうか．それで昇圧チョッパというのですね．」「そうよ．」

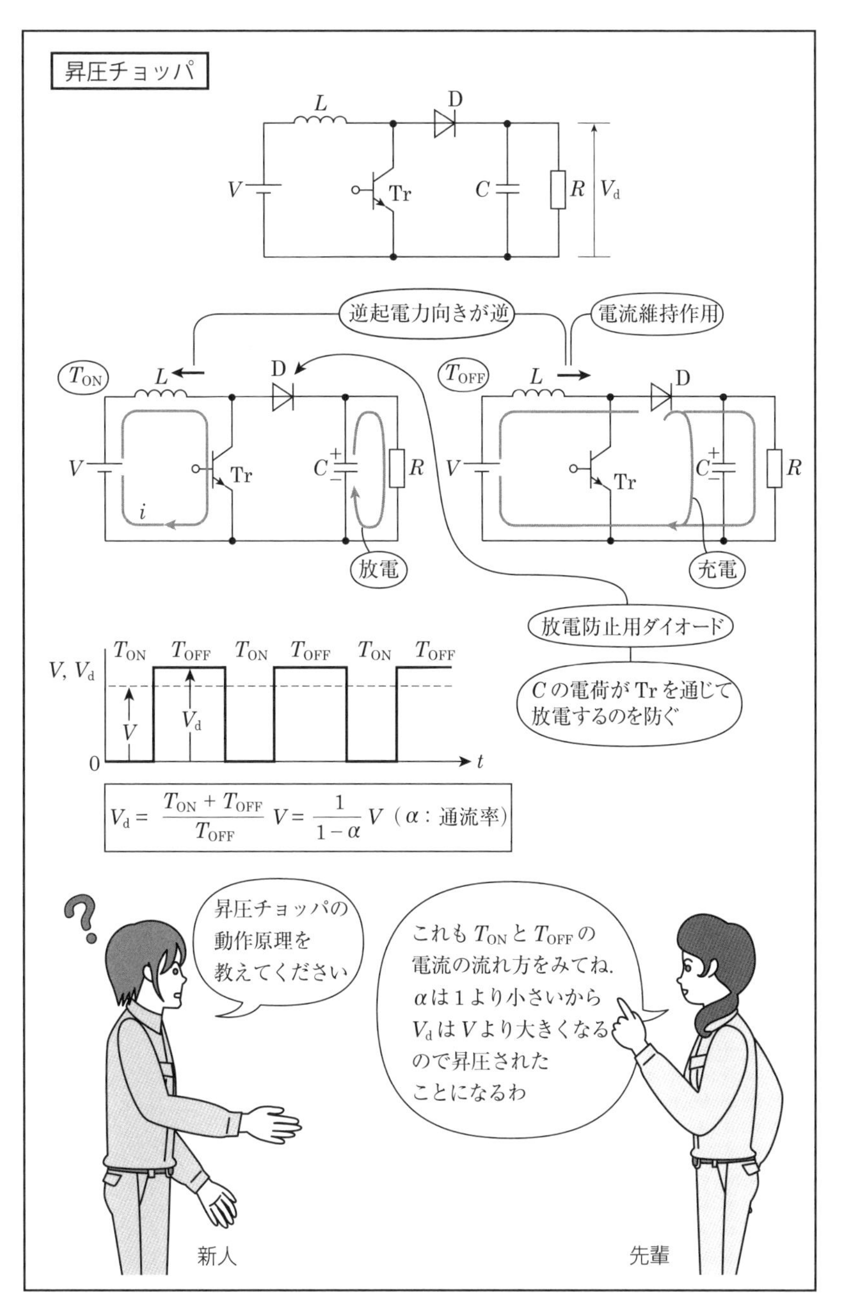

第23図　昇圧チョッパの動作原理

自動制御の疑問に応える　**24**

ブロックの中に電気回路を含む伝達関数は二段構えで！

「先輩．**第24図**の問題は複雑そうで解答方針がつかめないのですが…？」

「そうね．まずは，問題のブロック線図はフィードバック制御になっているから，この伝達関数を求めるのよ．」「はい．」「これは図1より，

$$G(\mathrm{j}\omega)=\frac{K}{1+KG_1(\mathrm{j}\omega)} \qquad ①$$

となるので，ひとまず，これでおいておくのよ．

次に，図2より，この CR 回路で図のように電流を $i(t)$ とおいて，入力信号 $V_1(\mathrm{j}\omega)$ と出力信号 $V_2(\mathrm{j}\omega)$ の関係を求めるの．

$$V_1(\mathrm{j}\omega)=\left(R+\frac{1}{\mathrm{j}\omega C}\right)i(t),\quad V_2(\mathrm{j}\omega)=Ri(t)$$

$$G_1(\mathrm{j}\omega)=\frac{V_2(\mathrm{j}\omega)}{V_1(\mathrm{j}\omega)}=\frac{R}{R+\dfrac{1}{\mathrm{j}\omega C}}=\frac{\mathrm{j}\omega CR}{1+\mathrm{j}\omega CR} \qquad ②$$

これが(a)の答だね．(b)については，②式を①式に代入すると，

$$G(\mathrm{j}\omega)=\frac{K}{1+K\dfrac{\mathrm{j}\omega CR}{1+\mathrm{j}\omega CR}}$$

分母・分子を K で割ると，　$G(\mathrm{j}\omega)=\dfrac{1}{\dfrac{1}{K}+\dfrac{\mathrm{j}\omega CR}{1+\mathrm{j}\omega CR}}$　③

③式で，ちょっとしたテクニックを使うの．題意より，K は非常に大きいから，$1/K\fallingdotseq 0$ となるわ．すると②式は，

$$G(\mathrm{j}\omega)=\frac{1}{\dfrac{\mathrm{j}\omega CR}{1+\mathrm{j}\omega CR}}=\frac{1+\mathrm{j}\omega CR}{\mathrm{j}\omega CR}=1+\frac{1}{\mathrm{j}\omega CR}$$ となるわね．」

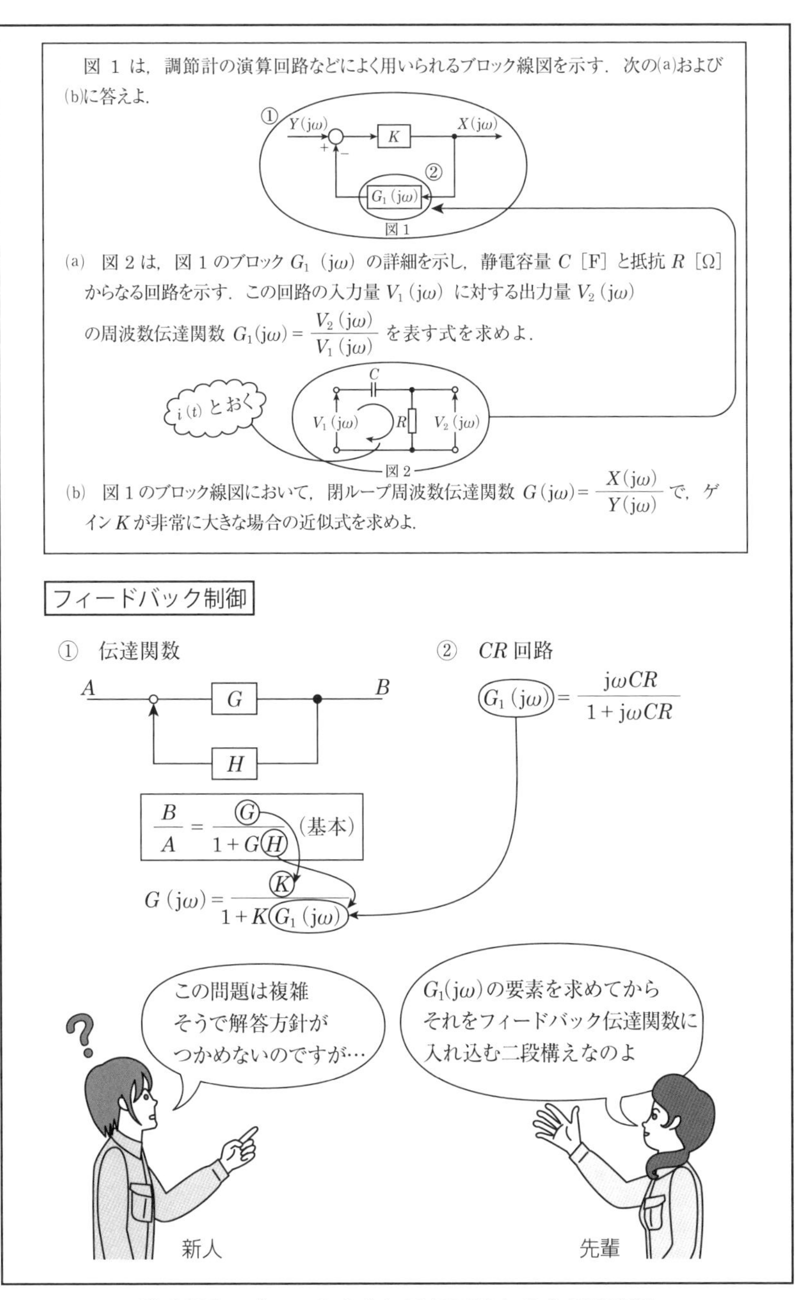

第24図　ブロックの中に電気回路を含む伝達関数

その他の疑問に応える　25

トルクの式 $P=\omega T$ は どのようにして導くの？

「先輩．回転機のトルクの式$P=\omega T$は，どのようにして求めるのですか？」

「そうね．これは，あらゆる回転機の基礎となる知識なので，詳しく説明するわね．」「まず，図(a)のように軸を中心として回転する円板を考えるの．円板上の軸からr [m] 離れた点PにF [N] の力が作用していると，Fは，図のように半径方向に働く力F_{n} [N] と接線方向の力F_{t} [N] に分けることができて，トルクTは①式で与えられるわ．

$$T=F_{\mathrm{t}}\cdot r\,[\mathrm{N\cdot m}] \quad ①$$

①式からわかるように，トルクの単位 [N·m] は仕事の単位なの．次に図(b)のように，弧度法で考えるの．$\theta\,[\mathrm{rad}]=l\,[\mathrm{m}]/r\,[\mathrm{m}]$で表すと，$r=l/\theta\,[\mathrm{m/rad}]$となって，①式の単位は，

$$T=F_{\mathrm{t}}\cdot r\,[(\mathrm{N\cdot m})/\mathrm{rad}] \quad ②$$

と表すことができて，仕事の単位と区別することができるの．回転運動の場合，図(c)に示すように仕事Wは，トルクTとそのトルク方向に回転した角度θの積で与えられるわ．

$$W=T\,[(\mathrm{N\cdot m})/\mathrm{rad}]\times\theta\,[\mathrm{rad}]=T\theta\,[\mathrm{N\cdot m}] \quad ③$$

となるから，　$W=T\theta\,[\mathrm{J}]$　④

一方で，仕事の行われる速さ，すなわち単位時間当たりになされる仕事を動力Pと呼ぶわ．t秒間にW [J] の仕事がなされたとすれば，このときの動力Pは，　$P=W/t\,[\mathrm{J/s}]$で表されて，[J/s] は [W] になるわ．回転運動の場合は，④式から，　$P=W/t=T\theta/t\,[\mathrm{W}]$となるけれど，$\theta/t$は [rad/s] で，角速度であるから，これを$\omega$とおけば，

$$P=\omega T$$

という，なじみの深い式が得られるわ．」

「何となく使っていた式も導き出すのは容易ではないのですね．」「そうよ（**第25図参照**）．」

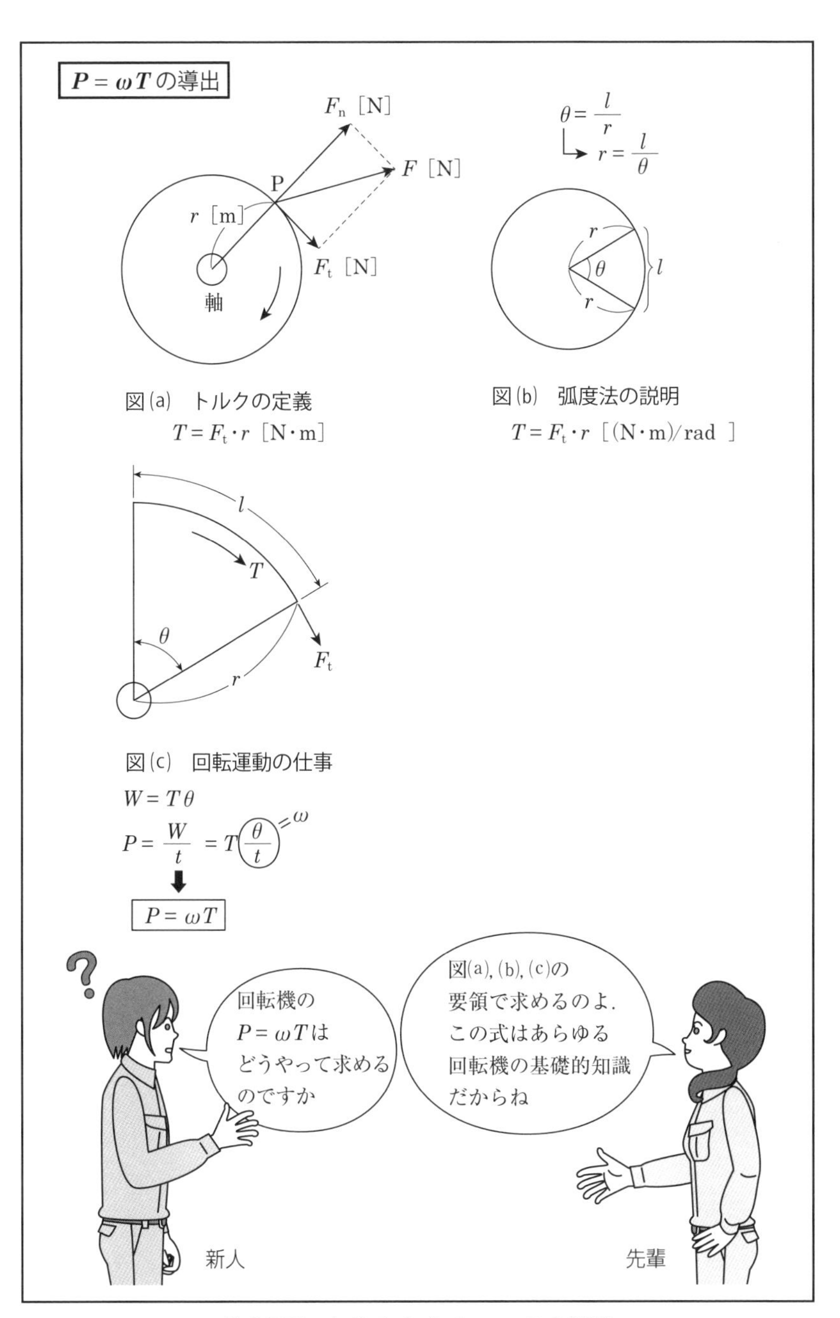

第25図 トルクの式 $P = \omega T$ の導出

第4章　法　規

電気事業法・電気設備技術基準の疑問に応える

施設管理の疑問に応える

電気事業法・電気設備技術基準の疑問に応える　1

自家用電気工作物には定義はあるの？

「先輩．法規科目に自家用電気工作物に関する問題があったのですが，その定義はあるのでしょうか？」

「そうね．実は，自家用電気工作物の具体的な定義はないのよ．電気事業法第38条にあるけれどわかりにくいわ．次のように記されているだけなのよ．“この法律において，「自家用電気工作物」とは，次に掲げる事業の用に供する電気工作物及び一般用電気工作物以外の電気工作物をいう．①一般送配電事業，②送電事業，③配電事業，④特定送配電事業，⑤発電事業であって，その事業の用に供する発電用の電気工作物が主務省令で定める要件に該当するもの”とあるけれど，とてもわかりにくいわね．」

「そうですね．」

「つまり，①～⑤は電気事業の用に供する工作物であって，具体的にわかりやすくいえば，電力会社等の設備を指すと考えればいいわ．」

「もう一つ，一般用電気工作物以外とあるから，それについて明らかにしておく必要があるわね．一般用電気工作物については，電気事業法施行規則第48条に規定があるけれど，これもわかりにくいから，簡単に要点を挙げるわね．①受電電圧600 V以下であって，②受電のための電線路以外の電線路によって構外の電気工作物と電気的に接続されていないもの」

「このように，この法律はとてもわかりにくいので，まとめると**第1図**のようになるわ．自家用電気工作物をさらにもっと簡単にいえば，電力会社のような事業用電気工作物ではなく，家庭用などの一般用電気工作物ではない電気工作物だわね．例えば，身近にある6 kVの変電所，22 kVのスポットネットワーク設備，66 kVの特別高圧変電所などが該当すると考えてね．」

「はい．先輩の説明で，たいぶわかってきました．」

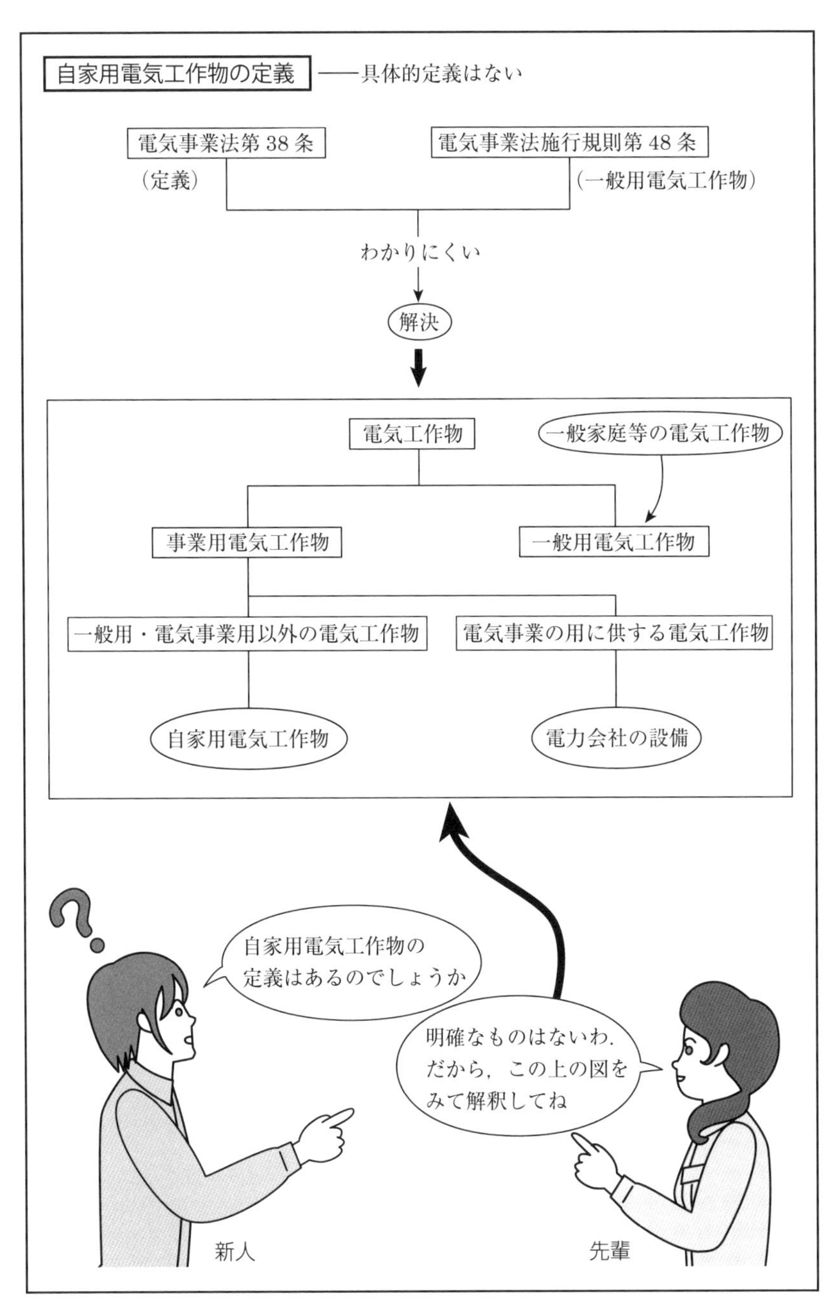

第１図　自家用電気工作物の定義

電気事業法・電気設備技術基準の疑問に応える　2

主任技術者の免状の種類による監督範囲と電圧の種別は異なる！

「先輩．22 kVスポットネットワークの施設は，第3種電気主任技術者免状があれば監督できるのですか？」

「そうね．それは主任技術者の監督範囲と電圧の種別を調べればわかるわよ．前者は電気事業法施行規則第56条（免状の種類による監督の範囲）にあるわよ．

○第1種電気主任技術者免状　事業用電気工作物の工事，維持および運用

○第2種電気主任技術者免状　電圧170 000 V未満の事業用電気工作物の工事，維持および運用

○第3種電気主任技術者免状　電圧50 000 V未満の事業用電気工作物（出力5 000 kW以上の発電所を除く．）の工事維持および運用」

「ということは，22 kVスポットネットワークの自家用電気工作物は，第3種電気主任技術者が管理できるということですね．」

「そうよ．そこでもう一つ，電圧の種別があるから，紛らわしいのよ．電圧の種別については，電気設備に関する技術基準を定める省令第2条（電圧の種別等）に，電圧は，次の区分により低圧，高圧および特別高圧の3種とする，とあって次のようになっているわ．

○低圧　直流にあっては750 V以下，交流にあっては600 V以下のもの

○高圧　直流にあっては750 Vを，交流にあっては600 Vを超え，7 000 V以下のもの

○特別高圧　7 000 Vを超えるもの

先の22 kVは特別高圧になるわね．だから第3種電気主任技術者は，特別高圧の一部も管理できることになるの．第3種主任技術者免状では，特別高圧は管理できないと勘違いして人がいるわ．この誤解は，先に述べた二つの条文から，主任技術者の監督範囲と電圧の種別が異なっているから起こるのよ（**第2図**参照）．」

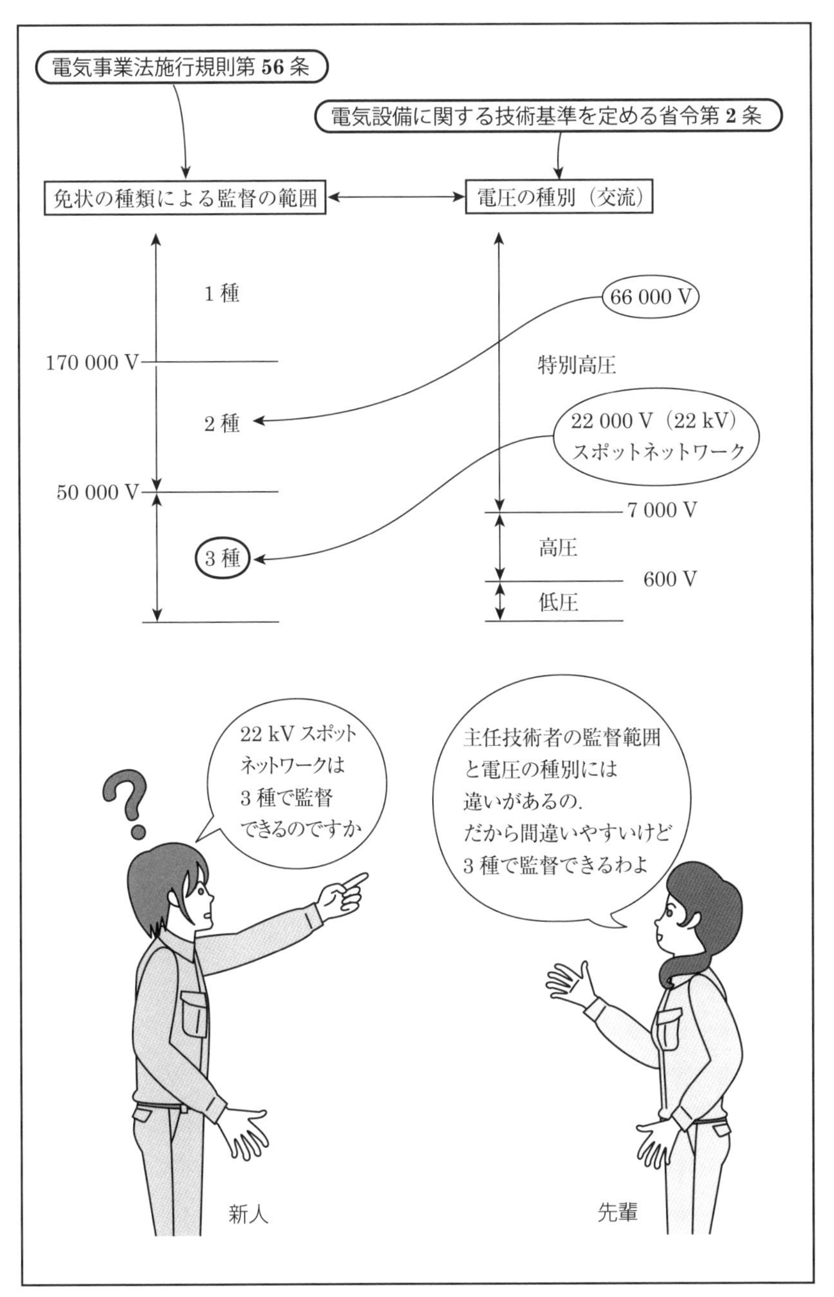

第2図　主任技術者の監督範囲と電圧の種別

電気事業法・電気設備技術基準の疑問に応える 3

保安規程には どのようなことが定められているの？

「先輩．保安規程にはどのようなことが定められているのですか？」

「その前に，保安規程は，具体的に誰が作成するかわかるかな．」「いいえ．」「それは主任技術者なのよ．あなたも将来，主任技術者になったとき必要な知識なのよ．」

「保安規程については，電気事業法施行規則第50条（保安規程）に細かく規定されているわよ．項目が多数あるから抜粋するわね．

① 事業用電気工作物の工事，維持または運用を行う者の職務および組織に関すること．

② 事業用電気工作物の工事，維持または運用を行う者に対する保安教育に関すること．

③ 事業用電気工作物の保安のための巡視，点検および検査に関すること．」

「点検，検査では，どのようなことをするのですか？」

「日常巡視点検や定期点検があるわ．日常巡視点検は，五感を働かせて異常がないか目視で点検するものよ．定期点検は年に一度，停電して各種試験を実施するのよ．試験内容としては，継電器試験（過電流継電器試験・地絡方向継電器試験など），絶縁抵抗測定（高圧・低圧），接地抵抗測定などがあるわよ．主任技術者またはスタッフが実施するのが原則だけど，定期点検は外部委託することも多いわ．」

「④事業用電気工作物の運転または操作に関すること．⑤災害その他非常の場合に採るべき措置に関すること．⑥事業用電気工作物の工事，維持または運用に関する保安についての記録に関すること．これは，日常巡視点検，定期点検，修繕を行ったとき，それを記録して残しておくことをいっているわ．」「このような保安規程を作成して，使用開始前に主務大臣に届け出た後，それに則って管理しなければならなのよ．」「厳しいものがありますね（**第3図参照**）．」

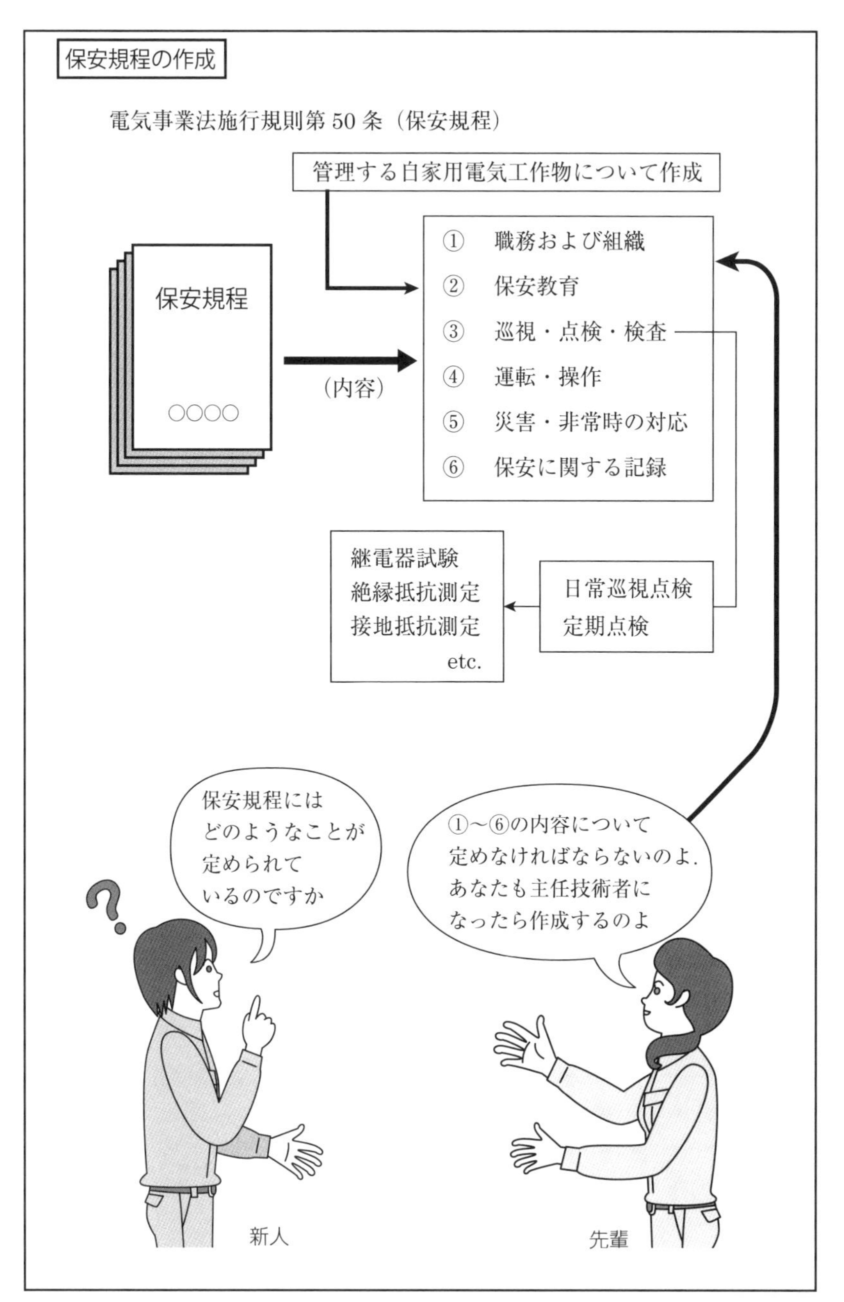
保安規程の作成
電気事業法施行規則第50条（保安規程）
管理する自家用電気工作物について作成
保安規程
○○○○
（内容）
① 職務および組織
② 保安教育
③ 巡視・点検・検査
④ 運転・操作
⑤ 災害・非常時の対応
⑥ 保安に関する記録
継電器試験
絶縁抵抗測定
接地抵抗測定
etc.
日常巡視点検
定期点検
保安規程にはどのようなことが定められているのですか
①～⑥の内容について定めなければならないのよ．あなたも主任技術者になったら作成するのよ
新人
先輩

第3図　保安規程の内容

電気事業法・電気設備技術基準の疑問に応える　**4**

工事計画の事前届出はどのようなとき必要なの？

「先輩．法規科目に工事計画の事前届出に関する問題があったのですが，どのようなとき必要になるのですか？」

「そうね．規模の大きい事業用電気工作物の設置や変更を行う場合には，公共の安全の確保を確認するために審査するの．この届出には決まりがあって，届出は工事開始の30日前までに主務大臣に工事の計画を届け出る必要があるのよ．」

「根拠は，電気事業法第48条第1項（工事計画）に規定されているわ．“事業用電気工作物の設置又は変更の工事であって，主務省令で定めるものをしようとする者は，その工事の計画を主務大臣に届け出なければならない．その工事の計画の変更をしようとするときも，同様とする．”となっているわ．」

「具体的にはどのような電気工作物なのですか？」

「それに関しては，電気事業法施行規則第65条別表第2に細かく規定されているわ．抜粋してまとめると，事前届出が必要な規模，工事内容として次のものがあるわ．

①　受電電圧10 000 V以上の需要設備の設置

②　遮断器（電圧10 000 V以上）（受電電圧10 000 V以上の需要設備に使用）の設置，取替え，20 %以上の遮断電流の変更

③　電力貯蔵装置（容量80 000 kW·h以上）（受電電圧10 000 V以上の需要設備に使用）の設置，20 %以上の容量の変更

④　遮断器，電力貯蔵装置，計器用変成器以外の機器（電圧10 000 V以上かつ容量10 000 kV·A以上または出力10 000 kW以上）の設置，取替え，20 %以上の電圧または容量もしくは出力の変更」

「うーん．細かい規定ですね．」「そうだね．ポイントとして，受電電圧10 000 V以上が頻繁に出てくるでしょ．併せて，容量10 000 kV·A以上も記憶しておいてね（**第4図**参照）．」

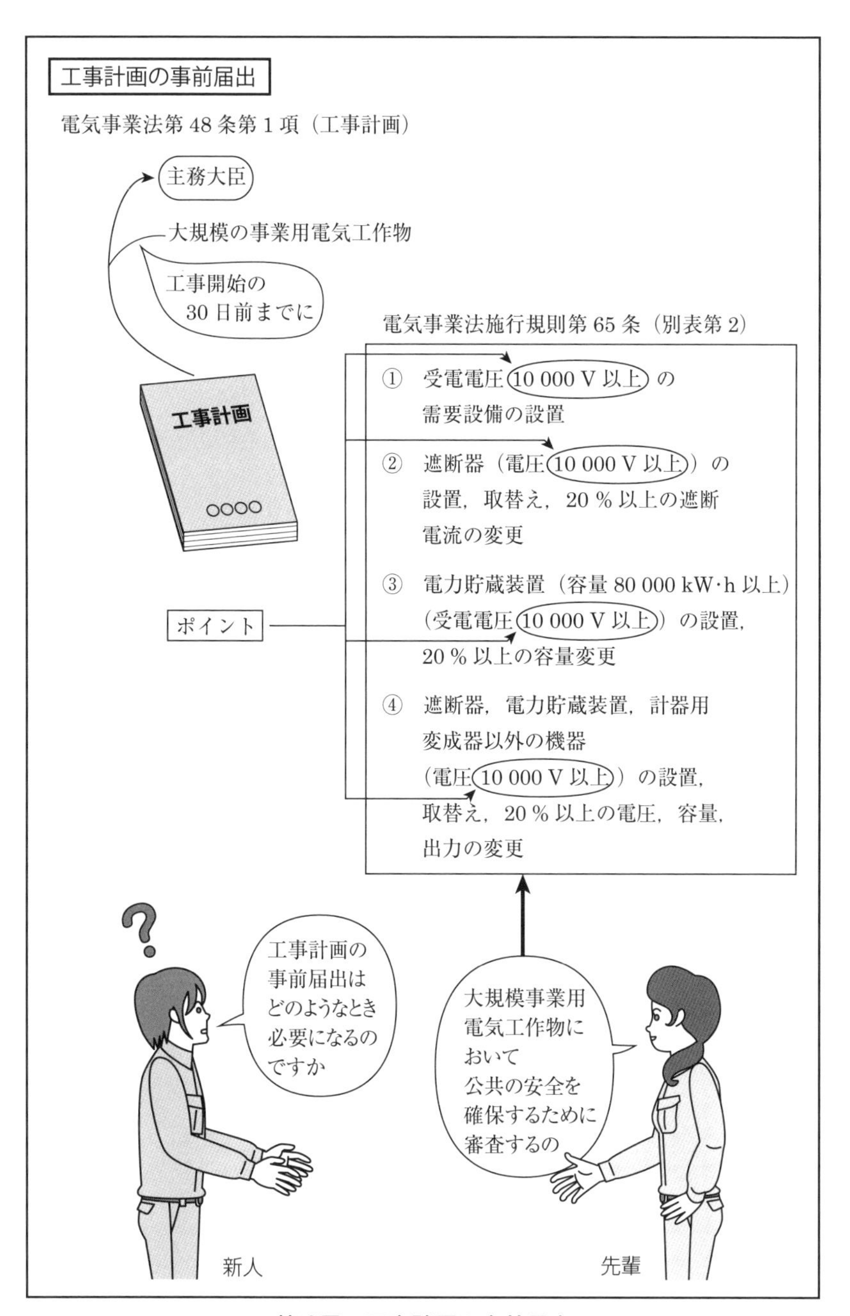

第４図　工事計画の事前届出

電気事業法・電気設備技術基準の疑問に応える **5**

電気の使用制限は どのようなとき実施されるの？

「先輩．法規科目で電気の使用制限に関する問題があったのですが，どのようなときに実施されるのですか？」

「そうね．めったにないことだけど，近年では，2011年（平成23年）3月11日に勃発した東北地方太平洋沖地震（東日本大震災）のとき，この使用制限が適用されたわね．津波によって，福島第一原子力発電所が制御不能になったため，電力の供給不足が起こったわ．このとき，この法令に基づいて計画停電が実施されて，使用電力量の制限が行われたわ．」「あのときのことだったのですか．停電が頻繁に起こったのを覚えています．」

「このように何らかの要因で電力が不足すると，電気が供給できなくなって，企業や家庭に大きな影響を及ぼすことになるわ．そのようなとき電力不足は，いち早く解消する必要があるわね．そこで，電気事業法第34条の2第1項では，電気事業の運営を適正で合理的にする手段として経済産業大臣は，電気の使用を制限することができると規定しているわ．」

「電気事業法第34条の2第1項を要約すると，次のようになるわ．“経済産業大臣は，電気の需給の調整を行わなければ電気の供給の不足が国民経済及び国民生活に悪影響を及ぼし，公共の利益を阻害するおそれがあると認められるときは，その事態を克服するため必要な限度において，使用電力量の限度，使用最大電力の限度，用途，使用を停止すべき日時を定めて小売電気事業者等から電気の供給を受ける者に対し，受電を制限すべきことを命じ，又は勧告することができる．”」

「このような事態になると，自家用電気工作物を管理するものにとっては，特別の操作が必要になることもあるわ．特に特別高圧設備では手順書に従って操作が必要になるわ．」「そうか．電気管理においてもいつもと違った対応が必要なのですね（**第5図**参照）．」

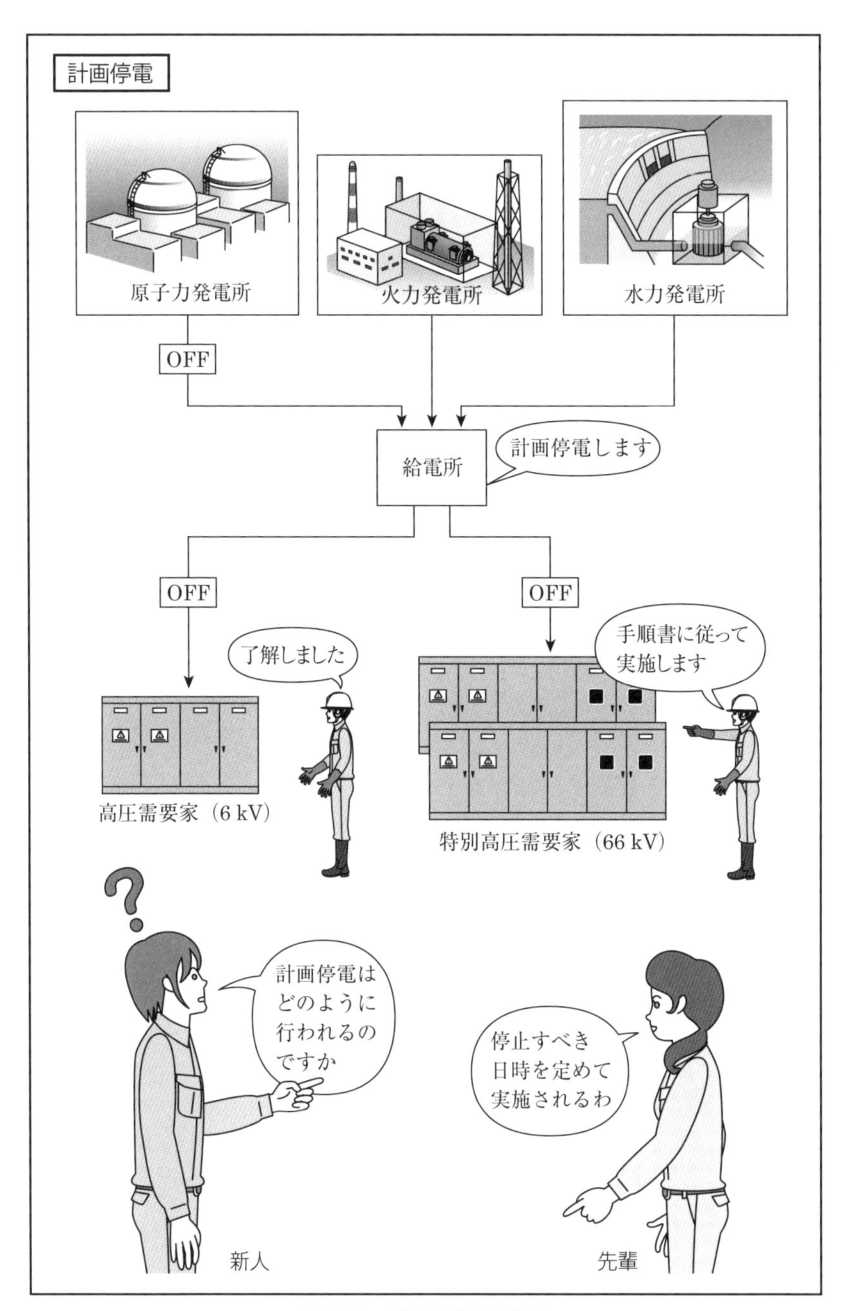
計画停電
原子力発電所
火力発電所
水力発電所
OFF
給電所
計画停電します
OFF
OFF
了解しました
手順書に従って
実施します
高圧需要家（6 kV）
特別高圧需要家（66 kV）
計画停電は
どのように
行われるの
ですか
停止すべき
日時を定めて
実施されるわ
新人
先輩

第5図　計画停電の実施

電気事業法・電気設備技術基準の疑問に応える **6**

高圧・特別高圧電路に接地工事を施す理由は何だろうか？

「先輩．高圧電路・特別高圧電路に接地工事を施す理由を教えてください．」

「そうね．電路の接地工事には次のようなものがあって，目的はさまざまだわね．電気設備の技術基準の解釈第19条では，電路の保護装置の確実な動作の確保，異常電圧の抑制または対地電圧の低下を図るため，次のような場所に接地を施すことができるの．

電路の中性点（使用電圧が300 V以下の電路において中性点に接地を施し難いときは，電路の1端子）」「それは何のためですか？」

「電路の中性点に接地工事を施すことは，通信上の誘導障害や1線地絡時に地絡電流が流れるなどの問題もあるわ．だけど，電圧が高い電路ではこれらの障害よりも，対地絶縁を軽減できることや事故時の保護リレーの動作を確実に行うことができるという利点を優先して，一般的に接地が施されるの．」

「解釈第24条では，高圧電路又は特別高圧電路と低圧電路とを結合する変圧器には，B種接地工事を施すこととなっているわ．

接地箇所は，次のとおりよ．

① 低圧側の中性点

② 低圧電路の使用電圧が300 V以下の場合において，接地工事を低圧側の中性点に施し難いときは，低圧側の1端子

これは，高圧電路または特別高圧電路と低圧側が混触した場合に，低圧側の電位上昇を防ぐためなの．」

「そのほか，解釈第28条では，高圧計器用変成器の2次側には，D種接地工事を施すよう規定されているわ．高圧計器用変成器は，事故時に2次側に高圧が侵入するおそれがあるからよ．特別高圧計器用変成器の2次側には，A種接地工事を施すわ．」「接地を施す場所はこんなにあって，それぞれの目的を果たしているのですね（第6図参照）．」

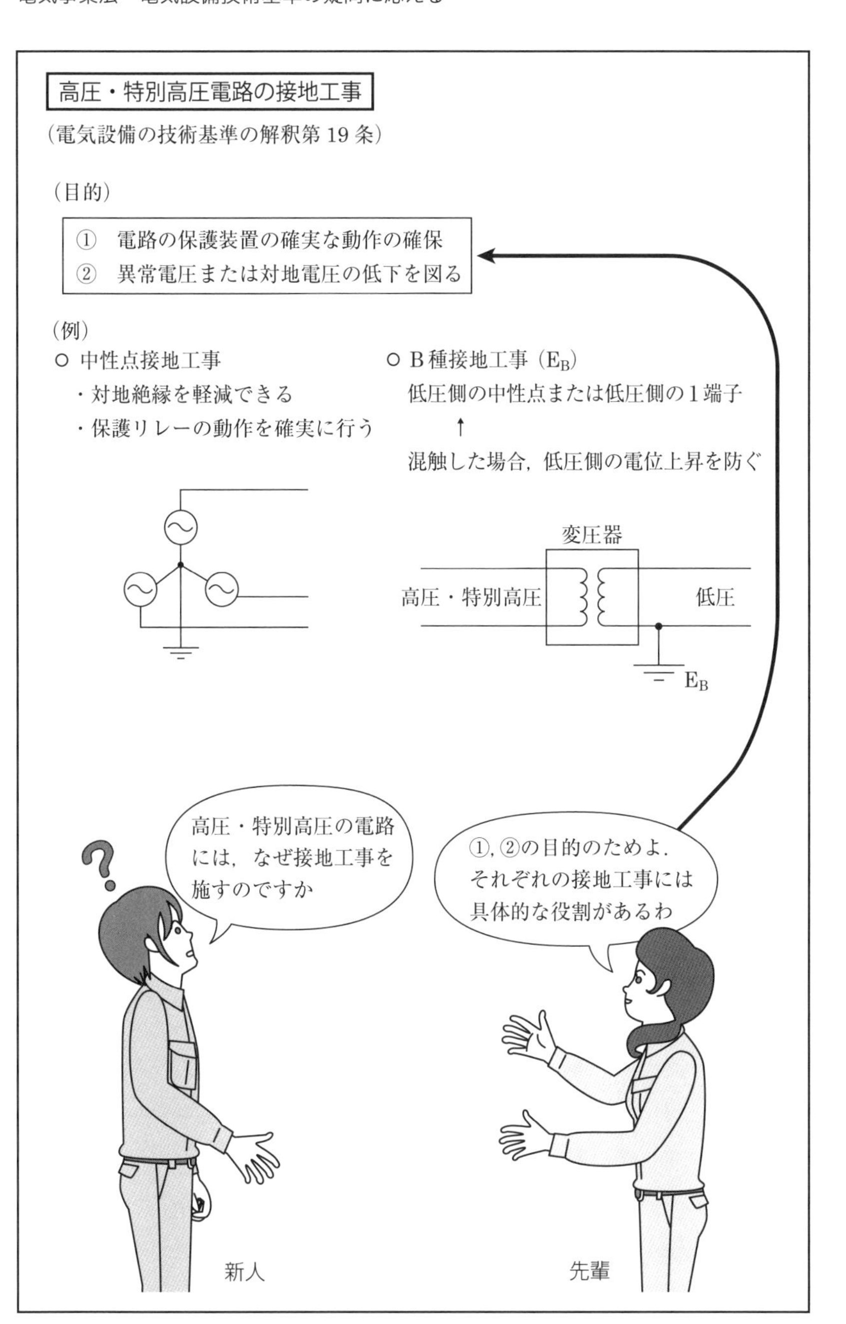

第 6 図　高圧・特別高圧電路に接地を施す理由

電気事業法・電気設備技術基準の疑問に応える **7**

架空電線の風圧荷重は季節・地方によって分類されている！

「先輩．法規科目に**第7図**の風圧荷重の問題があったのですが，その考え方を教えてください．」「そうね．架空電線は，風による力を常に受けているわね．この力を風圧荷重といって，強風などで鉄塔が倒壊しないようにしなければならないのよ．風圧荷重には甲種，乙種，丙種があって，その中でも電験に出てくるのは，甲種と乙種が多いわね．図のように季節と地方によって分類されているわ．」

「甲種風圧荷重は，風圧による長さ1 m当たりの荷重は風圧980 Paと電線の断面積をかけることで求められるわ．電線1 m当たりの断面積を垂直投影面積といって，これをS m^{2}とすると，甲種風圧荷重F_K[N]は次式で求められるわ．　$F_K = 980 \times S$ [N]

乙種風圧荷重は，比重0.9，厚さ6 mmの氷雪(スリート)が付着したことを想定しているの．また，甲種風圧荷重の1/2の風圧490 Paの風圧荷重として計算するの．乙種風圧荷重F_Oは，$F_O = 490 \times S$ [N]」

「これらの根拠はどこにあるのですか？」

「電気設備の技術基準の解釈第58条で規定されているから，あとで見ておいてね．これを踏まえて問題を解くと，まず人家が多く連なっている場所以外であって，氷雪の多い地方のうち，海岸その他の低温季に最大風圧を生じる地方では，低温季には甲種風圧荷重または乙種風圧荷重のいずれか大きいものを適用するの．

$$F_K = 980\ \mathrm{Pa} \times \text{垂直投影面積}\ [\mathrm{m}^2]$$
$$= 980\ \mathrm{Pa} \times (\text{仕上がり外径} \times 1)\ [\mathrm{m}^2]$$
$$= 980 \times (15 \times 10^{-3} \times 1) = 14.7\ \mathrm{N}$$
$$F_O = 490\ \mathrm{Pa} \times \text{垂直投影面積}\ [\mathrm{m}^2] = 490\ \mathrm{Pa} \times (\text{外径} \times 1)\ [\mathrm{m}^2]$$
$$= 490 \times (27 \times 10^{-3} \times 1) = 13.23\ \mathrm{N}$$

$14.7 > 13.23$より，甲種風圧荷重を採用するの．」「風圧荷重が，季節・地方のどれに当てはまるか，見極めなければならないのですね．」

人家が多く連なっている場所以外の場所であって，氷雪の多い地方のうち，海岸その他の低温季に最大風圧を生じる地方に設置されている公称断面積 60 mm^2，仕上り外径 15 mm の 6 600 V 屋外用ポリエチレン絶縁電線（6 600 V OE）を使用した高圧架空電線路がある．この電線路の電線の風圧荷重について「電気設備技術基準の解釈」に基づき，次の問に答えよ．

ただし，電線に対する甲種風圧荷重は 980 Pa，乙種風圧荷重の計算で用いる氷雪の厚さは 6 mm とする．

低温季において電線 1 条，長さ 1 m 当たりに加わる風圧荷重の値［N］として，最も近いものを次の(1)～(5)のうちから一つ選べ．

(1)　10.3　　(2)　13.2　　(3)　14.7　　(4)　20.6　　(5)　26.5

甲種風圧荷重 F_K

$F_K = 980 \times S$［N］

1 m　d［m］　電線　垂直投影断面積　S m^2

乙種風圧荷重 F_O

$F_O = 490 \times S$［N］

1 m　d［m］　電線　氷雪厚さ 6 mm　垂直投影断面積　S m^2　6 mm　6 mm

外径 = 15 + 6 × 2
= 27 mm

風圧荷重の適用区分（電技・解釈 第 58 条）

季節	地方		適用する風圧荷重
高温季	すべての地方		甲種風圧荷重
低温季	氷雪の多い地方	海岸地その他の低温季に最大風圧を生じる地方	甲種風圧荷重または乙種風圧荷重のいずれか大きいもの
		上記以外の地方	乙種風圧荷重
	氷雪の多い地方以外の地方		丙種風圧荷重

第 7 図　架空電線の風圧荷重

電気事業法・電気設備技術基準の疑問に応える **8**

機械器具の金属製外箱の接地を省略できるのはどのような場合？

「先輩．法規科目に，機械器具の金属製外箱に接地工事を施さないことができる場合に関する問題があったのですが，どのような場合ですか？」

「そうね．それは電気設備の技術基準の解釈第29条に規定されているわ．接地を省略してもよい場合とは，絶縁破壊が生じても感電のおそれが少ないということで認められているのよ．」

「第1に“電気用品安全法の適用を受ける2重絶縁の構造の機械器具を施設する場合”があるわ．2重絶縁の構造の機械器具とは，図のように，一般の機械器具よりも絶縁性を高めた機械のことよ．感電の危険性がきわめて低いから，接地を省略できるの．」

「第2に“低圧用の機械器具に電気を供給する電路の電源側に絶縁変圧器（2次側線間電圧が300 V以下であって，容量が3 kV·A以下のものに限る．）を施設し，かつ，当該絶縁変圧器の負荷側の電路を接地しない場合”があるわ．」

「絶縁変圧器とはどういう変圧器ですか？」

「広義には，一般の変圧器はすべて絶縁変圧器だけど，狭義には，絶縁を目的として一次，二次の巻数を1：1にして，電圧変成はしない変圧器を指すわ．ここでいう絶縁変圧器は後者をいうのよ．」

「第3としては，“水気のある場所以外の場所に施設する低圧用の機械器具に電気を供給する電路に，電気用品安全法の適用を受ける漏電遮断器（高速高感度の電流動作型に限る．）を施設する場合”だね．」

「第4に，“金属製外箱等の周囲に適当な絶縁台を設ける場合”があるわ．」

「金属製外箱の接地は，有効な場合も多いけれど，接地する必要のない場合もあるのよ．」「うーん．接地は難しいなー．」「そうよ．接地は難しいけれど，大切なことよ（第8図参照）．」

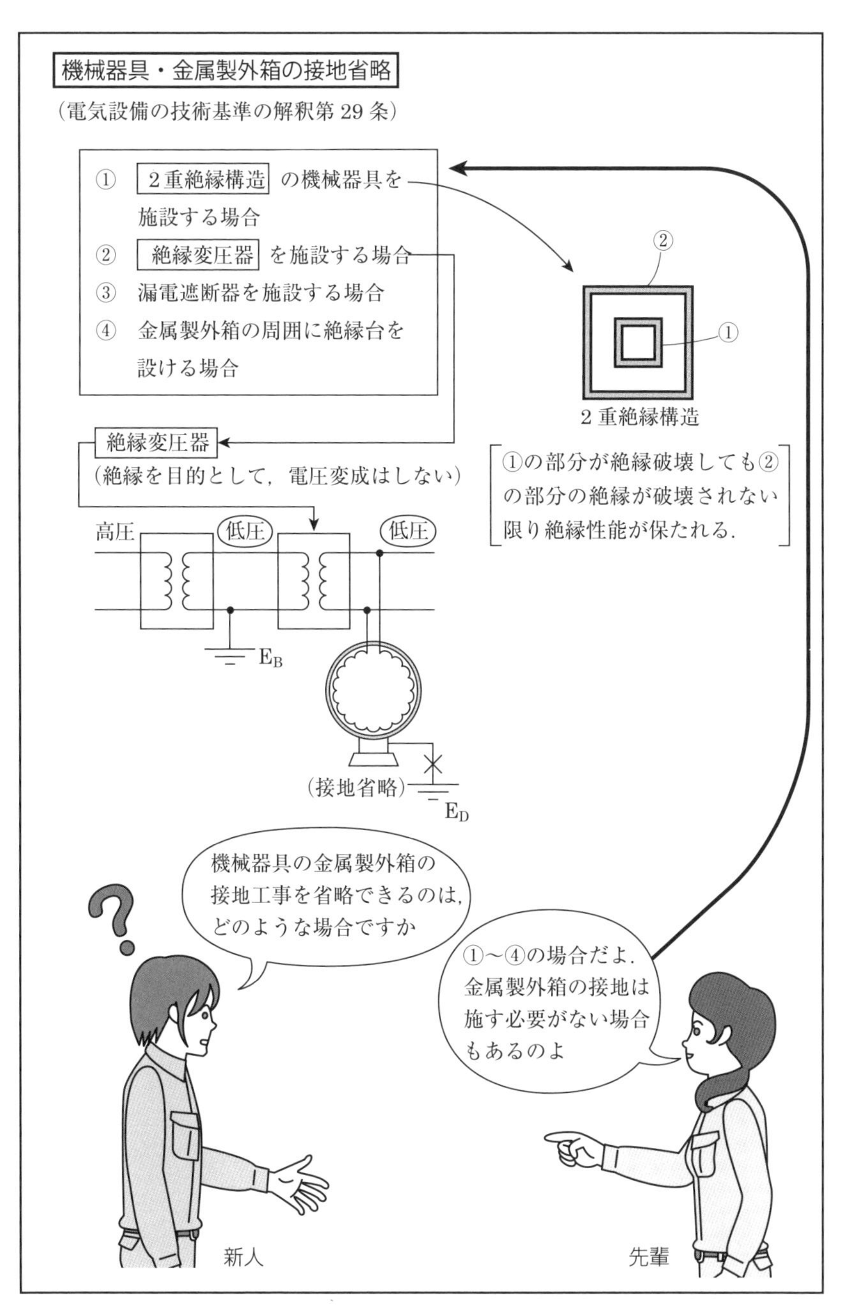

第8図　機械器具の金属製外箱の接地省略

電気事業法・電気設備技術基準の疑問に応える **9**

常時監視をしない発電所は3方式で管理する！

「先輩．法規科目に“常時監視をしない発電所”に関する問題があったのですが，発電所は常に監視しなくてもいいのですか？」

「そうではないわ．電気設備に関する技術基準を定める省令第46条第1項では，①異常が生じた場合に人体に危害を及ぼしたり，物件に損傷を与えるおそれがないように異常状態に応じて制御する必要がある発電所や，②一般送配電事業に係る電気の供給に著しい支障を及ぼすおそれのないよう異常を早期に発見する必要がある発電所には，技術員が常時監視をすることを義務づけているわ．」

「一方で，同条第2項では，重要な発電所以外の発電所で，常時監視をしないものは，異常が生じた場合に安全かつ確実に停止する措置を講ずることを定めているの．」

「なぜ，そんなに緩和されているのですか？」

「ひと昔前は，発電所や変電所には常時人が駐在していて，運転状態を監視するのが当たり前であったけれど，近年は電力機器の信頼度が向上して，また保護装置も確実になってきたという背景があるわ．というわけで，重要な発電所以外のほとんどの小規模発電所は遠隔制御となっていて，常時人がいない発電所となっているのよ．」

「無人化された発電所の監視方式には，次の3方式があるわ．①随時巡回方式は，技術員が，適当な間隔をおいて発電所を巡回し，運転状態の監視を行う．②随時監視制御方式は，技術員が，必要に応じて発電所に出向き，運転状態の監視または制御その他必要な措置を行う．③遠隔常時監視制御方式は，技術員が，制御所に常時駐在し，発電所の運転状態の監視および制御を遠隔で行う．」

「このように，発電所はその重要性や規模に応じて管理形態が違っているのよ．」「そうか．時代の変化とともに管理方式も変化しているのだな（**第9図**参照）．」

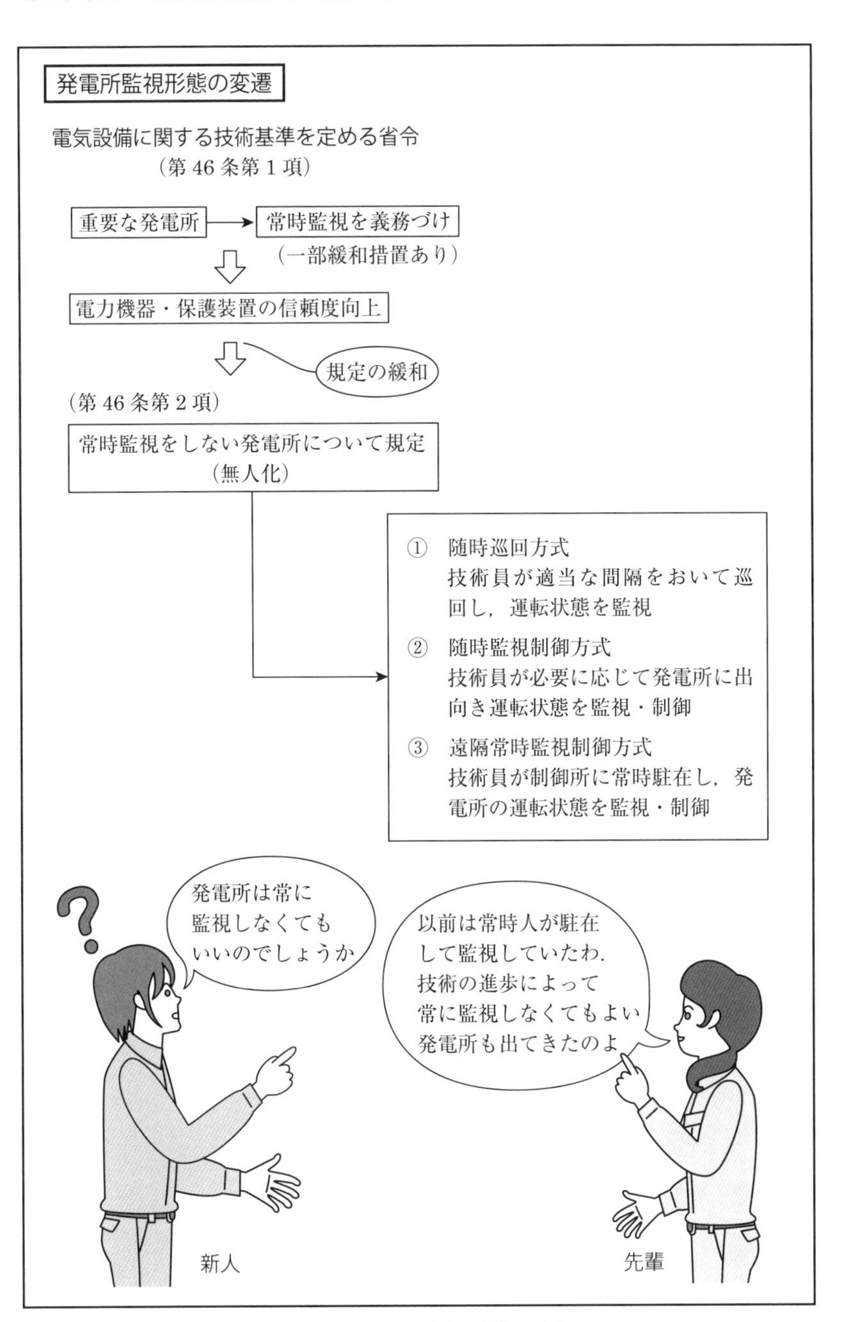

第9図　発電所監視形態の変遷

電気事業法・電気設備技術基準の疑問に応える **10**

絶縁電線の許容電流は どのようにして決まるの？

「先輩．**第10図**のような絶縁電線の許容電流に関する問題があったのですが，その考え方を教えてください．」

「そうね．まず許容電流とは，電線に流すことができる電流の最大値だね．導体は抵抗をもっているから，電流を流すと発熱するわね．この発熱によって電線の劣化や被覆の溶融が起こってはいけないので，許容電流を定めて電流値を制限しているの．」

「低圧屋内配線の許容電流については，電気設備の技術基準の解釈第146条(低圧配線に使用する電線)で規定しているわ．許容電流は，周囲温度30 ℃を標準として定められているの．常時の周囲温度がこの値から外れる場合は，定められた値に電流減少係数(α)を乗じて補正しなければならないわ．周囲温度によって，熱放散が制限を受けるからね．電線を金属管などに収めて使用する場合は，許容電流に同一管内に収める電線数による電流減少係数(β)を乗じなければならないわ．管に入れると熱放散ができにくくなるからね．許容電流は下がるわ．」

「図の問題では，周囲温度$\theta = 45$ ℃だから，

$$\alpha = \sqrt{\frac{75-\theta}{30}} = \sqrt{\frac{75-45}{30}} = 1$$

βは，単相2線式（電線数2本）だから，表より$\beta = 0.7$となるわ．

よって，求める許容電流I[A]は

$$I \times \alpha \times \beta = 30 \qquad I = \frac{30}{\alpha\beta} = \frac{30}{1 \times 0.7} = 42.9\ \text{A}$$ となるわ．」

「でも，こんな計算をいつもやっているのですか？」「そんなときのために“内線規程”に管の太さの選定早見表があるのよ．例えば，薄鋼電線管の太さの選定において，IV1.6 (3本) で (19) というようにね．」「実務に就くとこのような計算をすることはほとんどないの．問題では根本の考え方を示しているのよ．」

周囲温度が 45 ℃の場所において，単相 2 線式の定格電流が 30 A の抵抗負荷に電気を供給する低圧屋内配線がある．金属管工事により絶縁電線を同一管内に収めて施設する場合に使用する絶縁電線の許容電流［A］は，いくら以上としなければならないか．最も近いのは次のうちどれか．

ただし，使用する絶縁電線の絶縁物は，耐熱性を有するビニル混合物とし，この絶縁電線の周囲温度による電流減少係数は $\sqrt{\dfrac{75-\theta}{30}}$（$\theta$は周囲温度）とする．

また，同一管内に収める電線数による電流減少係数は次による．

同一管内の電線数	電流減少係数
3 以下	0.7
4	0.63
5 または 6	0.56

(1) 30.0　(2) 36.3　(3) 42.9　(4) 46.3　(5) 52.5

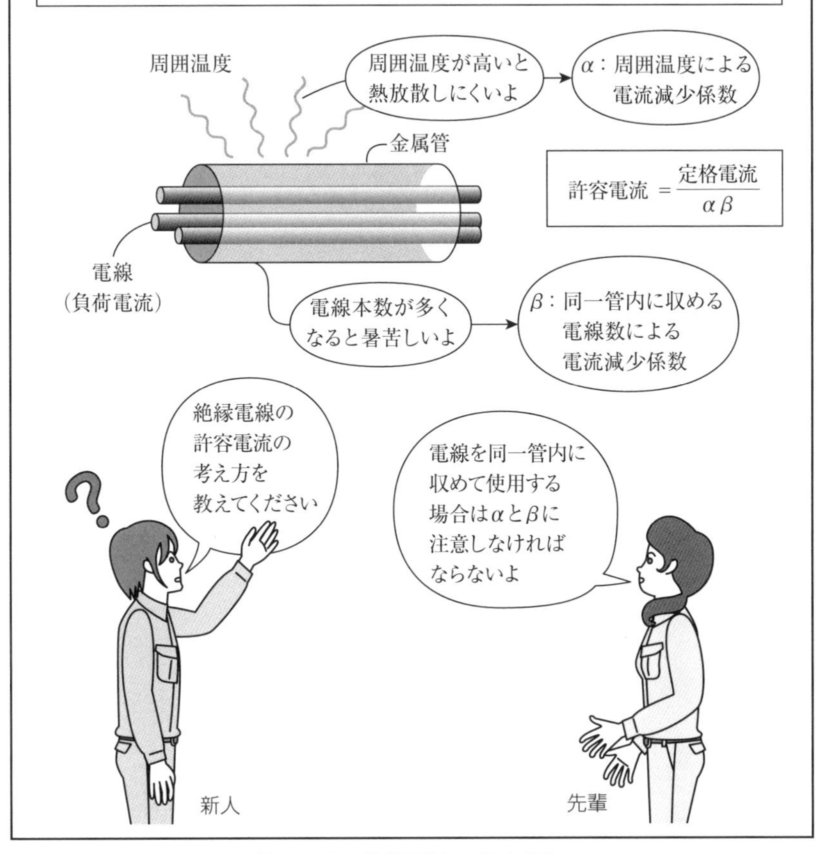

第10図　絶縁電線の許容電流

電気事業法・電気設備技術基準の疑問に応える **11**

絶縁抵抗測定では規定値を満たしているかどうかを確認する！

「先輩．絶縁抵抗測定は，やったことがないのですが，どのようにすればいいのですか？」

「そうね．これはやはり経験がないとわかりにくいかもしれないわね．実務を積めばわかってくるわよ．絶縁抵抗測定は，自家用電気工作物のなかでも基本となる重要なものよ．電路が大地（零電位）に対して，どれだけの絶縁性能があるかを見極めるものなのよ．測定には，絶縁抵抗計（現場ではメガという）を用いるわ．」

「低圧系統の基準値は，電気設備に関する技術基準を定める省令第58条（低圧の電路の絶縁性能）にあるわよ．」

「300 V以下と300 Vを超えるものに分かれているわ．300 V以下のなかで，対地電圧が150 V以下の場合は0.1 MΩ以上あればいいのよ．これは通常100 V回路のことだね．また，対地電圧が150 Vを超え，300 V以下の場合は0.2 MΩ以上あればいいのよ．これは200 V回路が該当するわね．そして300 Vを超える場合は，0.4 MΩ以上になっているわよ．これは400 V回路が該当するわね．この値は頻繁に出題されるから，記憶しておいてね．」

「低圧の絶縁抵抗測定について，分電盤を例に挙げるわね．まず，回路を遮断するの．絶縁抵抗計のLINEプローブとEARTHクリップを接触させて，PUSHスイッチを押して，指針が0 MΩを指すことを確認するの．次に，EARTHクリップを接地端子に接続するの．接地端子は通常，分電盤の下部にあって，緑色の電線が接続されているからすぐわかるわよ．そして，LINEプローブの先端を配線用遮断器（MCCB）または漏電遮断器（ELCB）の二次側に当てて，数値を読み取るの．基準値と比較して良否判定を行うわ．補足すると，この基準値はあくまでも最低の値であるから，一般的には2けた（○○ MΩ）はほしいわね（**第11図**参照）．」

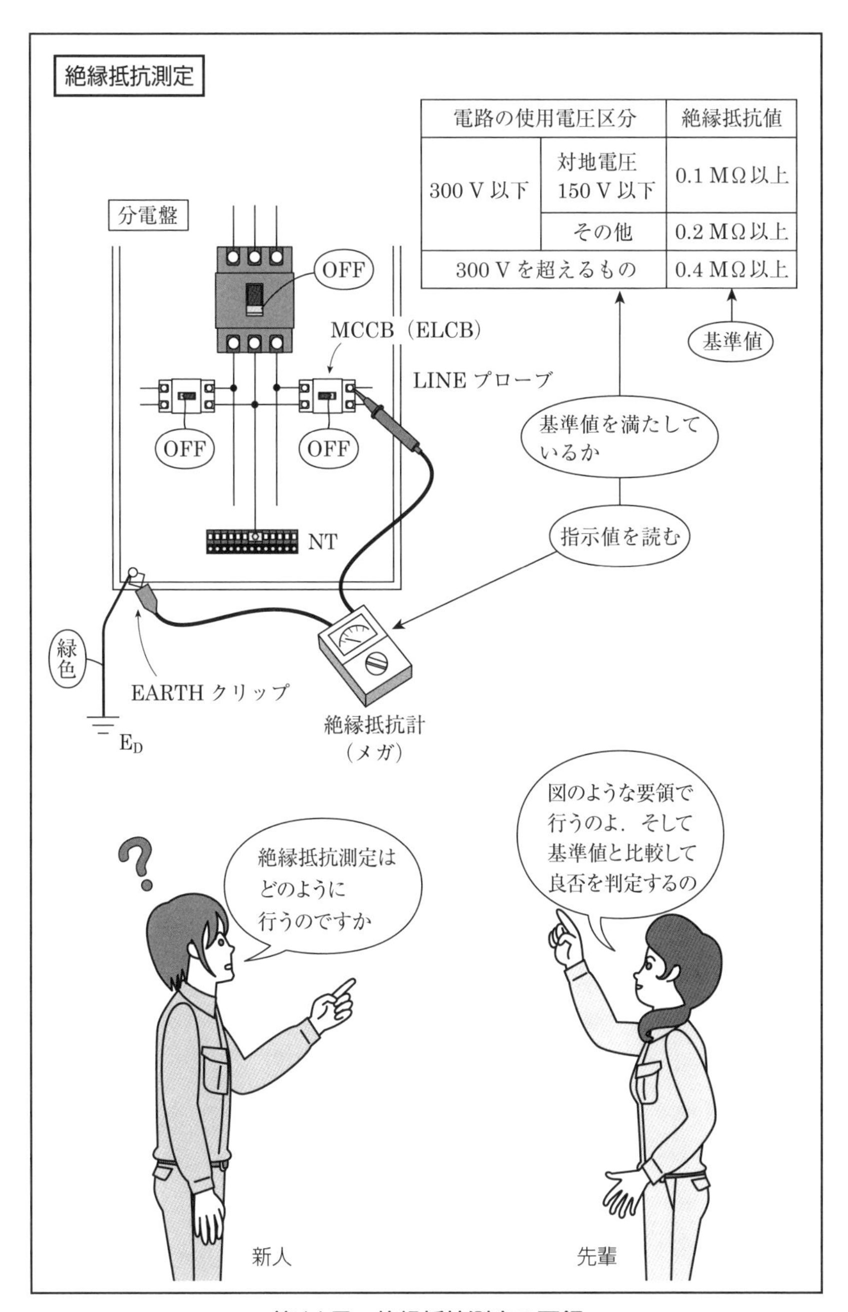

電路の使用電圧区分		絶縁抵抗値
300 V 以下	対地電圧 150 V 以下	0.1 MΩ以上
	その他	0.2 MΩ以上
300 V を超えるもの		0.4 MΩ以上

第11図　絶縁抵抗測定の要領

施設管理の疑問に応える　12

風力発電設備の安全対策はどのようになっているの？

新人は，先輩とA県の風力発電設備を見学に行った．見上げた大きなタワーの上にある，風車ロータが“ゴー，ゴー”と音を立ててゆっくり回転している．

「先輩．この風力発電設備が，例えば台風に襲われたときは，風車の回転数が異常に上がって危険だと思うのですが，その対策はどのようになっているのですか？」

「そうね．それについては，発電用風力設備に関する技術基準を定める省令があって，第5条で風車の安全な状態の確保について規定しているわ．風車の回転速度が著しく上昇した場合，あるいは風車の制御装置の機能が著しく低下した場合においては，安全かつ自動的に停止する措置を講じるようになっているの．だから心配はいらないわ．風力発電設備を計画するときは，風況調査を行って適した場所を選定してはいるけど，異常は起こりうるわ．」

「あとは，風車は随分高い所に設置されていますが，周辺には高い建物もないので，落雷の心配があると思うのですが．」

「それについては，風車の最高部の地表からの高さが20 mを超える場合には，雷撃から風車を保護する措置をとらなければならないようになっているの．だからタワーの先端に避雷針が付いているでしょ．これによって風車を保護しているのよ．」

「建築基準法では，高さ20 mを超える建造物には避雷針を取り付けるよう規定されているのよ．これとも整合が取れているわ．」

「そうか．風力発電設備には，さまざまな安全対策が施されているのだな．」

「周辺を見渡してみると，系統連系装置や風力で発電した電力を貯蔵しておくNAS電池設備もあるでしょ．」

「うーん．やはり実物を見ると迫力がありますね（**第12図**参照）．」

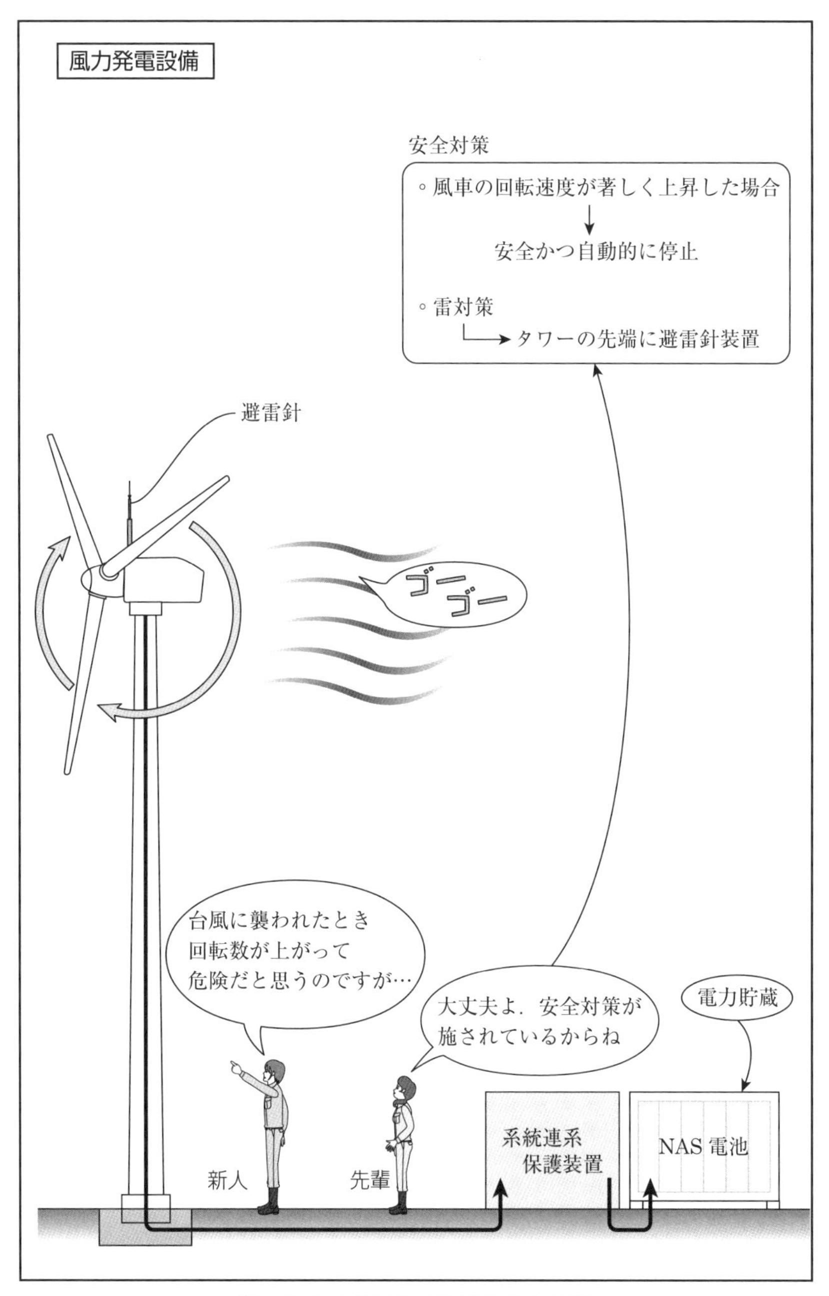

第12図　風力発電設備の安全対策

施設管理の疑問に応える　13

調整池付水力発電所の問題では条件を注視せよ！

「先輩．**第13図**の問題はどのように考えたらいいのですか？」「そうね．問題文の条件をよく理解することだね．条件は次の3点だね．

⑴　河川の全流量を発電に利用する．

⑵　発電所出力は使用水量のみに比例する．

⑶　調整池の水を使い切るまで発電する．

「まず(a)では，発電していない x〜24時，0〜8時に，河川流量10 $\mathrm{m^3/s}$ で貯水する量が調整池の容量360 000 $\mathrm{m^3}$ になるから

$$10\ \mathrm{m^3/s}\times\{(24-x)+(8-0)\}\ \mathrm{h}\times 3\,600\ \mathrm{s}=360\,000\ \mathrm{m^3}$$

$x=22$ 時　だね．」

「次に(b)について，まず条件⑴より，発電しないで1日中貯水した場合の貯水量は

$$W_1=10\ \mathrm{m^3/s}\times 24\ \mathrm{h}\times 3\,600\ \mathrm{s}=240\times 3\,600\ \mathrm{m^3} \quad ①$$

発電に使用する水量は条件⑵を使って，

$$8時〜12時：W_\mathrm{a}=20\ \mathrm{m^3/s}\times\frac{P\,[\mathrm{kW}]}{40\,000\ \mathrm{kW}}\times 4\ \mathrm{h}\times 3\,600\ \mathrm{s}$$

$$=0.002P\times 3\,600\ \mathrm{m^3} \quad ②$$

$$12時〜13時：W_\mathrm{b}=20\ \mathrm{m^3/s}\times\frac{16\,000\ \mathrm{kW}}{40\,000\ \mathrm{kW}}\times 1\ \mathrm{h}\times 3\,600\ \mathrm{s}$$

$$=8\times 3\,600\ \mathrm{m^3} \quad ③$$

$$13時〜22時：W_\mathrm{c}=20\ \mathrm{m^3/s}\times\frac{40\,000\ \mathrm{kW}}{40\,000\ \mathrm{kW}}\times 9\ \mathrm{h}\times 3\,600\ \mathrm{s}$$

$$=180\times 3\,600\ \mathrm{m^3} \quad ④$$

$$W_2=W_\mathrm{a}+W_\mathrm{b}+W_\mathrm{c}$$

条件⑶より，図のように $W_1=W_2$ となる．①式〜④式より

$$(0.002P+8+180)\times 3\,600=240\times 3\,600 \qquad P=26\,000\ \mathrm{kW}$$

条件⑴〜⑶がなければ，こんなに簡単にはできないのよ．」

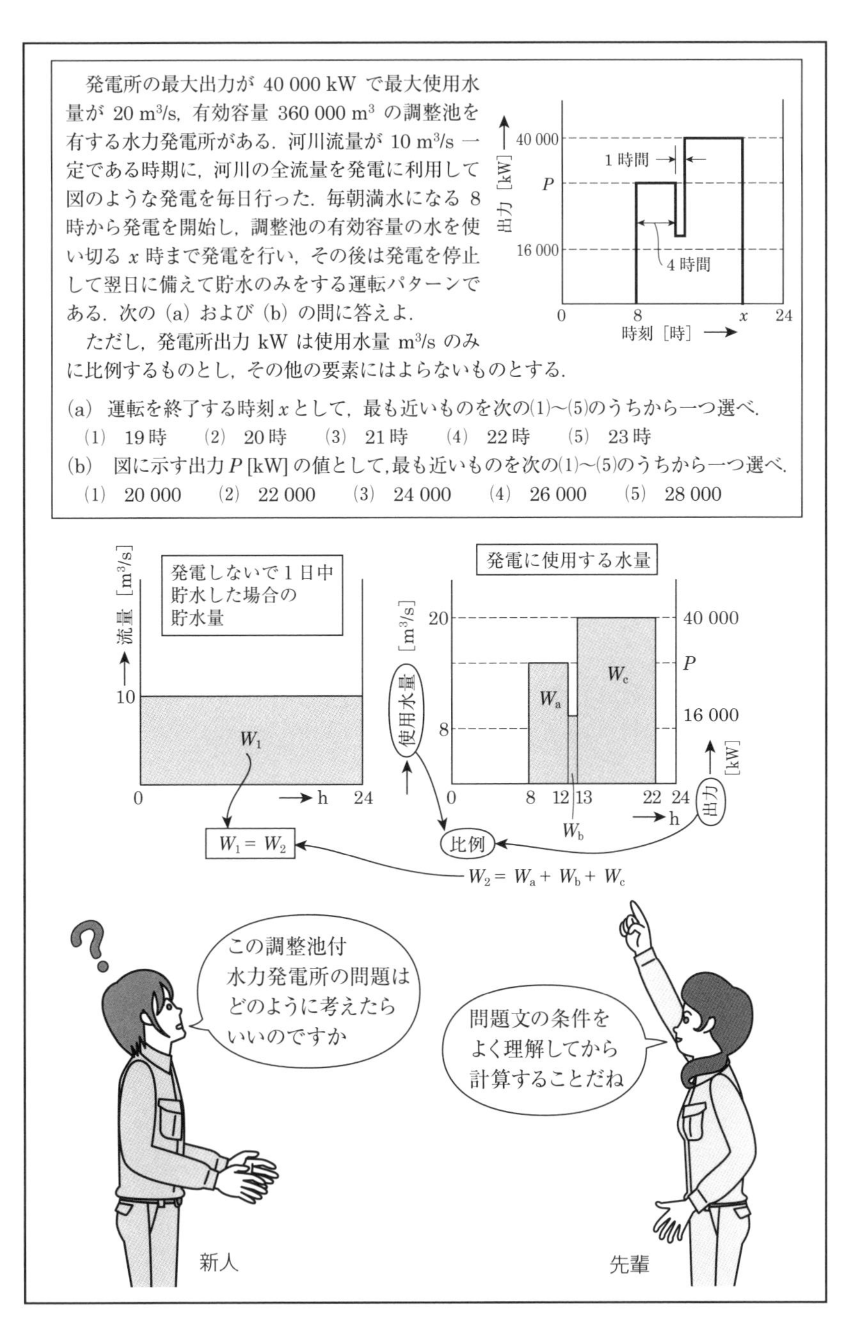

発電所の最大出力が 40 000 kW で最大使用水量が 20 m^3/s，有効容量 360 000 m^3 の調整池を有する水力発電所がある．河川流量が 10 m^3/s 一定である時期に，河川の全流量を発電に利用して図のような発電を毎日行った．毎朝満水になる 8 時から発電を開始し，調整池の有効容量の水を使い切る x 時まで発電を行い，その後は発電を停止して翌日に備えて貯水のみをする運転パターンである．次の (a) および (b) の問に答えよ．

ただし，発電所出力 kW は使用水量 m^3/s のみに比例するものとし，その他の要素にはよらないものとする．

(a) 運転を終了する時刻 x として，最も近いものを次の(1)〜(5)のうちから一つ選べ．

(1) 19 時　(2) 20 時　(3) 21 時　(4) 22 時　(5) 23 時

(b) 図に示す出力 P [kW] の値として，最も近いものを次の(1)〜(5)のうちから一つ選べ．

(1) 20 000　(2) 22 000　(3) 24 000　(4) 26 000　(5) 28 000

第13図　調整池付水力発電所の問題

施設管理の疑問に応える　**14**

鉄塔には 昇塔防止金具を取り付けて安全を保っている！

「先輩．この鉄塔には下部に放射状の金具が付いていますが，これは何のためにあるのですか？」「ああ，それね．鉄塔昇塔防止金具というのよ．危険だから，一般公衆が簡単に昇ることができないようにするためのものよ．」「具体的に取決めはあるのですか？」

「それは，電気設備の技術基準の解釈第53条（架空電線路の支持物の昇塔防止）にあるわよ．架空電線路の支持物に一般公衆が昇塔して感電死傷する事故を防止するため，架空電線路に昇りにくくすることが必要だからよ．一方では，架空電線路の保守の際，作業員が安全で迅速に昇降できることが必要だよね．この相反する内容を可能な限り満たすために定められたのよ．“架空電線路の支持物に取扱者が昇降に使用する足場金具等を施設する場合は，地表上1.8 m以上に施設すること”とあって，その例外規定が4項目あるわよ．」

「まず，①として，足場金具等が内部に格納できる構造である場合．②として，支持物に昇塔防止のための装置を施設する場合．②が，質問に該当するところよ．」「はい．」

「③として，支持物の周囲に取扱者以外の者が立ち入らないように，さく，へい等を施設する場合．④は，支持物を山地等であって人が容易に立ち入るおそれがない場所に施設する場合ね．」

「高圧の電柱に足場金具が付いているのを見たことはあるかな．」

「じっくり見たことはないですが．」

「電柱の下部の足場金具は抜いているのよ．また，特別高圧架空電線路の鉄塔では，さく，へいを施設するのが一般的なのよ．」

「そうか．電柱や鉄塔には，さまざまな安全対策が施されているのですね．」

「このテーマは頻繁に出題されるから，よく理解しておいてね（**第14図**参照）．」

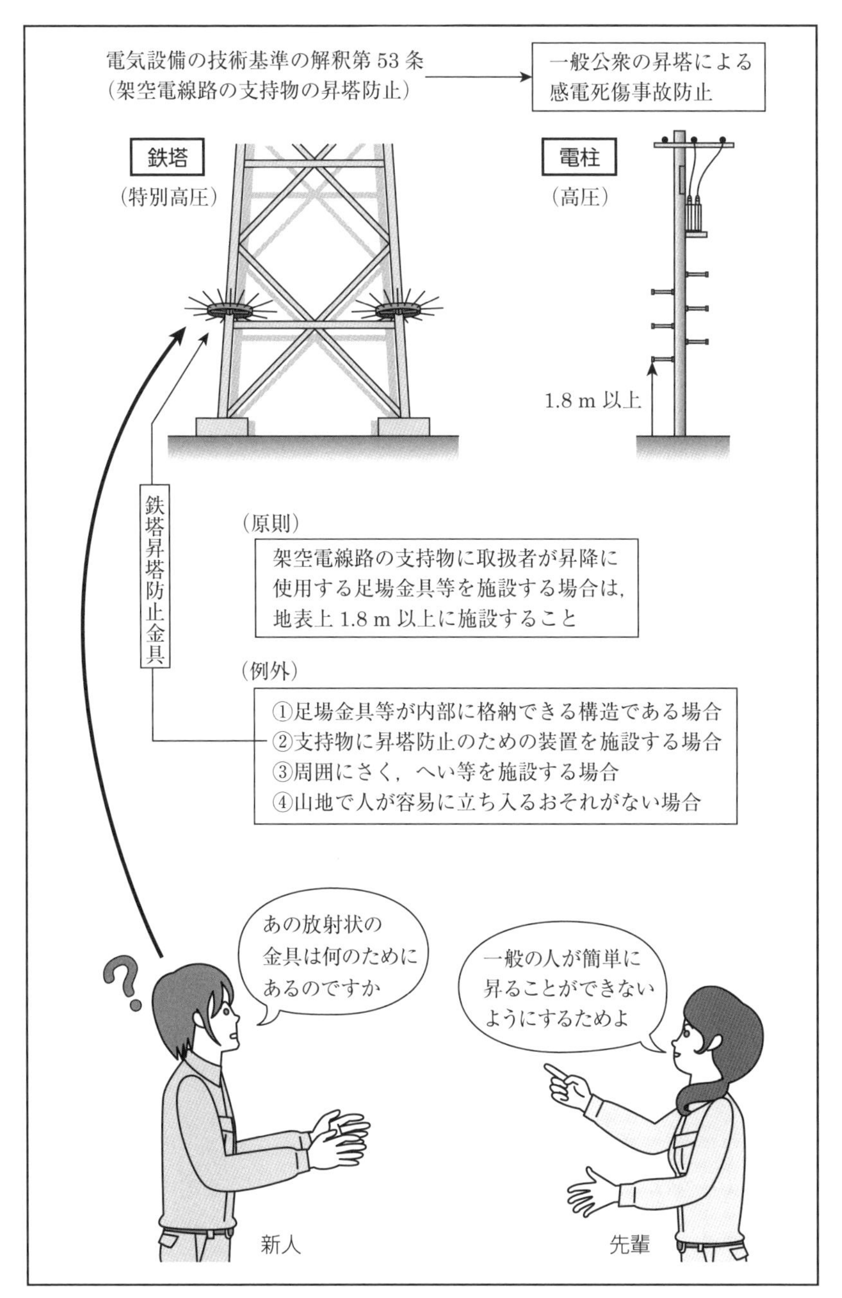

第14図　架空電線路の昇塔防止規定

施設管理の疑問に応える **15**

分散型電源は異常時には解列しなければならない！

「先輩．法規科目に分散型電源のことが出てきたのですが，その運用について教えてください．」

「そうね．分散型電源の問題は頻出しているわね．“分散型電源”とは，近年の電力供給の一形態であって，比較的小規模の発電装置を消費地近くに分散配置して，電力供給を行うものなの．太陽光発電，風力発電，燃料電池などがあるわ．ここでは，太陽光発電を例に挙げて説明するわよ．ここで大切な言葉がいくつかあるわ．まず“系統連系”だけど，太陽光発電などで発電した電力を電力会社配電線と接続することを指すわ．系統連系では，自ら発電した電力では賄いきれない電力を電力会社から受け取ることができて，余剰電力は電力会社へ逆流させることが可能なの．これを“逆潮流”と呼んでいるわ．その場合，電圧や周波数など電力の品質が問われるので，これについてはパワーコンディショナで調整しているの．」

「次に，単独運転があるわ．これについては，単独運転を防止する方策を講じなければならないわ．“単独運転”とは，発電設備を連系している系統が事故などで系統電源から切り離されているとき，太陽光発電設備などから電力会社の配電線に対して，電力供給が行われている状態を指すの．この場合には，直ちに電力会社の系統から切り離さなければならないの．このことを“解列”というわ．」

「なぜ，解列するのですか？」

「電力会社の系統に事故が発生した場合，安全のために事故点を発電設備から切り離して，保守員が現場に駆けつけるわ．そのとき需要家の発電設備から電源が供給されてくると，保守員に感電の危険があるからよ．停電していると思った事故点に，電力を供給してしまうことになるから，保守員の身の安全を守るために解列を行うのよ（**第15図**参照）．」

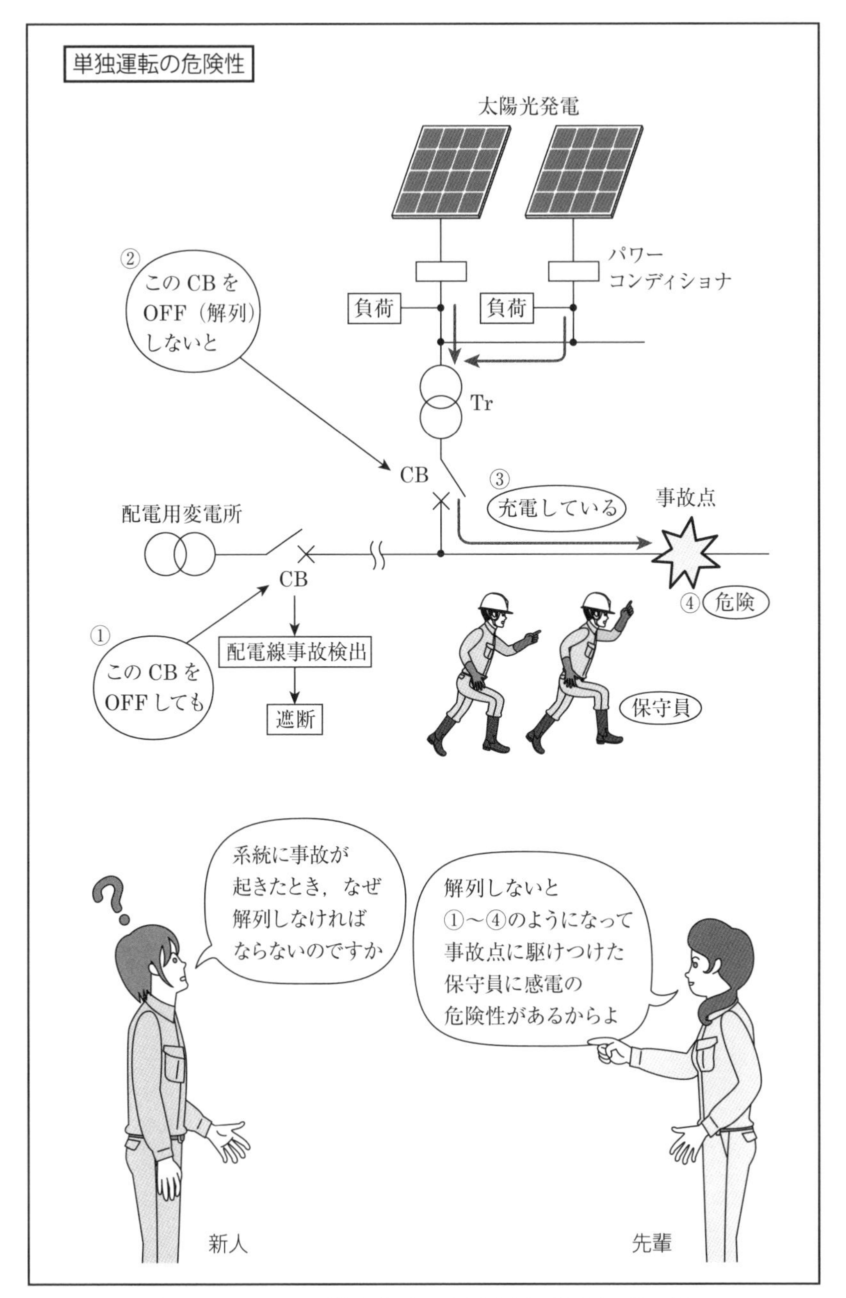

第15図　配電系統事故時の太陽光発電解列の必要性

施設管理の疑問に応える **16**

「責任分界点」と「財産分界点」には，こういう意味がある！

「先輩．法規科目に責任分界点という言葉が出てきたのですが，これは，どのようなものなのですか？」

「そうね．自家用電気工作物には，『責任分界点』と『財産分界点』というものがあるわ．通常，保安カードと呼ばれる書類のなかの『責任分界点』欄に，この内容が記載されているわよ．保安カードの図を見ることによって理解できたの．そして経験を積むうちに，その重要性がわかってくるようになったわ．」

「まず，『責任』と『財産』とは誰が誰に対していっているのかを考えてみなければならないわよ．これは，電力を受けている需要家と供給している電力会社との間の関係において成り立つものなのよ．例えば，もらい事故や外部波及事故が起こったとき，その事故は需要家と電力会社のどちらの責任なのか，その事故部分はどちらの財産なのかということが焦点となってくるの．そのために，『責任』と『財産』の境界線はどこにすればよいのかということが重要になるので，このような言葉が生まれたのよ．」

「以上の考え方からまとめると，責任分界点とは，『電力会社と需要家の境界線付近に置かれる，保安責任の範囲を相互に確認した境界』なのよ．この責任分界点は，電力会社との協議によって，原則として自家用電気工作物の構内に設定されるわ．責任分界点には，開閉装置（区分開閉器）を設置する必要があるの．これは，保守点検の際に，電路を入り切りするためのものでもあるのよ．」

「この開閉装置とは具体的には，架空引込みでは，敷地境界の1号柱に設置されるPAS（高圧気中開閉器）なの．地中引込みでは，高圧キャビネットの中にあるUGS（高圧ガス開閉器）なのよ．そして，『責任分界点』と『財産分界点』は，同一とする場合がほとんどなのよ（**第16図**参照）．」

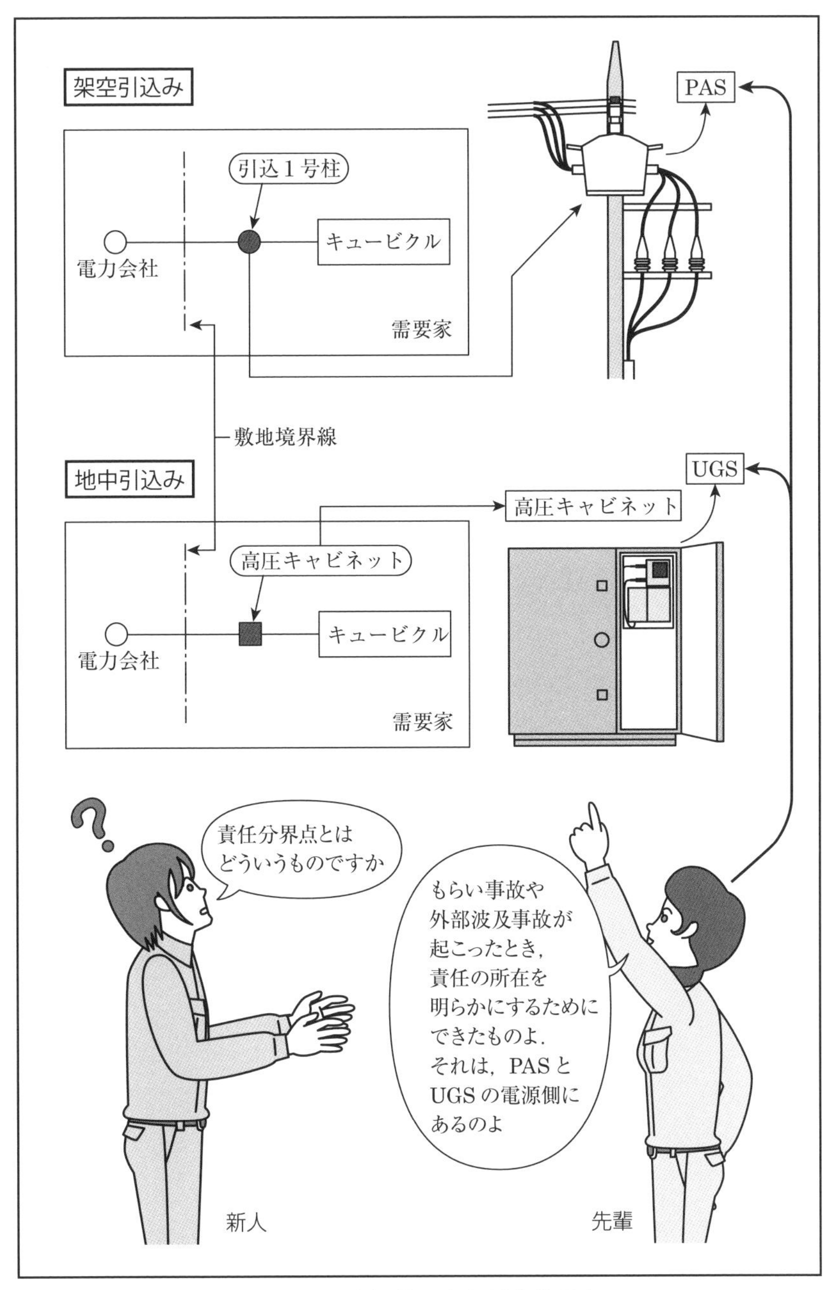

第16図　責任分界点と財産分界点

施設管理の疑問に応える **17**

避雷器(LA)はどこに取り付けたらいいの？

「先輩．法規科目に，避雷器の施設箇所に関する問題があったのですが，どこを調べたらいいのですか？」

「そうね．避雷器（LA）の設置基準については，電気設備に関する技術基準を定める省令第49条（高圧及び特別高圧の電路の避雷器等の施設）にあるわよ．」

「雷電圧による電路に施設する電気設備の損壊を防止できるよう，当該電路中次の各号に掲げる箇所又はこれに近接する箇所には，避雷器の施設その他の適切な措置を講じなければならない．ただし，雷電圧による当該電気設備の損壊のおそれがない場合は，この限りでない．となっているわよ．

① 発電所又は変電所若しくはこれに準ずる場所の架空電線引込口及び引出口

② 架空電線路に接続する配電用変圧器であって，過電流遮断器の設置等の保安上の保護対策が施されているものの高圧側及び特別高圧側

③ 高圧又は特別高圧の架空電線路から供給を受ける需要場所の引込口」

「我々に馴染み深いのは，③の内容だけど，解釈第37条（避雷器等の施設）では，需要場所の引込口に施設する避雷器の設置義務は，高圧500 kW以上の場合に限定しているの．だけど，500 kW未満でも雷害対策として，設置することが望ましいわ．最近は特に雷害が多くなっているからね．設置場所としては，変電所内，断路器の直近二次側高圧母線が一般的だね．一方では，近年の傾向として，引込み1号柱に取り付けて，その保護範囲の拡大を目指しているわ．1号柱に取り付けるPAS（高圧気中開閉器）には，LA内蔵型が一般化しているのよ．PAS交換の際には，積極的に採用されているわ．」

「そうか．避雷器設置の考え方にも時代の変化が現れているのだな(**第17図**参照)．」

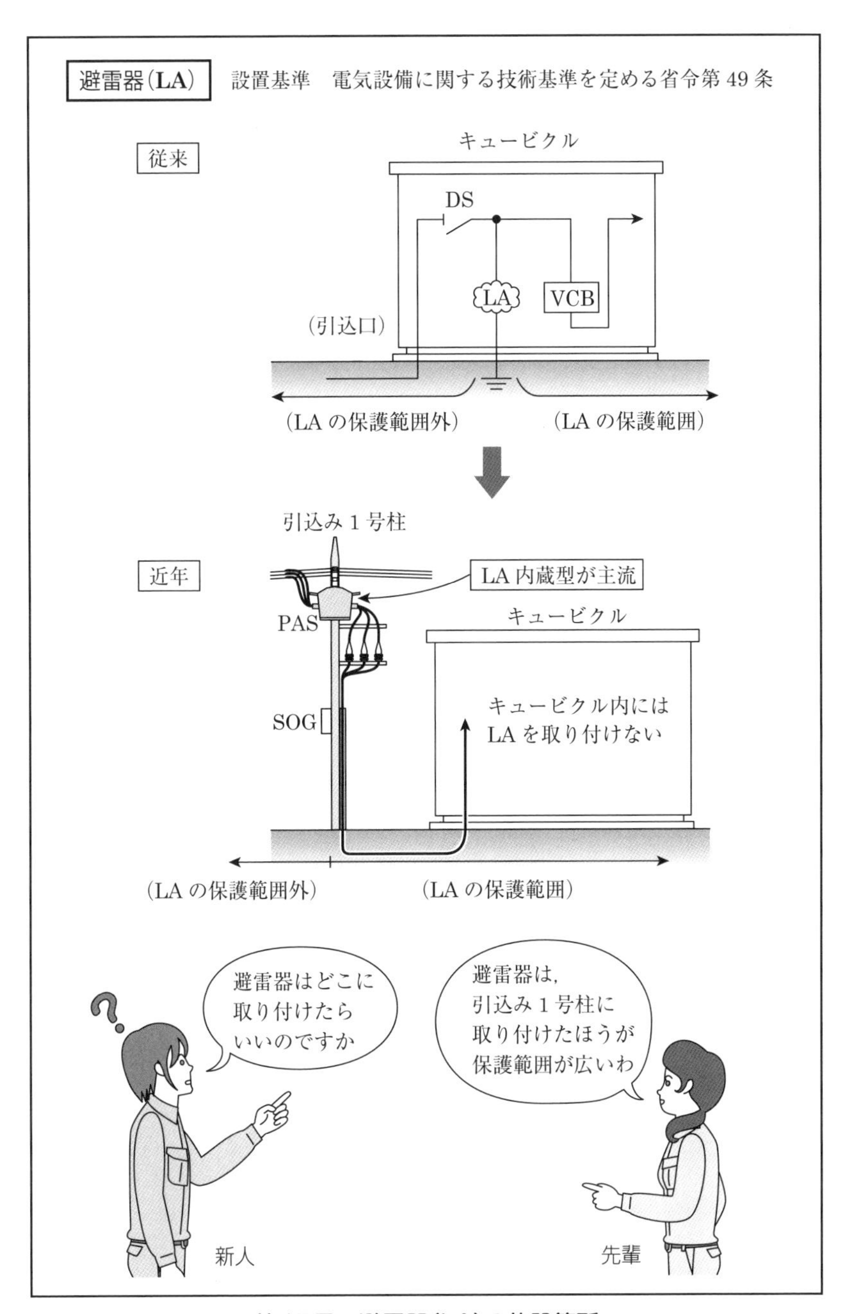

第17図　避雷器(LA)の施設箇所

施設管理の疑問に応える **18**

過電流継電器(OCR)のタップ整定はどのようにしているの？

「先輩．法規科目でOCRタップの整定値に関する問題があったのですが，現場ではどのようにしているのですか？」

「そうね．それについては主任技術者に必要な知識なので，職務に就けばわかってくると思うけど，簡単に説明しておくわね．」

「タップ計算には次のような基本式があって，タップを決定する前に，CT（変流器）の一次側電流から考えなければならないわ．

$$\text{CTの一次側電流} = \frac{\text{契約電力 [kW]} \times 10^3}{\sqrt{3} \times \text{供給電圧} \times \text{力率}} \times \alpha$$

$\alpha = 1.3〜2.0$　　力率 $= 0.8〜0.95$

供給電圧6.6 kV，契約電力150 kW，力率 $= 0.9$，$\alpha = 1.5$ と仮定して計算すると，

$$\text{CTの一次側電流} = \frac{150 \times 10^3}{\sqrt{3} \times 6.6 \times 10^3 \times 0.9} \times 1.5 \fallingdotseq 22\ \text{A}$$

CTの一次定格電流は22 Aの直近上位の30 Aを使用することになるわ．よって，CTの二次側電流 $= 22 \times 5/30 \fallingdotseq 3.67$ Aとなるので，整定タップ値を3.67 Aの直近上位の4 Aにセットするの．」

「この例では，たまたまタップ「4」となったけど，計算上「3」や「5」になる場合もあるわ．問題なのは「3」とした場合，負荷が軽くなった場合，タップ「2」は存在しないため，最小動作電流でVCB（真空遮断器）がトリップしないおそれがあるからよ．したがって，タップ「4」を選定できるCT比として，負荷の変化に対応できるようにしておくのが望ましいということになるわ．なお，動作時間特性については，継電器のレバーを変えることにより変化するわ．」

「現場ではいろいろ約束事があるのですね．」

「近年では誘導円板形に代わって，電子回路を組み込んだ静止形が主流になっているわ．台数も2台から1台に集約されたわ(**第18図**参照)．」

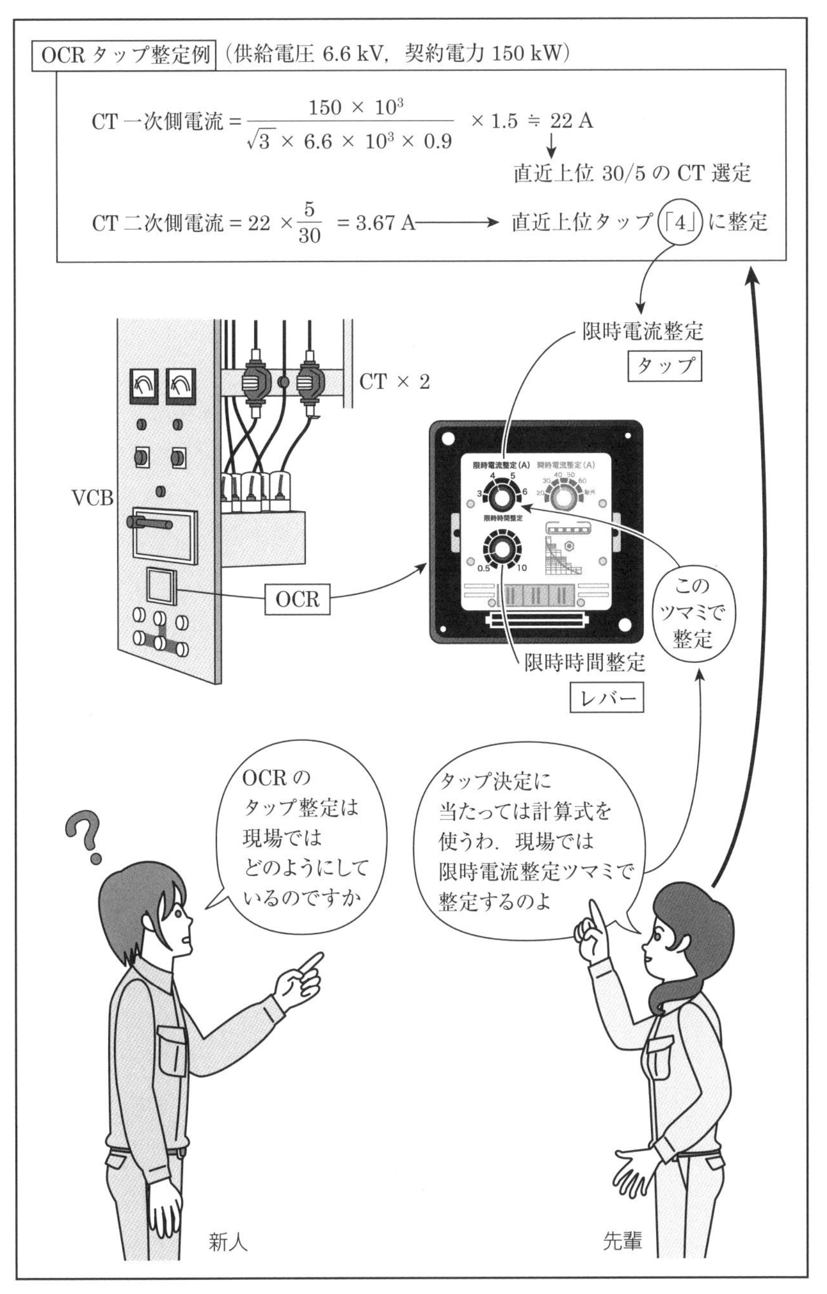

第18図　過電流継電器(OCR)のタップ整定

施設管理の疑問に応える **19**

地絡遮断装置はどのようなとき省略できるの？

「先輩．電路には地絡遮断装置が必要ですが，省略できる場合もあると聞きました．それはどのようなときですか？」

「そうね．これについて原則からいうと，電気設備に関する技術基準を定める省令第15条（地絡に対する保護対策）において，電路に地絡が生じた場合には電線や電気機械器具の損傷，感電，火災のおそれがないように，地絡遮断器の施設その他適切な措置を講ずることを義務づけているわ．」

「具体的には，電気設備の技術基準の解釈第36条（地絡遮断装置の施設）において，60 Vを超える低圧の機械器具への地絡遮断装置の施設義務があるのだけど，危険の少ない条件では地絡遮断装置を省略できるわ．」「代表的な条件を教えてください．」

「そうね．五つほどに要約するわね．まず①は，簡易接触防護措置を施す場合．これは人が容易に触れるおそれがないので，危険性が低いからよ．」「具体的にはどうすればいいのですか？」

「設備を，屋内にあっては床上1.8 m以上，屋外にあっては地表上2 m以上の高さに施設することなの．」「はい．」

「②は，乾燥した場所に施設する場合．これは漏電する危険性が低いからよ．③は，C種接地工事またはD種接地工事の接地抵抗値が3 Ω以下の場合．たとえ地絡が起こったとしても，外箱に発生する電圧を低く抑えられるからね．④は，電路を非接地とする場合．これは，電路の充電部に人が触れた場合でも，地絡電流の帰路が構成されないので，感電を防止できるからよ．⑤は，漏電遮断器（ELCB）を取り付け，かつ電源引出部が損傷を受けるおそれがないように施設する場合よ．」

「現在では一般的に，⑤の漏電遮断器を取り付けて，安全を保つ場合が多くなっているわね（**第19図**参照）．」

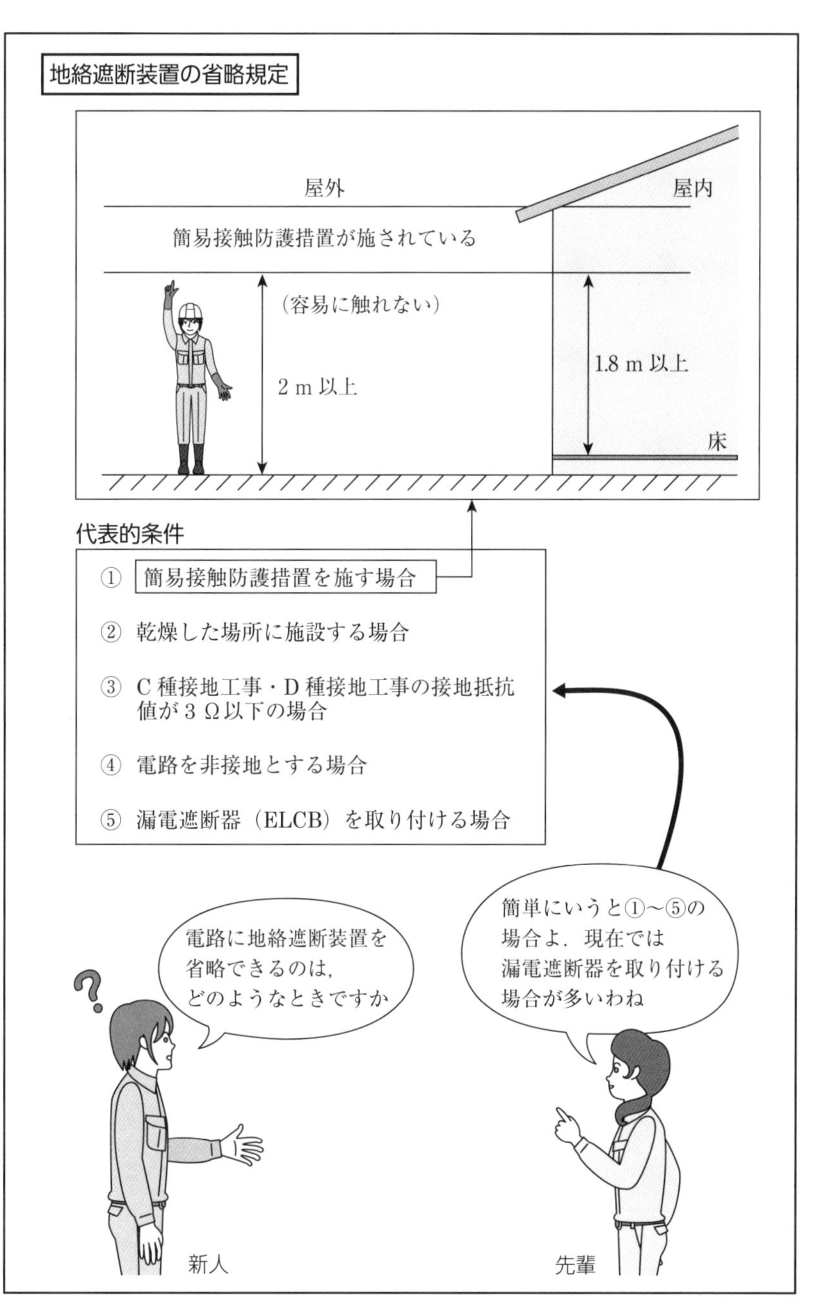

第19図　地絡遮断装置の省略例

施設管理の疑問に応える **20**

変流器はこのような原理で電流を変成している！

「先輩．変流器の電流変成の原理を教えてください．」

「そうね．それは電磁気の法則から導けるわ．貫通形変流器を例に挙げて説明するわね．**第20図**のように，変流器の一次側の電線に電流を流すと，アンペアの右ねじの法則によって，鉄心の中に磁界 H_1 が発生するわね．この磁束を Φ_1 とするわよ．磁界 H_1 は一次巻線巻数を N_1，一次電流を I_1，磁路の長さを l とすると，アンペアの周回積分の法則より

$$H_1 = \frac{N_1 I_1}{l} \quad ①$$

磁束 Φ_1 が鉄心を通り，変流器二次側巻線を貫くと，ファラデーの電磁誘導の法則により，二次側に逆起電力が働いて，電流 I_2 が流れるわ．この電流によって，再びアンペアの右ねじの法則によって，磁束 Φ_2 が発生するの．この磁束の方向は Φ_1 とは逆になっているため，Φ_2 は Φ_1 を打ち消そうとするの．一方では，Φ_2 による磁界 H_2 は，二次巻線巻数を N_2，二次電流を I_2 とすると，①式と同様にして

$$H_2 = \frac{N_2 I_2}{l} \quad ②$$

Φ_1 と Φ_2 は打ち消し合うから，鉄心中の磁束は0になるわ．すなわち，H_1 と H_2 の合成磁界は0になるの．数式で表現すると，

$$H_1 - H_2 = \frac{N_1 I_1}{l} - \frac{N_2 I_2}{l} = 0$$

$$N_1 I_1 = N_2 I_2 \qquad \frac{I_1}{I_2} = \frac{N_2}{N_1}$$

となって，変流比は巻数の逆比になることがわかるよね．ここで，一次巻線数を少なくして，二次巻線数を多くすることで，大電流を小電流に変成することができるというわけなの．」

「なるほど．変流器にはこんな考え方が潜んでいたのですね．」

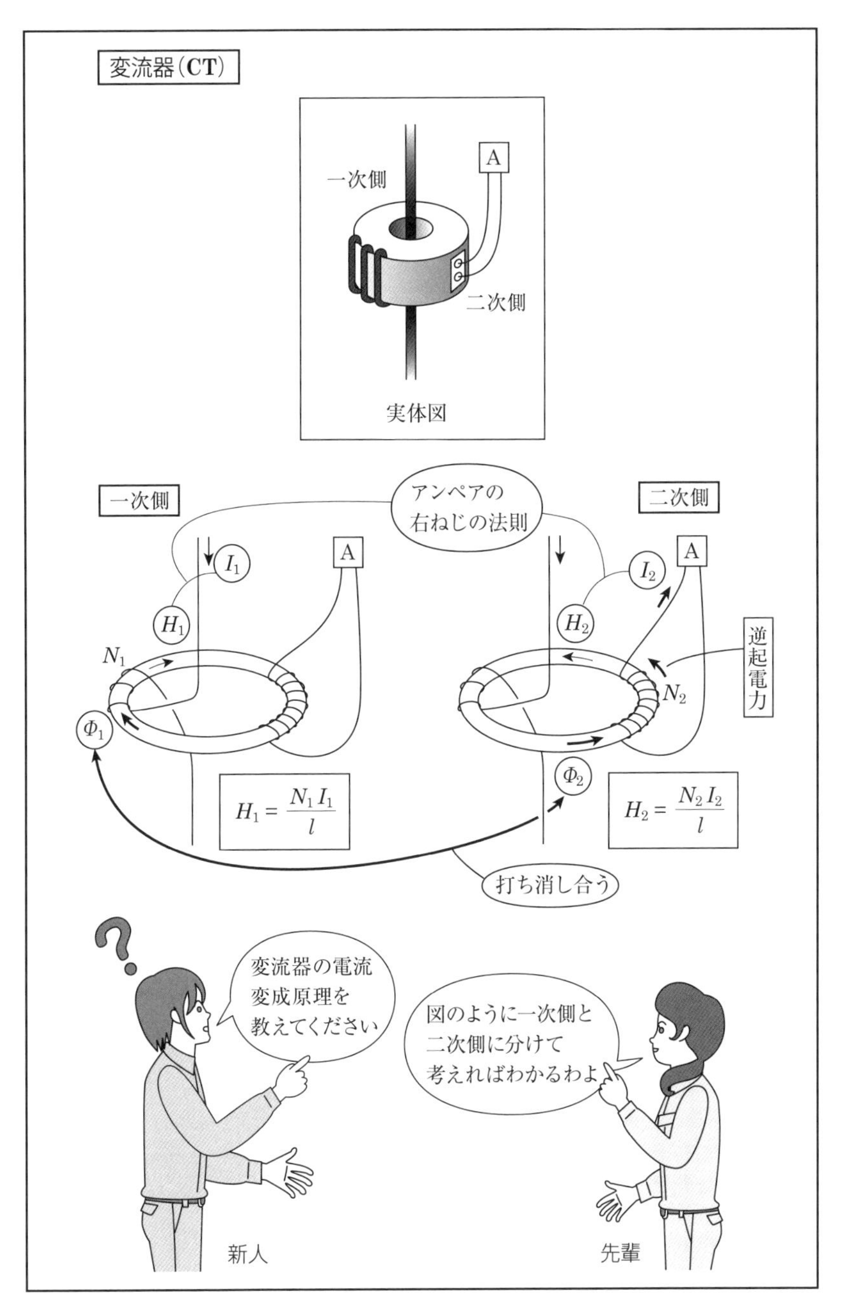

第20図　変流器の電流変成原理

施設管理の疑問に応える **21**

コンデンサによって力率改善すると二つの効果が得られる！

「先輩．コンデンサによる力率改善の計算問題は，ほぼマスターできたのですが，力率改善に付随する効果にはどのようなものがあるのですか？」

「そうね．それには二つの効果があるわ．第一に，送電損失が減少すること．第二に電圧降下が減少することよ．まず，送電損失が減少することの説明をするわよ．図(a)のように，送配電線路1条の抵抗をR，電流をIとすると，1条当たりの送電損失Pは，

$$P = RI^2 \quad ①$$

となるわね．つまり，送電損失は電流の2乗に比例して減少するの．

コンデンサQ_Cによって力率を改善すると，図(b)のように皮相電力SはS'になって小さくなるわね．これに比例して電流Iも小さくなるの．つまり，力率を改善すると，①式より送電損失が減少するの．力率を最大限改善して100％にすると，送電損失は最も小さくなるわ．」

「次に電圧降下が減少することの説明をするわね．図(c)のような三相送電線路の電圧降下v[V]は，②式で表されるわ．

$$v = \frac{RP + XQ}{V_r}\,[\mathrm{V}] \quad ②$$

R：送配電線1条の抵抗[Ω]，X：送配電線1条のリアクタンス[Ω]，P：負荷の有効電力[W]，Q：負荷の無効電力[var]，V_r：受電端の線間電圧[V]

この式はどこかで見たでしょ．」「はい．」

「電力テーマ19で扱ったわね．電圧降下を求めるのに，電力がわかっているときは，この式を使うと便利なのよ．コンデンサを接続すると，無効電力$Q = Q_L - Q_C$で小さくなるから，②式より電圧降下vは小さくなるのよ．」「そうか．力率改善に付随する効果は，数式を使えば説明できるのですね．」「そうよ（第21図参照）．」

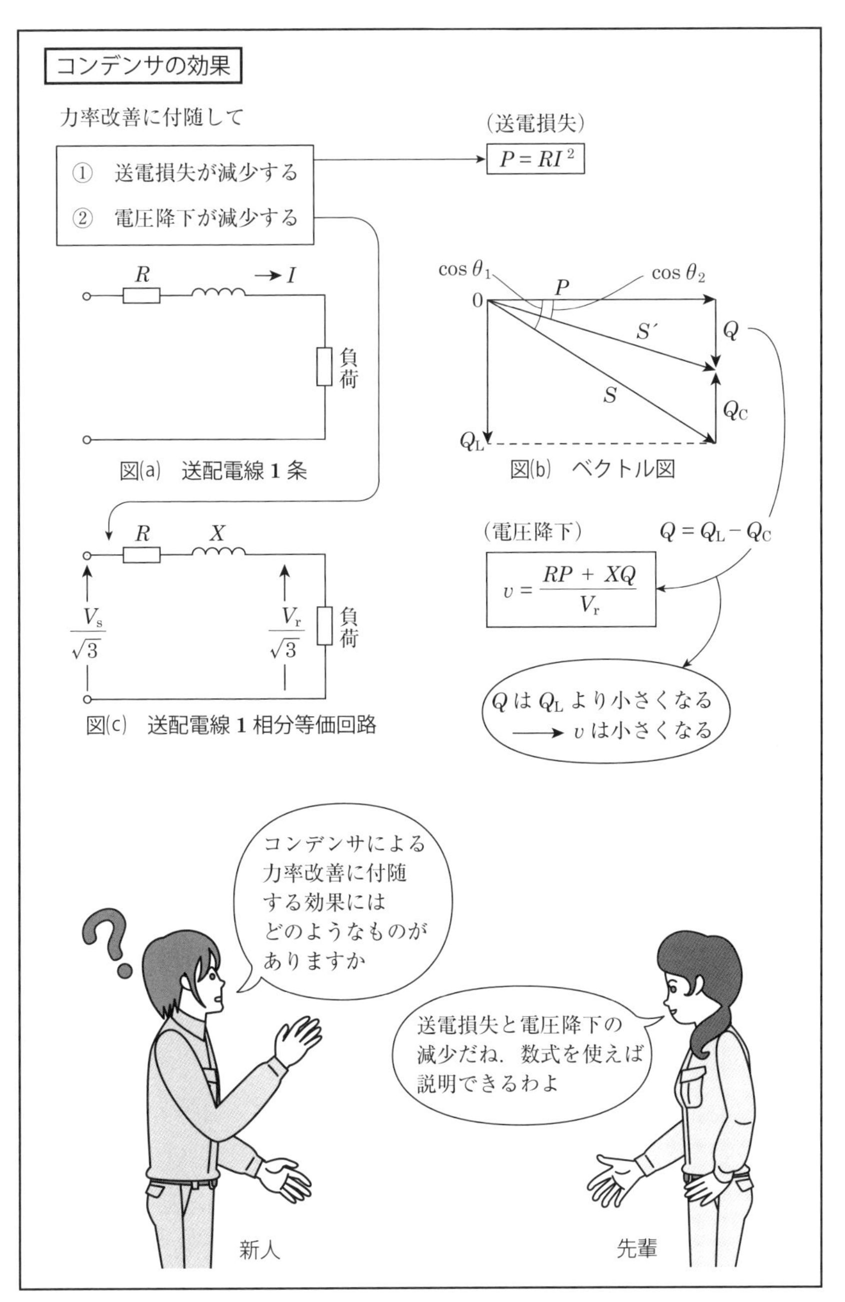

第21図 コンデンサによる力率改善の付随効果

施設管理の疑問に応える **22**

コンデンサによる力率改善の裏に隠された意味を知っておくべし！

「先輩．コンデンサによる力率改善の計算問題がよく出題されますが，具体的にどのような意味があるのですか？」

「そうね．計算しただけでは真の意味はわからないわね．力率が悪いということは，無駄な無効電力が発生しているわけだからね．」

「電力会社は，同じ電力を需要家に送電する場合，力率の悪い負荷に対するより力率改善された負荷に送るほうが，その送配電設備内の損失の差だけ有利となるわね．過剰な電力を送電しなくてすむわけだからね．」

「そのほかに電力料金の問題があるわ．電力料金は，基本料金と電力量料金で構成されていて，力率の改善効果はそのうちの基本料金に反映されるわ．一般的な自家用電気工作物では，基本料金は次式で表されるのよ．

基本料金[円]＝契約電力1 kW当たりの単価[円]
×契約電力[kW]×力率修正（185 %－力率）

すなわち，基本料金は力率85 %を基準として，85 %を上回る場合は，その上回る1 %につき，基本料金を1 %割引きして，85 %を下回る場合は，その下回る1 %について，基本料金を1 %割増しするシステムとなっているの．そして，力率を100 %にすることによって，基本料金は85 %になるの．」

「だから需要家は，コンデンサを接続して力率改善に努めているわけなの．ただ，コンデンサ容量が多過ぎて，力率があまりに進み過ぎるとフェランチ現象が起こるから，その場合は電力会社からコンデンサ開放の依頼がくることがあるわ．」

「このように電験問題には，その裏に隠された意味があるのよ．試験ではそんなこと知らなくても正解することはできるけどね．主任技術者になったら直面する課題の一つね（**第22図**参照）．」「はい．」

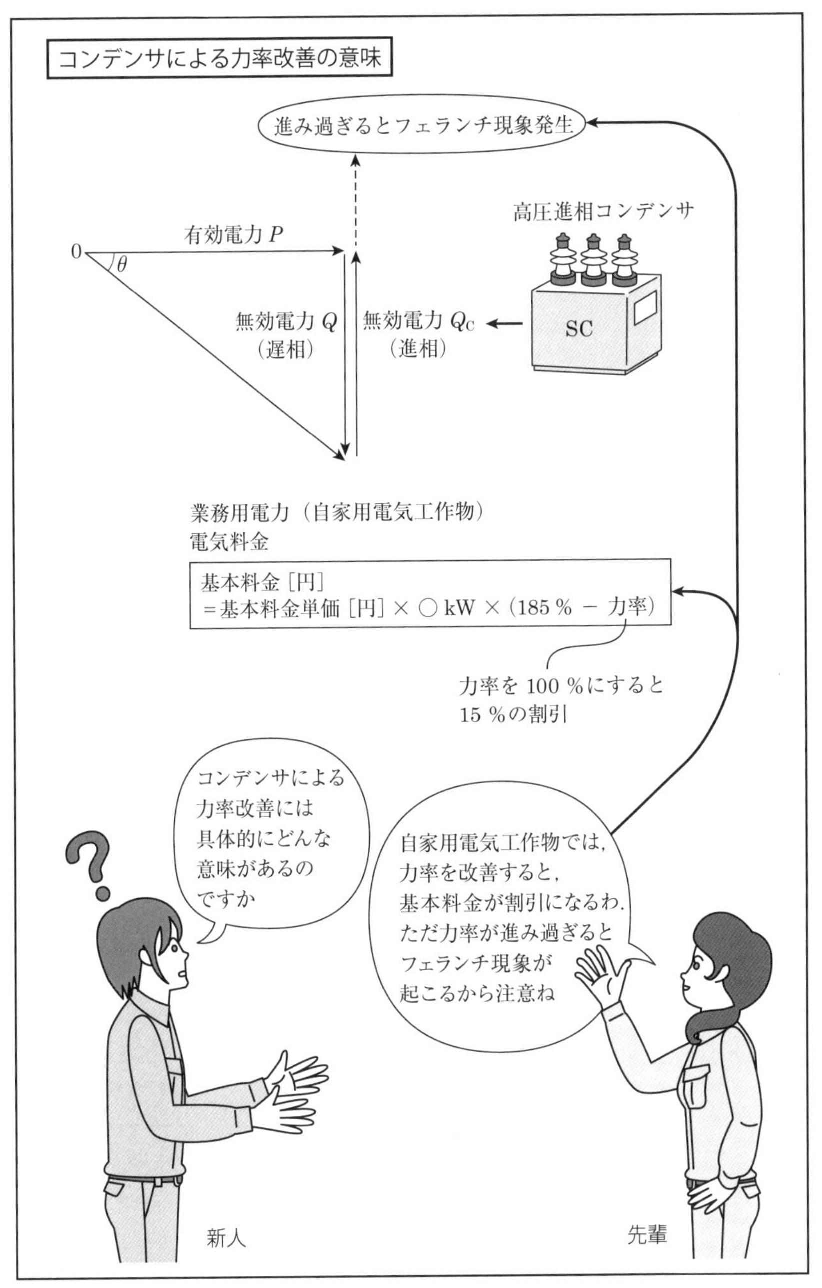

第22図　コンデンサによる力率改善

施設管理の疑問に応える　**23**

B種接地工事とD種接地工事は地絡時直列回路を構成する！

「先輩．法規科目に**第23図**の問題があったのですが，解き方を教えてください．」

「そうね．(a)では，電気設備の技術基準の解釈第17条（接地工事の種類及び施設方法）に式と数値が載っているから，ここを記憶しておかなければならないわね．B種接地抵抗値の上限値については，混触時の高圧側遮断時間によって三つに分類されているわ．

1線地絡電流をI_gとすると，

2秒を超えるとき　$150/I_g\ [\Omega]$　①

1秒を超え2秒以下　$300/I_g\ [\Omega]$　②

1秒以下のとき　$600/I_g\ [\Omega]$　③

となっているわ．本問では，題意より1線地絡電流が3 Aであり，遮断時間が1.2秒だから，②式を使って$R_B = 300/3 = 100\ \Omega$　となるわ．」

「次に(b)では，等価回路を描くことが大切だわね．図(a)の地絡時の図から等価回路図(b)が描けるわね．B種接地抵抗R_BとD種接地抵抗R_Dの直列回路になるわ．」「図(a)でR_BとR_Dはどうしてつながるのですか？」「それは，どちらも大地に接しているから，大地を通じてつながっていると考えていいわ．大地は導体だから電流を通すからね．」

「地絡電流I_gは，　$I_g = \dfrac{V}{R_B + R_D} = \dfrac{100}{100 + R_D}\ [\mathrm{A}]$

R_Dに加わる電圧を25 V以下とするR_Dを求めると

$R_D I_g = R_D \dfrac{100}{100 + R_D} < 25\ \mathrm{V}$　　$100R_D < 25 \times (100 + R_D)$

$4R_D < 100 + R_D$　　$3R_D < 100$

$\therefore\quad R_D < 33.3\ \Omega \quad \rightarrow \quad 30\ \Omega$

となるわ．」「はい．本問のポイントは，図(b)の回路が描けることなのですね．」「そうよ．」

変圧器によって高圧電路に結合されている低圧電路に施設された使用電圧 100 V の金属製外箱を有する電動ポンプがある．この変圧器の B 種接地抵抗値およびその低圧電路に施設された電動ポンプの金属製外箱のD種接地抵抗値に関して，次の(a)および(b)の問に答えよ．

ただし，次の条件によるものとする．

(ア) 変圧器の高圧側電路の 1 線地絡電流は 3 A とする．

(イ) 高圧側電路と低圧側電路との混触時に低圧電路の対地電圧が 150 V を超えた場合に，1.2 秒で自動的に高圧電路を遮断する装置が設けられている．

(a) 変圧器の低圧側に施された B 種接地工事の接地抵抗値について，「電気設備技術基準の解釈」で許容されている上限の抵抗値［Ω］として，最も近いものを次の(1)～(5)のうちから一つ選べ．

(1) 10　(2) 25　(3) 50　(4) 75　(5) 100

(b) 電動ポンプに完全地絡事故が発生した場合，電動ポンプの金属製外箱の対地電圧を 25 V 以下としたい．このための電動ポンプの金属製外箱に施す D 種接地工事の接地抵抗値［Ω］の上限値として，最も近いものを次の(1)～(5)のうちから一つ選べ．

ただし，B 種接地抵抗値は，上記(a)で求めた値を使用する．

(1) 15　(2) 20　(3) 25　(4) 30　(5) 35

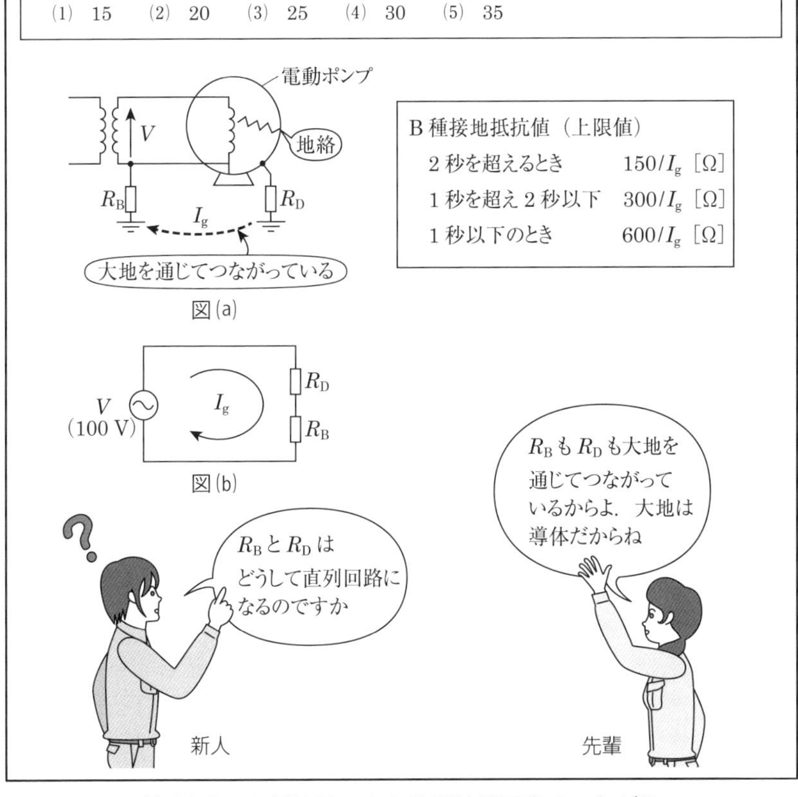

第23図　B種接地工事とD種接地工事のつながり

施設管理の疑問に応える **24**

B種接地抵抗値は D種接地抵抗値とのバランスが必要である！

「先輩．B種接地抵抗値は電気設備の技術基準の解釈第17条では，$150/I_{\mathrm{g}}$（1線地絡電流）となっていますが，その値は小さいほどいいのでしょうか？」「そうね．いいところに気がついたわね．」

「では，具体例を挙げて説明するわね．人体が充電部分に触れた場合，流れる電流は，オームの法則に基づいて，接触した電圧の大きさと人体抵抗によって定まるのよ．人体の体内抵抗は約500 Ω，両手間の乾燥時抵抗は5 000Ω，湿気をもった場合は2 000Ω程度で，仮に25 mAが限度と考えると，吸湿状態における許容電圧は，$E = IR = 0.025 \times 2\,000 = 50$ Vとなるわね．」

「電動機が絶縁破壊した場合，電動機外箱は，電位をもつことになって，これを接触電圧というわ．接触電圧というのは，漏電した機器外箱に，人体が触れた場合の危険性を表すために用いる用語なのよ．」

「漏電した場合，**第24図**のような回路を電流が流れるわね．この値をI_{g} [A]とすると，　$I_{\mathrm{g}} = \dfrac{E_0}{R_{\mathrm{B}} + R_{\mathrm{D}}}$ [A]

電動機外部に発生する電圧E（接触電圧）は

$$E = I_{\mathrm{g}} R_{\mathrm{D}} = \frac{R_{\mathrm{D}} E_0}{R_{\mathrm{B}} + R_{\mathrm{D}}} \text{ [V]}$$

であって，この電圧はB種接地と機器接地（D種）の大きさの比によって変化するの．R_{B}が小さいと電圧Eは大きくなって，人体が触れた場合の感電電流が増加することになるわ．したがって，接触電圧の値はB種接地とD種接地の相対関係によって決まることになるのよ．B種接地抵抗の値は，送電系統によって決まる要素があって，電力会社から何Ω以下というふうに示されるわ．だけど，小さいほどよいというものでもないの．D種接地抵抗値とのバランスが大切なのよ．電動機のD種接地抵抗の値が基準内であれば安全というわけでもないわ．」

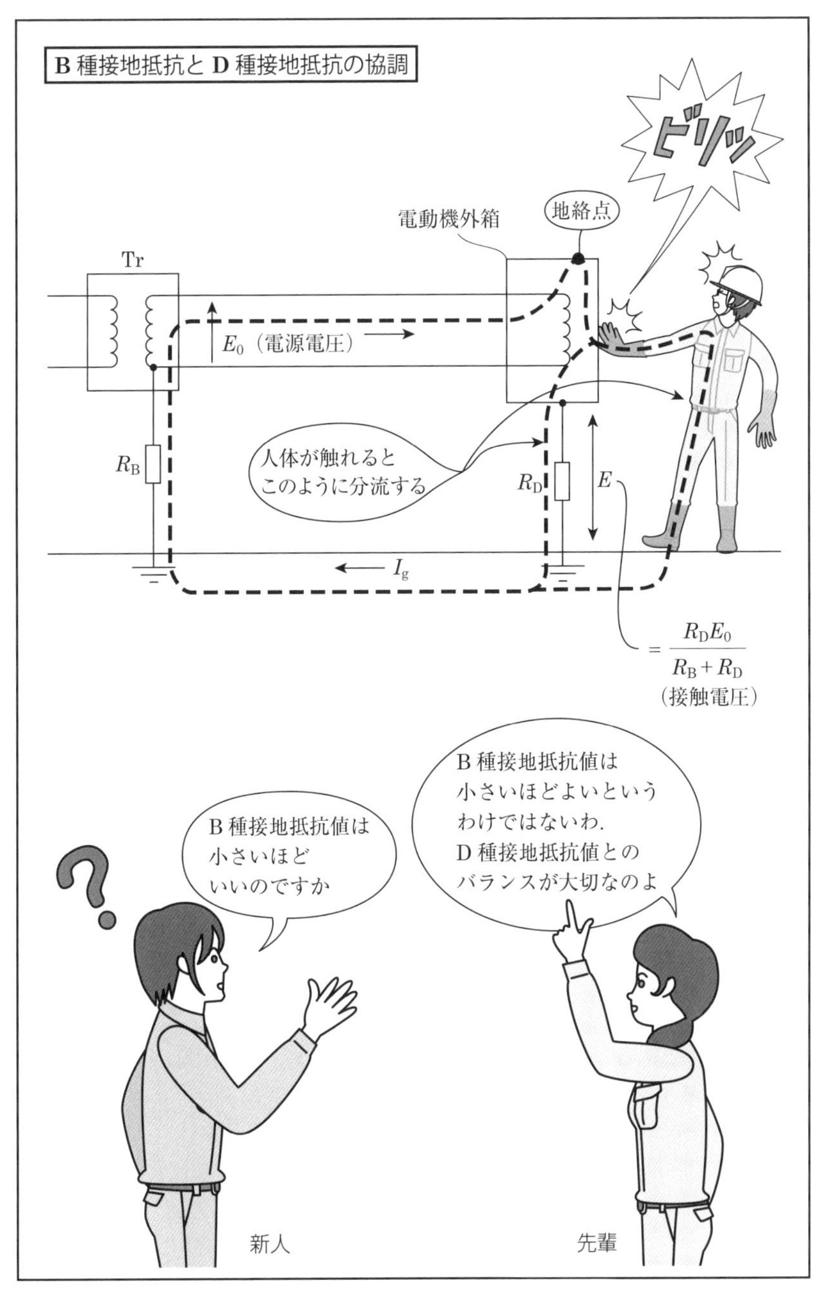

第24図　B種接地抵抗とD種接地抵抗の関係

施設管理の疑問に応える **25**

架空電線と大地には「見えない空気コンデンサ」が存在する！

先輩と日常巡視点検に行ったときのことである．構内の架空高圧電線をみて，先輩が言った．

「この電線の下の空中には，電流が流れているんだよ」

「そうですか．何も感じないですけど……」

「そうよ．微量な漏れ電流だから，人体に感じることはないの．この架空電線と大地の間には，理論で習ったコンデンサがあると考えればいいのよ．しかも，それは**第25図**のような，大きいコンデンサよ．電線と大地を電極と考えれば，中の空気層は絶縁物だと思えばいいのよ．絶縁物だけど，微弱な電流が流れるの．つまり，電線と大地を電極として，その間に絶縁物の空気が挟まれているわけよ．このコンデンサの静電容量は，対地静電容量と呼ばれているよ」

「へー．こんな空中にコンデンサがあるというわけですね．ちょっとイメージがわかなかったですね」「この対地静電容量には電圧がかかっているわけだから，電流が流れるの．これを漏れ電流と呼んでいるわ．絶縁抵抗値が悪くなくても，漏れ電流はわずかに流れているのよ．その大きさは対地静電容量の大きさによって変わってくるよ」

「絶縁不良が発生すると，この漏れ電流のほかに絶縁不良による漏れ電流（抵抗分）が流れて，その二つが合成されて現れてくるのよ．その様子は図のようになるわね」

「通常の場合，図のようにRとCの並列回路が大地間にあると考えればいいのよ．その合成電流が，大地を通じて電源の$\mathrm{E_B}$へ流れ込むわけよ．だから，この変圧器のB種接地線をリーククランプメータで測定すると，漏れ電流の値がわかるよ．この漏れ電流の変化の傾向をみることによって，絶縁の状態が把握できるというわけなの」

新人は，この見えない空気コンデンサや抵抗の存在を徐々に理解したのである．

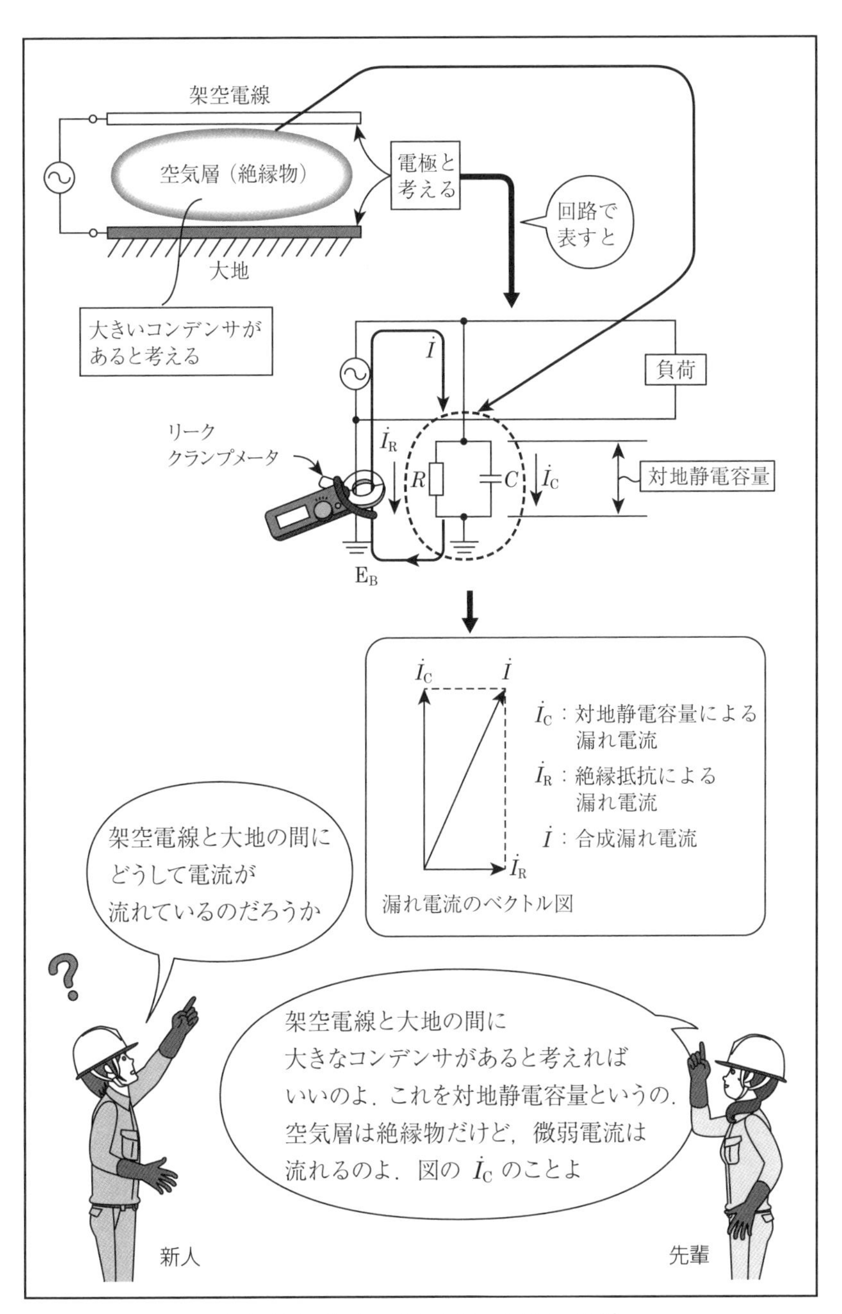

第25図　架空電線から生じる漏れ電流

索　引

Y

あ

い

う

え

お

か

き

く

け

こ

さ

し

す

せ

そ

た

ち

つ

て

と

ほ

ま

み

む

め

も

ゆ

よ

ら

り

れ

ろ

著者■**武智　昭博**（たけち　あきひろ）

略歴■1949年　愛媛県生まれ
「坂の上の雲」に登場する正岡子規が学んだ藩校・明教館，現 愛媛県立松山東高等学校卒業．
1973年　山梨大学工学部電気工学科卒業．埼玉県庁に奉職．
自家用電気設備の設計・監理，メンテナンス，省エネ・省コスト等を手がける．
埼玉県荒川右岸下水道事務所電気保安担当部長．特別高圧自家用電気工作物の主任技術者として従事．
その後，東光電気工事株式会社環境企画室部長．省エネルギー・新エネルギー提案等を展開．併せて，社員の電験教育にも取り組む．
現在，電気技術コンサルタントとして活動．エネルギー管理や執筆に取り組む．

資格■第2種電気主任技術者・エネルギー管理士・1級電気工事施工管理技士・第1種電気工事士等合格

著書■自家用電気設備の疑問解決塾（オーム社）
イラストでわかる電気管理技術者100の知恵（電気書院）
イラストでわかる電力コスト削減現場の知恵（電気書院）
イラストでわかる電気管理技術者100の知恵PART2（電気書院）
イラストでわかる電験3種疑問解決道場（電気書院）

イラストでわかる 電験3種初心者の疑問に応える

2023年　5月30日　　第1版第1刷発行

著　者　武智　昭博（たけち　あきひろ）
発行者　田中　聡

発 行 所
株式会社　電 気 書 院
ホームページ　www.denkishoin.co.jp
（振替口座　00190-5-18837）
〒101-0051　東京都千代田区神田神保町1-3ミヤタビル2F
電話(03)5259-9160／FAX(03)5259-9162

印刷　中央精版印刷株式会社
Printed in Japan／ISBN978-4-485-12040-8

書籍の正誤について

万一，内容に誤りと思われる箇所がございましたら，以下の方法でご確認いただきますようお願いいたします．

なお，正誤のお問合せ以外の書籍の内容に関する解説や受験指導などは**行っておりません**．このようなお問合せにつきましては，お答えいたしかねますので，予めご了承ください．

正誤表の確認方法

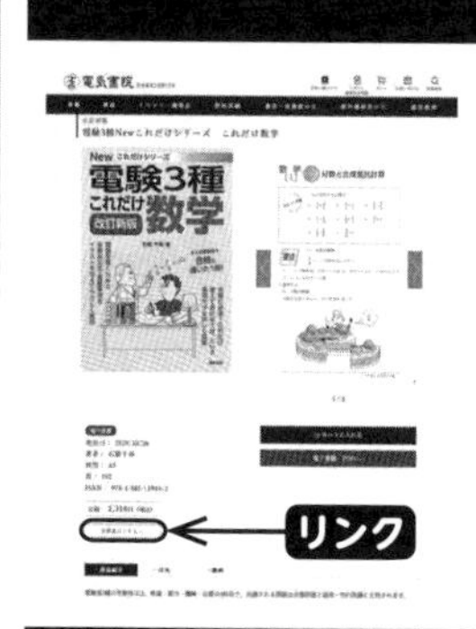

最新の正誤表は，弊社Webページに掲載しております．書籍検索で「正誤表あり」や「キーワード検索」などを用いて，書籍詳細ページをご覧ください．

正誤表があるものに関しましては，書影の下の方に正誤表をダウンロードできるリンクが表示されます．表示されないものに関しましては，正誤表がございません．

弊社Webページアドレス
https://www.denkishoin.co.jp/

正誤のお問合せ方法

正誤表がない場合，あるいは当該箇所が掲載されていない場合は，書名，版刷，発行年月日，お客様のお名前，ご連絡先を明記の上，具体的な記載場所とお問合せの内容を添えて，下記のいずれかの方法でお問合せください．

回答まで，時間がかかる場合もございますので，予めご了承ください．

郵送先　〒101-0051
東京都千代田区神田神保町1-3
ミヤタビル2F
㈱電気書院　編集部　正誤問合せ係

ファクス番号　**03-5259-9162**

弊社Webページ右上の「**お問い合わせ**」から
https://www.denkishoin.co.jp/

お電話でのお問合せは，承れません

(2022年5月現在)